全国农作物种子生产优势基地建设研究

农业农村部规划设计研究院　编著

U0349546

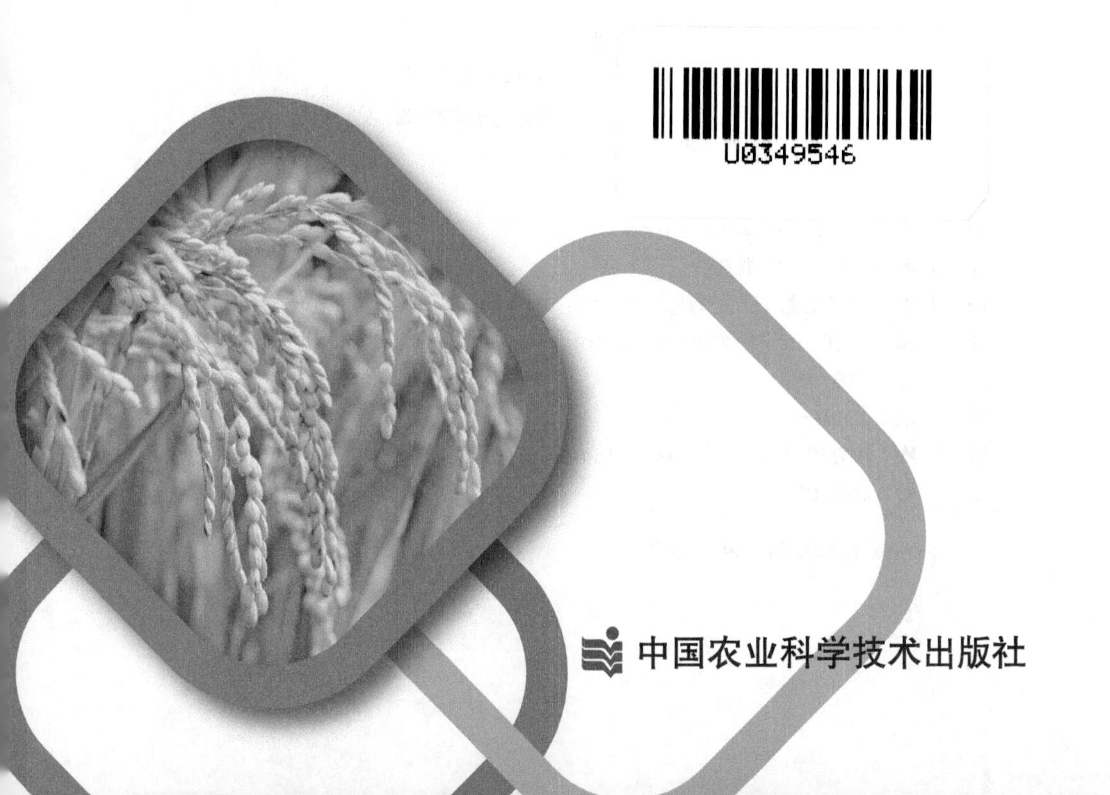

中国农业科学技术出版社

图书在版编目（CIP）数据

全国农作物种子生产优势基地建设研究／农业农村部规划设计研究院编著．—北京：中国农业科学技术出版社，2020.6

ISBN 978-7-5116-4709-2

Ⅰ.①全…　Ⅱ.①农…　Ⅲ.①作物育种-生产基地-作物布局-研究-中国②作物育种-生产基地-农业建设-研究-中国　Ⅳ.①S33

中国版本图书馆 CIP 数据核字（2020）第 069897 号

责任编辑　李　玲
责任校对　贾海霞

出 版 者　中国农业科学技术出版社
北京市中关村南大街 12 号　邮编：100081
电　　话　(010)82106643(编辑室)　(010)82109702(发行部)
(010)82109709(读者服务部)
传　　真　(010)82106650
网　　址　http://www.castp.cn
经 销 者　各地新华书店
印 刷 者　北京建宏印刷有限公司
开　　本　710mm×1 000mm　1/16
印　　张　16.25
字　　数　300 千字
版　　次　2020 年 6 月第 1 版　2020 年 6 月第 1 次印刷
定　　价　88.00 元

版权所有 · 翻印必究

《全国农作物种子生产优势基地建设研究》

编委会

主　　任：张延秋

副 主 任：张　辉　周云龙　谢　焱　刘海启　齐　飞　马志强

成　　员：杨海生　储玉军　吴凯锋　张冬晓　何庆学　赵跃龙
李树君　王玉玺　唐　浩　纪高洁　李军民　吕小瑞

编写组

主　　编：李树君　杨海生

副 主 编：储玉军　纪高洁

编写人员（按姓氏笔画排序）：

马　帅　王玉玺　王怀松　王金环　王建华　王津京　王静香
王曙明　韦　康　毛树春　文国宏　孔庆平　邓　超　邓子牛
石彦琴　卢为国　付　玲　丛佩华　成　浩　吕小瑞　朱晋宇
任永利　伊华林　刘丽君　刘建军　刘祖昕　闫治斌　祁广军
许莉萍　孙日飞　孙建设　李　龙　李大志　李友强　李亚兵
李向岭　李军民　李纪岳　李秀根　李建琴　李柏萱　李靓靓
李喜升　李婷君　李稳香　杨　彪　杨长登　杨本鹏　杨亚军
杨荣仲　杨爱全　杨瑞凤　肖世和　吴　山　吴　俊　吴才文
吴凯锋　别　墅　沈金雄　宋彦亭　张　涛　张　磊　张小惠
张冬晓　张扬勇　张茂君　张春庆　张恩瑜　张跃彬　陈位政
金黎平　周新安　庞万福　郑　铮　项　宇　赵永国　赵晋峰
赵爱春　赵跃龙　胡培松　逄晓萌　施泽彬　姜　楠　秦学敏
袁志鹏　徐　亮　徐东辉　徐建国　高　云　郭晓盼　唐　浩
黄振霖　梅德圣　曹立勇　盛万民　常钱钱　崔永伟　梁月荣
隋启君　董合忠　韩一军　韩明玉　曾建明　曾勰婷　雷朝云

前　言

农作物种子生产优势基地是集自然、经济、科技、人力等优势条件于一体的国家重要战略资源，是保障良种供应的基础，承载着满足农业生产用种需求的重任。保护好、建设好、管理好、使用好农作物种子生产优势基地，是有效保障农业生产用种、推进种业生产方式转变和不断提高我国种业竞争力的重要举措。根据《国务院关于加快推进现代农作物种业发展的意见》（国发〔2011〕8号）提出的“科学规划种子生产优势区域分布”的要求，以及《全国现代农作物种业发展规划（2012—2020年）》提出的种子生产基地布局和建设的目标任务，2014年，遵照农业部（现称“农业农村部”）余欣荣副部长指示精神，在时任种子管理局局长张延秋、副局长廖西元的领导下，种子管理局会同种植业管理司、部规划设计研究院，组织有关省（自治区、直辖市）和行业专家组成课题组，开始专题研究全国农作物种子生产优势基地建设问题。2018年国务院机构改革组建农业农村部，内设种业管理司，加大了对国家种子生产基地建设的政策支持力度，持续实施了国家级种子生产基地和区域性良种繁育基地的认定工作，不断优化种子生产基地布局，加强基地建设和管理，同时，继续支持课题组深入研究种子生产基地建设问题。2019年下半年至2020年上半年，种业管理司组织本课题组结合“十四五”种业发展规划制定，继续深入研究种子基地建设问题，提出了“十四五”期间乃至更长时期的种子基地建设目标任务。结合最新的研究成果，课题组再次对研究成果不断予以完善总结，编著成《全国农作物种子生产优势基地建设研究》一书。

本书在收集整理和系统分析我国种子生产基地发展历程、基本特征和面临挑战的基础上，按照统筹兼顾、突出重点的原则，提出了玉米、水稻、小麦、大豆、马铃薯、棉花、油菜、甘蔗、蔬菜、柑橘、苹果、梨、茶树、蚕桑共14种作物种子（含种苗）生产优势基地建设的思路、方案和政策建议。全书共分3编19章，第一编为总报告，内容为第一章，从总体上概括论述我国农作物种子生产优势基地建设思路、布局方案、重点建设任务和建设项目等；第二编为分作物报告，包括第二章至第十五章，分别论述14种作物的基地建设思路、布局方案、重点建设任务和建设项目等；第三编为基地建设案例，包括第十六章至第十九章，介绍国家三大基地、区域性良繁基地等18个种子基地建设案例，分析总结了典型基地的建设思路、建设方案和建设重点，以及基地规划建设取得的成效或预期效果。

尽管本书不能囊括我国所有农作物类型和所有优势制种基地，但我们愿以此为契机，让更多人了解农作物种子基地建设的基本情况，启发大家的智慧，不断探索优化制种基地布局，不断创新制种基地建设模式，不断总结基地规划建设的经验，更好地推动制种基地建设，为保障国家粮食和重要农产品生产用种安全做出贡献。

本书编写过程中得到了农业农村部种业管理司等有关司局、全国农业技术推广服务中心、部科技发展中心、各省（自治区、直辖市）农业农村主管部门、种子管理机构、有关企事业单位的大力支持，农业产业技术体系专家们在本书编制中做出了重大贡献，在此一并表示感谢。

限于编者水平，书中不当之处在所难免，恳请读者批评指正。

编者

2020年2月

目　录

第一编　总报告

第二编　分作物报告

第三编　基地建设案例

第一编　总报告

第一章　我国农作物种子生产优势基地建设研究总报告

种业是我国基础性、战略性、高技术核心产业，是促进农业长期稳定发展、保障国家粮食安全的根本。国家高度重视种子生产，大力推进种子基地建设。新中国成立至今，我国种子生产取得了卓著成绩，生产能力迅速增强，不仅使全国告别了种子短缺，而且商品种子质量不断提升，保障了农业生产用种的数量安全和质量安全，促进了种子生产和种业发展，为全国农业转型升级提供了有力支撑。

第一节　建设农作物种子基地的重大意义

种业安全是粮食安全的前提，良种供给安全是农业生产安全的基础，是农业现代化发展的保障。当前，世界正面临百年未有之大变局。从国际看，全球产业链正处于深刻复杂变化的新形势，个别国家贸易保护主义抬头，经济全球化趋势滞缓，国际农业产业链条运行受阻，大宗农产品国际市场动荡，必须立足国内，完善农业国内大循环，紧紧抓住“中国饭碗”。从国内看，耕地规模有限、环境约束趋紧、人口增长压力、自然灾害频发、农村劳力转移等问题愈发突出，我国粮食及“菜篮子”产品需求还将刚性增长，农业保供任务丝毫不能松懈。在此形势下，要充分发挥良种在推进农业供给侧结构性改革中的基础性、先导性作用，推进农作物种子生产优势基地布局和建设，为农业提供优质、足量、高效的良种，具有重大战略意义。

一、推进农作物种子生产优势基地布局和建设，是提高农业生产供种保障能力，确保国家粮食安全的重要前提

习近平总书记指出，中国人的饭碗任何时候都要牢牢端在自己手中，我们的饭碗里应该主要装中国粮。优良品种是农业生产的核心要素，是农业增产、农民增收的内因，中国粮要主要靠中国种。藏粮于技，首先要藏技于

种，藏粮于地，首先要藏粮于制种基地。我国粮食生产取得历史性“十六连丰”的背后，是种子基地生产能力的不断提升，供种能力供需平衡有余，保障三大主粮作物 13.6 亿亩（15 亩=1 公顷。全书同）的用种需求，确保了粮食生产“有种子用”“有好种子用”。根据《2019 年中国种业发展报告》有关数据推算，2018 年我国生产各类农作物商品种子（种苗）生产面积约为 2 900万亩，其中水稻、小麦、玉米、大豆、马铃薯、棉花、油菜 7 种主要农作物商品种子生产面积约 2 600万亩，这些基地基本保证了年度用种的数量安全。当前及今后一个历史时期，我国耕地面积有限、人口不断增长的情况将一直存在，粮食保供仍然是农业生产的首要任务，确保农业生产供种安全是现代种业发展的首要任务，加强商品种子生产基地布局和建设尤其重要。根据《2019 年中国种业发展报告》有关数据推算，我国各类农作物种子生产基地的建设规模要达到 4 100万亩，才能够满足生产需要，其中 2 900万亩用于商品种子生产，其余 1 200万亩用于大豆、马铃薯等作物基本轮作需要。各类农作物种子生产基地需要进一步优化布局，加强建设，提高基地规模化、标准化、集约化、机械化和信息化水平，更好发挥其优势基地资源的作用，形成稳定的种子生产和供给能力，满足高产、优质、高效、生态、安全的现代农业发展需要。

二、推进农作物种子生产优势基地布局和建设，是促进农民持续稳定增收，带动地方经济发展的有力抓手

制种与大田生产相比，技术含量更高，劳动力更密集，制度操作更严格。在种子生产优势区，制种产业已成为产业化程度最高、联系农户最广、农民收入比重最大、农业效益最为显著的支柱产业，有力地带动了地方经济和农民收入持续增长。如甘肃省 2018 年玉米制种亩均收入是商品玉米种植的 1.5 倍，蔬菜制种亩均收入是商品玉米种植的 2.5 倍以上，有效带动了基地农民持续稳定增收。据统计，“十三五”期间，全国杂交水稻、杂交玉米、大豆、马铃薯等优势种子基地县，共计组建专业合作组织 1 286家，资产共计 54 亿元，辐射带动了 1 418个制种村、19.9 万农户、99.5 万农民实现产业脱贫，较“十二五”末提升了 22.1%。同时，制种产业的发展还带动了农村地区的延伸产业——种子加工、机械制造、交通运输、餐饮住宿等二、三产业的发展，不少农民脱离了土地，进入了加工厂和服务行业，极大解决了主产区劳动就业，推进了地方经济发展。

三、推进农作物种子生产优势基地布局和建设，是促进农业转型升级，促进农业农村现代化的基础工程

农作物种子是农业科技成果的最终载体，种子生产是实现农业科技成果转化的关键环节。农业现代化必须基于种业现代化，实现种业现代化要率先实现种子基地现代化，主要包括基地建设园区化、产业基础高级化、生产过程机械化、质量控制标准化、市场监管信息化等方面。基地建设园区化，是指基地建设要从注重生产向注重产业转变，按照国家级农业产业园区标准，建设集科研、生产、加工、销售、物流等产业要素于一体的现代化种业基地。产业基础高级化，是指基地建设过程中要坚持问题导向，针对产业基础能力薄弱环节，集中力量补齐农田建设、专业农机、加工装备等短板，实现从无到有、从有到优、由优变强。生产过程机械化，是指要始终坚持种子生产全程机械化发展，推动人工成本降低、生产效率提高、企业效益提升，为农业机械化生产奠定基础。质量控制标准化，是指要支持优势企业在优势基地开展种子质量认证工作，推进基地建设、制种生产、种子加工等生产过程标准化，推动我国种子质量控制水平跨越式提升。市场监管信息化，是指要统筹利用生产经营许可、生产备案、天空地一体化等手段，加快数字化监测技术应用，提升种业市场信息化监管水平。

四、推进农作物种子生产优势基地布局和建设，是保护国家优势制种基地战略资源，促进农业可持续发展的重大举措

优势制种基地是集自然、经济、科技、人力等优势条件于一体，在耕地、水、优质劳动力等资源约束不断加剧的情况下，优势制种基地越来越稀少、越来越珍贵，种业基地已成为保障国家粮食安全和重要农产品有效供给的核心支撑，成为构建现代农业国内大循环的起点，必须进一步巩固提升国家战略性资源地位，予以全面保护。《中华人民共和国种子法》明文规定："对优势种子繁育基地内的耕地，划入基本农田保护区，实行永久保护。"《国务院关于加快推进现代农作物种业发展的意见》（国发〔2011〕8号）明确要求"科学规划种子生产优势区域布局，建立优势种子生产保护区，实行严格保护"，《全国现代农作物种业发展规划（2012—2020年）》（国办发〔2012〕59号）《国务院办公厅关于深化种业体制改革提高创新能力的意见》（国办发〔2013〕109号）等文件，也分别对加强种子基地建设提出了要求。通过对种子生产优势基地布局的研究，可以掌握种子生产优势基地资源的分

布、现状及问题等基本情况，有的放矢地加强基地保护和建设，使优势基地这一国家战略资源真正成为新时代现代种业发展的战略支撑，为推进农业农村现代化发挥应有的作用。

第二节　我国农作物种子基地发展的历史沿革

回顾我国种子生产发展历程，种子生产优势基地是在市场推动、技术促进和政府引导三大力量共同作用下逐步形成的。从新中国成立初期到目前，主要实现了“五个跨越发展”：一是良种供应能力实现跨越发展，良种覆盖率从不足1%提高到96%；二是生产基地规模实现跨越发展，主要农作物种子生产基地规模从无到有，发展到2 000多万亩；三是种子商品化实现跨越发展，主要农作物商品供种量从无到有，增长到71.8亿公斤（1公斤=1千克。全书同）左右，商品化率提升到72.3%以上；四是生产方式实现跨越发展，从“以粮代种”发展到高度专业化种子生产；五是产业化程度实现跨越发展，种子生产从种业的一个环节发展成为具有较高经济效益和社会效益的区域性主导产业或支柱产业。

纵观新中国农作物种子生产发展历程，可分为5个阶段。

一、农民就地选留、串换、繁殖和推广阶段（1949—1957年）

新中国成立初期，家家种田，户户留种，种粮不分，生产效率低。针对当时现实情况，农业部就种子生产提出就地选留、就地串换、就地繁殖、就地推广的“四个就地”方针，号召全国广大农户建立“留种地”，自己选留大田生产用种。与此同时，农业部还加强基层干部和农民培训，发动群众选种、留种，把依靠当地自选、自留自用和互相串换良种作为当时解决农民用种的主要措施，将评选良种作为普及良种的重要手段。按照上述“四个就地”方针初步解决了当时种子供应问题，对促进我国农业生产的恢复和发展发挥了重大作用。20世纪50年代初期，各地在接收原有农事试验场、果园、苗圃的基础上，又陆续建设了一批专区、县农场，承担良种示范和种子生产任务。1952—1957年，全国大田粮食作物良种覆盖面积由5 223万公顷增加到7 040万公顷，良种覆盖率提高到52%。这个阶段种子生产的主要特征是农民自繁自用、自给自足。

二、生产队自繁、自选、自留、自用阶段（1958—1977年）

随着我国农业生产的发展，农民对良种需求十分迫切，一些地方盲目调运种子，甚至用商品粮代替种子，造成种子混杂和农作物减产。针对这种情况，农业部于1958年提出依靠农业生产合作社自繁、自选、自留、自用，辅之以调剂的“四自一辅”方针，要求集体生产单位自留大田生产用种，国家只进行必要的良种调剂。按照这个方针，生产队普遍建立种子田，繁殖本队大田生产用种。20世纪60年代初，全国种子生产形成县有良种场、公社有种子队、生产队有种子田的常规种三级良种繁育格局。20世纪70年代，杂交种在全国范围内逐渐推广种植，到70年代中期，杂交玉米和杂交高粱种植面积均超过玉米和高粱种植面积的50%，水稻杂交种也在12个省市开始试种。一些地方在推广高粱、玉米、水稻等杂交种过程中，由于制种条件和技术要求较高，采取“县繁县（社）制”的新形式，具备了专业化种子基地的雏形。这个阶段种子生产的主要特征是，种子生产主体由农户转变为生产队，种子生产组织化程度有所提高，生产方式主要为当地生产、当地使用。

三、以县为单位统一供种阶段（1978—1995年）

1978年，国务院批转原农林部《关于加强种子工作的报告》，明确提出种子生产专业化、加工机械化、质量标准化、品种布局区域化、以县为单位统一供种的“四化一供”发展方针，至此，专业化种子生产基地建设全面拉开序幕。当年就在全国12个县开展“四化一供”试点，1979年又扩大到70多个县，到1985年发展到411个。这个时期，杂交种种植面积进一步扩大，其中，玉米单交种已更新到第三代，推广种植和品种更新速度明显加快；水稻三系制种技术的普及有力推动水稻杂交种的推广种植。随着杂交种的大面积推广种植，对制种技术和条件提出更高的要求。结合试点和工作实践，各地总结出“省提、地繁、县制”的繁育体系建设思路，得到农业部的肯定和推广。同时，国家投入大量资金加强种子生产基地建设，改善种子基地生产条件。到20世纪90年代中期，辽宁、河北、山西、内蒙古自治区（以下简称“内蒙古”）等省（自治区）相继建立了具有一定规模的杂交玉米种子生产基地；四川、湖南、江苏等省建立了杂交水稻种子生产基地；辽宁、山西、甘肃等省建立了蔬菜种子生产基地。到“八五”末，全国良种覆盖率达80%以上。这个阶段种子生产的主要特征是，杂交制种技术被广泛应用，种子生产以县域生产为主，生产主体为农业部门种子公司（站），专业化水平明显提高，专业化种子生产基地基本形成。

四、种子基地专业化发展阶段（1996—2010 年）

“九五”以来，在国家种子工程规划引领下，通过政策引导种子生产基地向优势区域发展，其中最具代表性的是西北制种基地的兴起。西北制种基地主要包括甘肃、新疆维吾尔自治区（以下简称“新疆”）、宁夏回族自治区（以下简称“宁夏”）、内蒙古、陕西等省（自治区）的灌溉农业区，该区域气候干燥，光照充足，灌溉水源丰富，有“天干地不干”的优越制种条件，有利于干物质积累，制种产量高，种子质量好，制种产量稳定。同时，这些地区人多地少，劳动力资源丰富，生产成本较低。在这些条件的共同作用下，形成了该区域种子产量高、质量好、成本低的突出优势。1996 年国家启动实施“九五”种子工程，全面持续加大专业化种子生产基地投资建设力度，在基础条件较好、自然条件有优势的地方，安排建设国家原种场、粮食作物良种繁育基地、经济和园艺作物良种繁育基地、薯类和苗木脱毒中心等，我国良种生产能力得到显著提高。2000 年全国人大颁布《中华人民共和国种子法》，2006 年国务院办公厅印发《关于推进种子管理体制改革加强市场监管的意见》，种子产业的企业主体地位得到明确，全国统一市场逐步形成，种子产业逐步进入市场化发展阶段。这个阶段种子生产的主要特征是，全国性种子生产优势基地基本形成，综合生产能力得到全面提升，品种培育和种子生产技术飞速发展，种子生产主体由农业部门种子公司（站）转变为多种所有制类型的公司。

五、种子基地布局全面优化阶段（2011 年至今）

从 2011 年开始，我国种子生产进入转型升级、优化布局的新时期。2011 年国务院印发《关于加快推进现代农作物种业发展意见》提出“科学规划种子生产优势区域布局”；2012 年国务院办公厅印发《全国现代农作物种业发展规划（2012—2020 年）》，进一步将国家主要粮食和重要经济作物种子生产基地布局细化为国家级、区域级和县（场）级三大类型，明确了建设范围和建设内容；2013 年《国务院办公厅关于深化种业体制改革提高创新能力的意见》要求“加快种子生产基地建设”，再一次将优势种子基地建设上升到国家层面予以强调。在国家政策的推动下，我国种子生产基地布局调整速度加快，种子生产进一步向优势区域集聚。2018 年甘肃、新疆两省

（自治区）杂交玉米制种面积占全国玉米制种面积的 76.6%；四川、湖南、江苏、江西、福建和海南 6 省杂交水稻制种面积占全国杂交水稻制种面积的 87.2%；在海南推进了国家南繁基地建设。这一时期，良种供给能力迅速增强，种子供需总体平衡有余。种子质量水平大幅提升，主要农作物种子质量合格率多年保持在 97%以上。水稻两系制种等制种技术取得突破性进展，制种成本明显下降，制种效益稳步提升。这个阶段种子生产的主要特征是，种子生产基地建设模式不断创新，种子基地监管能力水平大大加强，布局更趋合理，种子生产条件环境明显改善，企业成为种子生产主体，种子生产基地进入到转型升级、全面优化的新的历史阶段。

第三节　我国农作物种子基地发展现状

党中央、国务院高度重视国家种子基地建设，连续多年一号文件、国家乡村振兴战略规划均对国家种子基地建设提出明确要求。农业农村部和各省深化落实党中央和国务院战略部署，坚持持续发力系统建设、坚持政企社三方共同建设、坚持硬件软件同步建设，积极创设制种大县奖励、现代种业产业园、现代种业提升工程等政策，持续推进国家种子基地建设。

一、主要做法

1. 不断优化建管机制

农业农村部把国家种子基地建设纳入粮食安全省长责任制考核范畴，作为省政府重点督导工作予以推进。有关各省高度重视国家种子基地建设，成立专班狠抓落实。不断完善部省共建机制，海南、甘肃等种业强省与农业农村部签订部省共建协议，共建国家种子基地。各基地县将基地规划、建设、管理职责上升为政府行为，成立基地工作领导小组，地方政府主要领导为组长，农业农村、发改、财政、水务、自然资源等部门为成员，明确目标任务和责任分工，形成部门联动、齐抓共管的工作机制。此外，各省不断强化南繁管理职责，由省政府分管秘书长担任南繁规划落实协调组组长，不断完善省级南繁工作领导机制，集全国力量共同推进国家南繁基地建设。

2. 不断创新支持政策

农业农村部认定 52 个国家级“两杂”制种大县和 100 个区域性良种繁育基地，涵盖粮棉油、菜果茶药等作物，“十三五”目标基本实现；划定 26.8 万亩南繁保护区，上图入库，实行永久管制；会同财政部创设制种大县奖励政策，赋予地方最大的自主权，推动种子基地建设；编制现代种业提升工程建设规划，瞄准基地基本建设短板予以支持，实现国家区域性良种繁育基地全覆盖；利用国家现代农业产业园建设，推动10个种业强县创建种业产业园，打造基地现代化标志性工程；把制种耕地作为农田基础设施建设的重点，予以优先支持；实施玉米、水稻、小麦三大口粮作物制种保险政策，增强制种抗风险能力，保持基地稳定发展。同时，各省也不断创新优惠政策，集中力量建设国家种子基地。四川省委把现代种业作为三大先导性支撑产业之首，写入《关于全面推动高质量发展的决定》，不断加大国家级杂交水稻制种基地建设政策投入。

3. 不断加大资金投入

近年来，中央不断整合各类渠道，持续加大财政投入，支持国家种子基地建设，“十三五”期间累计投入超67亿元。其中，利用千亿斤粮食工程资金，专项投资海南、甘肃、四川国家级种子基地建设，共计近14亿元；设立制种大县奖励，支持玉米、杂交稻、大豆、小麦、马铃薯、油菜等作物种子基地建设，共计34亿元；通过现代种业提升工程累计投入近15亿元，支持特色经济作物区域性良种繁育基地建设；在国家现代农业产业园中单列种业产业园，遴选出10个种业强县予以支持，已投入4.2亿元。此外，各省积极整合涉农资金，投入基地建设，福建省“十三五”期间投入1.2亿元，用于支持三明市“中国稻种基地”建设，并把基地建设列入2020年福建省10亿元以上重大项目清单，计划总投资27亿元；青岛市由地方财政投入9 400万元，撬动企业或社会投资1.88亿元，支持即墨区打造种业上下游紧密融合的蔬菜花卉种子产业园。

4. 不断加强基地监管

定期组织种子质量抽检，建立种业大数据平台，打造来源可查、去向可追、责任可究的可追溯体系，农作物种子合格率稳定在98%以上。持续开展打假护权专项行动，举办销毁假劣种子现场会，震慑不法分子，推动制售假劣、套牌侵权等违法行为大幅减少，市场秩序明显好转。开展国家种子基地建设年度绩效考评行动，总结基地建设发展经验教训，印发事情反馈，督促各项政策落实。落实《中华人民共和国种子法》规定，实施种子生产经营备案管理制度，建设网上备案系统软件和App，大幅提升市场监管效率。定期开展转基因专项行动，严厉打击非法生产转基因种子行为，维护基地生物安全。

二、取得成效

1. 供种保障能力快速提升

通过种子基地建设，引导种子企业向大县集中，支持地方改善种子生产条件，有力保证了种子生产的数量和质量。“十三五”期间，我国玉米、杂交水稻、大豆、马铃薯等作物的国家级种子基地县常年制种面积约为534万亩，比“十二五”末期增加164万亩，增幅近60%；常年制种量超过31亿公斤，比“十二五”末提升近50%；建成高标准种子田约280万亩，推动亩产比“十二五”增长了17个百分点，基地产能进一步提升，常年种子产量可以满足全国85%的玉米、75%的杂交水稻、50%的大豆、32%的马铃薯生产用种需求，有力保障了国家粮食安全。同时，通过种子基地建设，我国国产品种重新占据主导地位。目前，我国自主选育品种已达95%，水稻、小麦、大豆等口粮均为自主选育品种，玉米国外品种已逐年下降至10%，国家种业安全得到进一步保障。

2. 支撑区域农业产业兴旺

“十三五”期间，制种大县奖励等政策的实施充分调动了地方积极性，各地整合有关项目资金近30亿元，地方财政配套近6亿元，撬动社会投资约28亿元，集中投入基地建设，并密集出台优惠政策，推动优势基地现代化水平不断提升，打造出一批高标准、高水平的国家种子基地。

（1）产业不断壮大，2019年，福建建宁县杂交水稻制种面积为14.7万亩，制种产值达5.3亿元，带动全县70%的农民增收1.4亿元以上，户均制种收入2.3万元。

（2）专业化服务组织不断成长，结合玉米机械去雄、水稻机械插秧、无人机授粉及统防统治等技术应用，推动我国制种全程机械化率增长到70%以上。

（3）品牌化发展不断推进，已形成“张掖玉米种子”“建宁水稻种子”“酒泉蔬菜种子”“张北马铃薯”“嘉祥大豆”等标志性种业品牌。

（4）南繁服务业不断发展，三亚市南繁科技城以及陵水县安马洋、乐东县抱孔洋配套服务区相继开工建设，三亚市落根洋配套服务区启动，解决了南繁科研人员最关心的问题，南繁“新家”入驻可期。

3. 现代种业要素不断集聚

“十三五”期间，农业农村部针对现代种业资源垄断型、技术密集型、人才聚集型特征，发挥社会主义集中力量办大事的制度优势，积极探索种业新业态建设模式，打造现代农业要素高度聚集的产业融合先导区，走出一条种业加快转型升级、实现跨越式发展新路径。通过种业基地建设，引导各地引入物流、信息、金融等企业入驻。海南崖州区、湖南芙蓉区、四川邛崃市、甘肃肃州区、福建建宁县、新疆昌吉市、河北宣化区7个农作物种业强县被批准创建国家现代种业产业园，全力集打造科研、生产、加工、物流、人才、金融等要素为一体的、种业上下游紧密融合的种业产业融合发展基地，示范带动各地种业园区建设。湖南省在芙蓉区国家现代种业产业园内，建设岳麓山种业创新中心，首期注册资本金2亿元，着力打造国家种业关键共性技术应用的排头兵；新疆昌吉市大力发展制种全程社会化服务业，建设新疆中亚农机物流港和种子交易市场，集聚了销售、服务、物流等要素，形成了覆盖新疆、联动西北、辐射中亚的发展格局。

4. 带动农民持续稳定增收

我国种子基地大多处于贫困农区，育制种是典型的三产融合产业，涵盖了育种科研、种子生产、加工包装、仓储物流等业态，能够有效促进农村产业发展和有效带动农民就业。通过实施制种大县奖励，不断推动优势基地与优势企业结合，种业成为各基地县支柱产业，研究出台制种扶贫政策，创新利益联结机制，带动贫困农户实现稳定脱贫。甘肃的杂交玉米制种，农民每年的制种收入大约在2 400元/亩，蔬菜花卉制种，农民每年的制种收入大约为4 000~4 500元/亩，玉米制种和蔬菜制种收入分别是商品玉米种植的1.5倍和2.5倍以上；福建建宁的杂交水稻种子生产，2015—2018年每年带动制种农户平均增收1.57万元、1.9万元、2.05万元、2.22万元，增收带动效果显著。据统计，“十三五”期间，各基地县组建专业合作组织1 286家，资产共计54亿万元，辐射带动了1 418个制种村、19.9万农户、99.5万农民实现产业脱贫，较“十二五”末提升了22.1%。

三、存在问题

1. 基地流失风险加剧

近年来，受比较利益驱动、市场需求变化、生产成本增高等因素影响，我国一些传统的优势种子基地，特别是经济发达地区的优势基地不稳定，部分基地不能保证长期用于种子生产，甚至部分基地出现主导产业转移、制种功能丧失。主要表现在两方面：一是部分基地转为非制种用途。如江苏的两系杂交水稻种子基地，规模化机械化操作水平较高，存在传统优势，但由于经济发展、人力成本提高、气候变化等原因，制种面积逐渐萎缩。二是部分基地与优势企业结合不紧密。基地仅聚焦生产环节，没有与企业建立长期稳定的合作关系，不能形成较为完善的种业产业链条，抵御市场供需变化能力较差，基地制种规模难以稳定。

2. 基础设施水平不高

目前，我国种子基地生产物质装备水平依然不高，抵御风险能力依然不强。

（1）基础设施依然薄弱，田网、渠网、路网建设水平较低，综合生产设施不齐全，缺乏统一的基地建设标准和生产技术标准体系，一旦遭遇极端自然灾害产量影响严重，如南方雨季农田排水能力差会导致水稻制种“穗上芽”。

（2）加工设施配套不足，与美国、荷兰等国基本实现“一粒种一棵苗”的种子加工质量相比，我国种子精选、包衣等装备仍存在短板，如雨季水稻种子收获后烘干不及时导致芽率下降的问题普遍存在。

3. 生产效率亟待提升

目前，我国制种产业仍是劳动密集型产业，关键环节制种机械化水平仍然不高。进口的玉米去雄机械价格过高、国产质量较差，水稻制种插秧机、授粉植保无人机应用范围仍然较窄，辣椒、番茄、西甜瓜等经济作物去雄授粉环节仍依靠人工。据测算，目前制种生产劳动力成本占制种成本的比重已达到60%，企业生产成本居高不下。此外，伴随国民经济的不断发展和城镇化水平的提升，农村青年劳动力进城务工数量不断增长，制种企业利润空间面临雇工难、雇工贵和工人老龄化三重挤压，通过机械化提升制繁种生产效率势在必行。

4. 市场环境亟待优化

目前，我国制种基地不规范的种子生产行为依然存在，主要原因在于种子管理部门执法能力薄弱、力度不足。表现在：一是基层执法机构不健全，种子管理机构与综合执法存在交叉管理，职责不明确；二是质检机构不健全，半数以上的种子质量检验检测机构仪器设备不完善、人员和经费不足，不具备检测能力；三是监管能力不足，缺乏有效监督；四是知识产权意识薄弱，套牌侵权时有发生，影响企业创新积极性。

第四节　国际制种基地发展情况与启示

种业发达国家制种产业经过近百年的发展，各国种业企业依据制种产业自然环境依赖、技术密集、劳动密集、高度组织化、产权保护严格等特征，结合植物生长特性、经济价值、技术水平等方面因素，不断探索和总结种子基地布局规律，形成了一套科学有效的建设管理机制，涵盖政府、企业、第三方机构等方面，非常值得我国借鉴。

一、国外种子基地布局规律

1. “两杂”作物

杂交玉米和杂交水稻（简称“两杂”作物）是全世界种植最大、需种量最高的杂交粮食作物。“两杂”作物商品种子主要是F_1代杂交种，其制种方式主要包括玉米亲本杂交、水稻三系、两系杂交，具有亲本来源严格受限、制种技术复杂、田间管理要求高等特征，农户利用杂交种进行自繁，将导致已经整合到杂交种中的优良性状完全分离，这使得“两杂”作物生产具有天然的技术壁垒。因此，“两杂”作物种子具有异地生产、集中布局、专业化运作等方面的优势。从全球范围来看，“两杂”作物种子生产大都集中在适宜作物种子生长发育的优势区域，如美国杂交玉米种子主要集中在东北部黄金玉米带及五大湖区域，印度杂交水稻制种基地则集中在安德拉邦Warangal和Karimnagar地区。同时，“两杂”作物种子可异地生产和销售的特征，使跨国企业可在进行全球布局其制种基地。例如，杜邦先锋在全球27个国家的近40个地区均建有杂交玉米的生产基地。

2. 常规作物

常规作物繁种简单，需种量大，农民可以自留种，加之品种区域性要求严格，生产基地布局常呈现显著的属地化特征，种植常规作物的大型农场同时也承担制种生产工作。例如，美国、澳大利亚、新西兰、欧洲等知识产权保护制度较为健全的国家和地区，种子款结算并不是企业销售常规作物种子的主要方式，而是通过收取制种许可费的方式进行结算，制种企业并不会特别关注农户繁育的代数和商品化率。

3. 无性繁殖作物

无性繁殖在原种、原原种生产和脱毒环节，对生产设施、操作人员水平均有一定要求，因此专业化水平较高，设施设备方面的投入较大。因此，印度、孟加拉、尼泊尔等国，均通过政府项目投资的方式，对马铃薯原原种、原种制种企业给予投资。

4. 高附加值作物

杂交蔬菜，以及菠菜、芫荽等蔬菜，育种周期长、难度大、附加值较高，种子企业为更好地保护种质资源和知识产权，将种子限制在本国以外的适宜区域生产。例如，全球所有的菠菜种子基本上都在丹麦生产，芫荽种子主要集中在意大利生产，部分十字花科蔬菜种子主要集中在智利、美国等地生产等。

各类型作物制种基地的布局规律和特征详见表1-1。

表1-1 各类型作物制种基地的布局规律和特征

作物类别	代表作物	特 征
“两杂”作物	杂交玉米、杂交水稻	异地布局、优势集中、专业化水平高
常规作物	小麦、常规水稻、豆科蔬菜等	属地化布局、相对分散，专业水平低
无性繁殖作物	马铃薯、大蒜等	属地化布局、相对集中，专业化水平高
高附加值作物	杂交蔬菜，菠菜等雌雄异株蔬菜，芫荽等高价值的常规蔬菜	异地布局、完全集中

二、国外种子生产主要模式

根据作物种子生产附加值和技术壁垒高低，国外种子企业主要通过企业自繁和委托制种良种模式进行种子生产。

1. 企业自繁

企业自繁是指企业利用独资、合资、联盟等形式，在制种优势区购买一定规模的土地，建设种子生产、加工、仓储等设施，组建专业制种团队进行种子生产和质量控制。企业自繁主要适用于种子高附加值和制种技术壁垒较高、产权保护和质量控制严格的作物，包括“两杂”作物，以及辣椒、番茄、黄瓜、西瓜、甜瓜、胡萝卜等杂交蔬菜。孟山都下属的蔬菜种子企业圣尼斯公司，在世界上56个国家建设了蔬菜制种农场；荷兰瑞克斯旺公司的蔬菜制种农场，遍布欧洲、非洲、亚洲3个大洲；日本蔬菜种子株式会社均建立了自己运营的，专门用于蔬菜育种、制种、种子加工的育制种农场。

2. 委托制种

委托制种是指种子企业和制种优势区的专业化制种企业签订委托生产合同，由专业化制种企业进行作物种子生产，种子企业则对其提供农药、化肥等投入品，以及制种关键时期的相关技术指导。委托制种主要适用于品种区域性要求严格，且种子附加值、技术壁垒和产权保护需求较低、农民易自留种的作物，例如小麦、非转基因大豆、棉花等常规作物，以及豇豆、蚕豆、豌豆等豆科蔬菜。全球小麦制种优势企业利马格兰公司，本身就是一家国际性农业合作社集团，与各国专业化制种公司或农场、合作社合作紧密，可以把小麦制种和小麦生产有机结合，实现“从种子到面粉”全产业链发展。

三、国外种子基地管理机制

1. 政策法规监管

欧美发达国家对制种基地的监管，主要是通过立法实现的。以美国为例：早在 1905 年，美国国会就通过年度进口法案授权美国农业部，对进口商品种子进行抽检，验证种子真伪和标签真实性。连续 7 年抽检结果显示，当时美国进口商品种子质量与标签不符的比例高达 20%。为扭转这个局面，1912 年，美国国会通过《联邦种子进口法》，规定了进口饲草种子的最低纯度标准和最高杂草种子含量标准，对进口种子市场进行整顿。在此基础上，1939 年，美国国会通过了首部《联邦种子法》，并经过 5 次修订，形成了当前施行的《联邦种子法》版本。《联邦种子法》要求，制种基地生产的商品种子必须保证标签信息真实可靠，并达到一定的质量标准，才可以进入市场，进行各州之间和海外进出口贸易。1982 年，基于《联邦种子法》，美国又制定了《联邦种子法条例》，对种子质检程序、种子交易档案构建和样品保存、各类作物种子标签内容和标注、种子认证的程序和方法、种子生产和加工、种子法律执行机构等方面进行了详细规定，构建了完善的制种基地质量监控体系；各州也配套制定了种子法案，形成了世界上最完善的种子法律法规体系。

2. 企业质量控制

（1）生产规程标准化。利马格兰公司通过建立并严格实施企业内部标准，来实现制种生产各环节的质量控制，以确保种子质量，维护企业信誉。公司的技术人员必须对种子田进行多次田间检验，检查制种亲本材料标签、播种方式、隔离距离和花粉污染等情况，并保留好相关样品，用于官方抽检和企业复查。

（2）流程控制信息化。孟山都、先正达等跨国种子企业为保障种子生产质量，均建有完整的信息化管理体系和全程质量控制体系。它们主要是通过完备的合同约束制种农户按企业标准进行种子生产，并通过完善的信息化监控体系，掌握种子生产、加工流程，以此实现对制种从“种子到种子”的严密控制，即从父母本种子到商品种子的种子生产全过程监控。

（3）基地管理信息化。跨国种子企业均形成了以信息化为基础的科学生产决策机制。先正达与科研机构合作，构建了公司生产大数据平台，用于分析历年种子销售数据，预测未来市场趋势，作为制订公司种子生产计划的重要依据。孟山都和杜邦先锋均引进 SAP 公司的 ERP 体系（Enterprise Resource Planning，企业资源计划），用于制种基地的科学管理。

3. 第三方监管

第三方机构在国际种子市场发挥着重要作用，主要涉及种子质量互认、新品种认证以及种子贸易等方面，其中，国际种子检验协会（ISTA）、国际植物新品种保护联盟（UPOV）和国际种子联盟（ISF）是最权威的 3 家第三方种子机构。ISTA 主要从事种子检验工作，通过 ISTA 认证的种子检验机构，其出具的种子检验报告书将获得国际质量认证，可以自由流通。UPOV 是依据国际植物新品种保护公约建立的政府间国际组织，主要对植物新品种权进行审定、授予和保护，规定必须经过特异性、一致性和稳定性测试（DUS 测试）后才能授予植物新品种权。同时，欧美各国第三方机构在种子质量认证、新品种测试、行业自律等方面，也发挥了重要作用。在美国，各州的种子认证协会协助政府承担种子认证工作；第三方种子检验检测实验室则承担企业委托的种子质量检验检疫工作，帮助企业验证种子标签的准确性；各类作物均成立了自己的行业协会，主要职能是提供技术和信息服务，强化行业自律。在法国，选种技术常备委员会（CTPS）是农业部门和种子企业间的纽带，主要负责向其成员传达国家政策法规、制定品种官方录入需满足的技术条文、制定种子生产技术条文等工作。在德国，经共同体植物品种保护办公室（CPVO）授权的第三方测试机构，是协助政府开展已授权或登记品种保护和管理的重要力量。日本种苗协会是该国种子行业最大的社团组织，负责蔬菜、花卉、饲料三大类作物的种子业务，主要职能包括：行业管理，新品种登记，执行政府给予的育种、DUS 试验、审查任务，组织学术交流，以及代表会员单位向政府反映政策法规方面的意见。

四、国外种子基地建设的启示

立足我国农业土地集体所有、种业企业实力较弱等基本国情，借鉴欧美种业发达国家近百年的历史经验教训，对我国种子基地建设和发展有三大启示。

1. 不断推动优势基地和优势企业紧密结合

与欧美发达国家跨国种子企业不同，我国种子企业流动资金少、融资能力差，尚无法独立承担基地农田水利、制种设施、加工厂房等建设。从中国

“两杂”作物制种大县的建设经验上看，建立多元化的财政资金投入机制，是符合中国国情的基地建设机制。因此，要持续加大农作物制种基地的财政投入，创新基地招商引资和企业扶持方式，利用免息贷款、贴息贷款等方式，解决企业融资难问题；利用先建后补、以奖代补等方式，激发优势企业建设基地积极性，以此推动优势企业和优势基地紧密结合，提升种子基地的稳定性和生产能力。

2. 不断完善第三方服务体系

结合国内外先进经验，按照“政府主导、企业主体、社会参与”的原则，建立健全基地第三方服务体系，有利于种子基地市场秩序的稳定和维护，推动基地高质量发展。要充分发挥行业协会在基地自治方面的重要作用，鼓励各基地组建种子协会，支持协会组织开展技术交流和行业自律。要支持各基地引进或组建第三方质量检测机构，减轻政府质量抽检压力，为企业提供优质的质量检测服务。要支持各基地建设科研合作平台，为企业提供资源交易、成果转化等服务。要鼓励各基地探索建立国际交流、战略咨询等第三方机构，为基地建设和企业发展提供技术支撑。

3. 不断提高信息化监管力度

借鉴跨国种子企业经验，建设蔬菜制种基地大数据平台，并将数据平台与中国种业大数据对接，推动国家、省、市、县 4 级联动的基地信息管理体系构建，全面强化政府对基地的市场监管。加大财政资金投入力度，引导企业建设信息化质量控制体系，实现从制种材料来源到商品种子销售去向的制种全程可追溯。企业信息化质量控制体系应与基地大数据平台对接，实现相关数据实时上传，方便政府实时监管，实现基地监管工作的节本增效。

第五节　农作物种子基地建设的总体思路

一、指导思想

全面贯彻习近平总书记“要下决心把我国种业搞上去”指示精神，大力落实党的十九大，以及十九届二中、三中、四中全会精神，牢记保障国家粮食安全、保障国家种业安全的历史使命，以保障农业生产用种安全为目标，以提高种子生产基地综合生产能力为主攻方向，全面优化主要粮食作物和重要经济作物种子生产基地布局，着力加强种子生产基地基础设施条件建设，着力推进以提升种子生产全程机械化和产后精细加工技术水平为重点的技术转型升级，着力优化和完善种子生产基地发展环境、监管能力与社会化服务体系，大幅提升种子生产基地规模化、标准化、机械化、集约化、信息化水平，让农业受益、行业受益、农民受益，将国家种业基地打造成建设种业强国的标志性工程。

二、基本原则

1. 坚持分类布局与分层建设相结合

坚持在优势区域按照科研育种基地、粮棉油糖制种基地和特色经济作物种子种苗基地进行分类布局，国家重点支持种业强省强县建设，地方重点支持辐射范围大的常规作物和当地特色经济作物种子种苗基地建设。

2. 坚持发挥比较优势与促进适度规模相结合

科学规划谋划，引导种子生产基地向优势区域相对集中，既要加快推动形成区域优势产业，又要防患过度集中可能导致的系统性风险。积极发展适度规模的种子生产基地，实现生产要素、管理要素的高效配置，提高生产效率和效益。

3. 坚持政府扶持与企业主体相结合

加大政府扶持力度，明确农田基础设施建设、制种大县奖励、现代种业提升工程等中央专项资金投资重点，引导地方财政和社会资本投入种子基地建设。充分发挥企业在种子生产基地建设中的主体作用，鼓励企业积极承担种子生产基地的建设和管理，引导企业加大资金投入，加快建设现代化种子加工和仓储物流体系。

4. 坚持加强管理与保护利用相结合

坚持提高种子生产基地建设标准，明确政府、种子企业的建设管理责任，提高建设资金使用效率。按照“有进有出、奖优罚劣”的原则，建立健全制种大县奖补基地动态管理和绩效考评制度，确保发挥中央财政资金的使用效益。建立种子生产基地保护利用制度，建立健全政策保护、联动协调和风险分散机制，加大种子生产基地监督管理力度，推动基地可持续健康发展。

三、发展目标

1. 近期目标

到 2025 年，国家种业基地布局进一步优化，形成以 7 个国家级制种基地为核心，110 个大宗农作物种子基地和 90 个特色经济作物种子种苗基地为骨干的国家种子基地体系。标准化、规模化、集约化、机械化、信息化“五化”基地初步建成。

（1）制种基地基础设施水平显著提升。高标准种子田占比达到90%以上。

（2）供种保障能力不断提升。“两杂”大县年产量达到全国用种需求的90%左右，其他粮棉油作物优势基地生产能力达到全国的80%；果菜茶菌药草等特色作物种子种苗基地生产能力占全国的70%。

（3）种子种苗质量安全水平稳定提高。农作物种子种苗抽检合格率达到98%以上，马铃薯脱毒种薯覆盖率达到70%，水果脱毒种苗覆盖率达到60%。

（4）种子生产机械化率明显提升。杂交玉米、杂交水稻制种基本实现全程综合机械化，其他主要农作种子生产全程机械化率达50%以上。

（5）社会化服务体系构建完善。质量控制和管理服务信息化水平显著提升，来源可查、去向可究、责任可追的全程追索体系实现国家种子基地全覆盖。

（6）制种基地政策支持体系不断优化。制种大县奖励政策实现粮棉油糖种子基地全覆盖，现代种业提升工程资金向特色经济作物基地倾斜，再遴选有基础、有前景且当地政府高度重视的10个种业强县，创建以现代种业为主导产业的国家现代农业产业园。

（7）基地管理体制机制不断健全。享受制种大县奖励的县实现动态管理，有退有进的国家种子基地监管机制基本确定。

2. 远期目标

到2030年，标准化、规模化、集约化、机械化、信息化“五化”基地基本建成，国家种子基地体系生产能力不断提升，种子质量不断提高，推动我国实现农作物品种大更新、大换代，确保农民有好种子用、有有竞争力的种子用，推动我国种植业国际竞争力不断提高，有力支撑乡村产业兴旺。

第六节　农作物种子基地建设布局和建设重点

一、布局依据与方法

1. 作物种类确定依据

根据国务院印发的《全国现代农作物种业发展规划（2012—2020

年）》，衔接《全国优势农产品区域布局规划（2008—2015 年）》中有关农作物种子生产基地和农作物的选定结果，按照用种需求量大、种子生产基地建设公益性强的原则，选取小麦、玉米、水稻、大豆和马铃薯 5 种主要粮食作物和棉花、油菜、甘蔗、蔬菜、柑橘、苹果、梨、茶树和蚕桑 9 种重要经济作物共 14 种农作物。

2. 布局方法

综合权重打分法，参照种子生产大县评定办法，根据种子生产基地面积、产量、发展环境等因素确定不同指标、分配不同权重，如面积、产量占 60%，发展环境占 40%，对种子生产大县进行排序，将排序靠前的重点县纳入规划布局。

二、布局和建设方案

坚持分类布局与分层建设相结合，结合各个作物的种子（苗）生产特点和发展现状，划分为三个类别进行布局、两个层级进行建设。

1. 三个类别

根据各个作物的繁殖特征，将选取的 14 种作物分为三个类别，分别是杂交作物、常规作物和无性系繁殖作物。

（1）杂交作物。主要包括杂交玉米、杂交水稻、杂交棉花、杂交油菜和蔬菜。

（2）常规作物。主要包括常规水稻、小麦、大豆、常规棉花和常规油菜。

（3）无性系繁殖作物。主要包括马铃薯、甘蔗、柑橘、苹果、梨、茶树和蚕桑。

2. 两个层级

在整合过去将种子基地分为国家级三大制种基地、“两杂”制种基地、区域性良种繁育基地、县场级种子生产基地的基础上，根据基地建设的不同地位和制种作物类别，将优势种子（苗）生产基地简化分为两个层级，包括国家级基地和区域级基地。

（1）国家级基地。包括国家级育种基地和制种基地。国家级育种基地包括海南国家南繁科研育种基地和云南国家农作物科研育种基地，其中，海南国家南繁育种基地是《全国新增 1 000亿斤粮食生产能力规划（2009—2020 年）》《中共中央国务院关于支持海南全面深化改革开放的指导意见》《海南自由贸易港建设总体方案》《国家乡村振兴战略规划（2018—2022 年）》

等文件明确要求重点建设的国家级科研育种基地；云南省凭借独特的立体气候优势，已形成景洪市玉米瓜菜、元谋麦类作物、寻甸蔬菜、施甸水稻两用核不育系、宣威马铃薯等各具特色的科研育种和繁种基地，应列入国家级育种基地予以支持。国家级制种基地包括黑龙江大豆、福建杂交水稻、湖南杂交水稻、四川杂交水稻、广西甘蔗、甘肃玉米、新疆玉米棉花 7 个，其中，四川杂交水稻和甘肃玉米已被《全国新增 1 000亿斤粮食生产能力规划（2009—2020 年）》列为国家级制种基地，并完成一期建设；黑龙江省是我国最大的大豆良种繁育基地，制繁种规模占全国的 68. 4%；福建杂交水稻和湖南杂交水稻制种规模分别占全国杂交水稻制种总面积的 18. 63% 和 17. 75%，已成为我国杂交水稻制种规模最大的两个省份；广西甘蔗良种繁育规模占全国总规模的 76%以上，直接关系到我国糖料作物生产用种安全；新疆棉花繁种面积占全国总规模的 94%以上，玉米制种面积占全国总规模的 30%以上，是我国最大的棉花繁种基地和第二大玉米制种基地，应将以上省份认定为国家级制种基地予以重点保护，确保粮棉油糖等战略物资用种安全。

（2）区域级基地。按照《全国农业现代化规划（2016—2020 年）》和《全国现代农作物种业发展规划（2012—2020 年）》要求，根据不同区域生态特点，农业农村部已认定 152 个县为区域级种子基地，涵盖杂交玉米、杂交水稻、大豆、小麦、马铃薯等粮食作物、棉花、甘蔗、油菜等重要经济作物和蔬菜、水果、茶、桑、中药材等特色经济作物。区域级基地分为两类，即大宗农作物种子基地和特色经济作物种子种苗基地。两类区域级基地数量可以扩展到 200 个。大宗农作物种子基地包括粮食、棉花、油料、糖料等作物种子基地，总数 110 个，其中杂交玉米区域级种子基地主要布局在西北地区，杂交水稻主要布局在南方丘陵地区，常规水稻和大豆主要布局在东北地区，小麦主要布局在黄淮海地区和新疆，马铃薯主要布局在内蒙古、河北、宁夏、甘肃等镰刀弯省份，棉花主要布局在新疆南疆地区，糖料主要布局在内蒙古、新疆、广西壮族自治区（以下简称“广西”）等省（自治区)，油料主要布局在山东、陕西、四川等省份。特色经济作物种子种苗基地包括蔬菜、水果、茶叶、中药材、食用菌等基地，总数 90 个，其中蔬菜主要布局在西北地区，其他作物重点布局在相应作物种子优势产区。

具体布局和建设重点详见表 1-2。

表 1-2　我国农作物种子生产优势基地总体布局方案

类　型		区域范围	建设重点
国家级基地	国家级育种基地（2个）	海南国家南繁科研育种基地、云南省国家农作物科研育种基地	海南省着重基地转型升级，进行国家南繁硅谷基础建设，重点布局重大生物育种平台、种质资源中转隔离基地及表型基因型鉴定中心等重大科研设施。云南省重点加强试验田、种子检验检疫等科研育种基础设施建设，配备种业科研仪器设备和专用农机具。
	国家级制种基地（7个）	四川省杂交水稻制种基地、甘肃省杂交玉米制种基地、黑龙江省大豆制种基地、福建省杂交水稻制种基地、湖南省杂交水稻制种基地、广西壮族自治区甘蔗良种繁育基地、新疆维吾尔自治区玉米棉花制种基地	以基地县为重点，整合优化科研、生产、加工、流通等环节，明确各基地县功能定位，打造省级种业产业集群；继续强化田间基础设施建设，升级种子（苗）加工检验设施，提高高品质种子（苗）供应能力
区域级基地	大宗农作物种子种苗繁育基地	根据基地建设进展，对“两杂”制种大县以及区域性良种繁育基地中涉及粮食、棉花、油料、糖料等农作物的基地进行调整优化，形成110个主要农作物种子种苗繁育基地。	以建设“五化”基地为目标，持续优化田间基础设施，扶持专业化制种企业发展，鼓励生产经营主体创新生产技术，强化种子检验检疫；支持产业基础好、发展潜力强且当地政府高度重视的基地县建设种业产业园
	特色经济作物种子种苗繁育基地	根据不同区域特色，在我国特色农产品优势区范围内，以特色经济作物为重点，认定一批作物有特色、种业有基础、发展有潜力的县，与国家区域性良种繁育基地中涉及蔬菜、水果、茶叶、中药材、食用菌等的县向结合，形成90个特色经济作物种子种苗繁育基地	

第七节　农作物种子基地建设重点任务

新时期我国农作物种子生产优势基地的重点建设任务主要是加强田间基础设施建设，推进制种全程机械化和种子加工技术装备升级，构建种业信息化平台体系，强化基地监管与产业服务，充分调动社会、地方、企业的积极性，鼓励多元化投入，建设可示范、可推广的规模化、标准化、集约化、机械化、信息化的种子基地，带动种子产业快速发展，保障我国农业生产供种安全。

一、稳步夯实制种生产基础

充分发挥中央资金引导作用，推动各地整合配套农田基本建设等项目，撬动地方财政和社会资金，集中投入种子基地高标准农田建设。以旱涝保收、宜机作宜通信为建设重点，根据当地的自然气候特征，针对风险防控的主要短板，对基地农田实行差异化建设，完善农水设施、机耕设施、路网林网、电力设施、信息化设施、隔离设施和制种辅助设施。到2025年，实现玉米、水稻、小麦、大豆等四大主粮作物高标准种子田全覆盖，全面提升制种基地抵御自然风险能力。

二、大力推动数字种业建设

抓住信息革命、科技革命、产业革命的历史机遇，以智慧种业建设为重点，加快推进种业基地数字化、智能化、信息化建设。以种业强县为试点，大力实施“种联网+”行动，推广田间可视监测、水肥智能施用、遥感智能农机、全程质量信息追溯等作物智慧种业技术，推动种业基地基础设施再造。统筹利用生产经营许可、生产备案、天空地一体化等技术手段，加快数字化监测技术在种业基地中的应用，提升种业智慧化监管水平。建立健全数字种业标准体系，打通数据库横向联结，提供种业数据、技术、服务、政策、法律的“一站式”综合查询和业务办理，优化国家种业大数据平台手机App功能，推进种业服务模式创新。

三、持续强化种业科技创新

进一步明确种业技术密集型产业定位，发挥种业基地要素集聚优势，着力推进组织创新突破，推动种业创新链和产业链紧密结合，形成上中下游全产业链一体化的种业创新模式。加快培育和推广高产稳产、绿色生态、优质专用、适宜全程机械化新品种，为农业绿色生产注入源头活水。加快制种农机装备研发创新，着力突破玉米去雄、水稻机插、无人机赶粉、病虫害统防统治等全程机械化技术瓶颈，全面提升制种产业生产效率。支持新型经营主体积极参与种业创新创业，以中央资金为引领，加大对人才返乡创业发展政策的支撑力度和激励机制，培育一批乡村“土秀才”“田秀才”，激发基地基层一线创新活力，提升制种业的技术装备水平和科技支撑能力。

四、不断延伸制种产业链条

实施种子质量控制提升行动，引导龙头企业加大资金投入力度，在制种生产优势区建设大型现代化种子加工中心，推进优势基地与优势企业紧密结合。支持企业对现有种子加工设备进行改造升级，全面推广玉米种子全程不落地加工、水稻种子色选、蔬菜种子丸粒化等种子精深加工技术，整体提升种子加工技术水平，保障优质商品种子供应能力和质量。支持有条件的种业基地建设区域级种子交易物流集散中心，形成种子交易市场的集聚和统一管理，实现线上交易+直通配送物流服务，促进优质商品种子与生产基地、生产合作社、生产企业的直接对接，减少中转损耗，降低企业运输成本。大力推进制种生产全程社会化服务业发展，构建集耕种、农资、农机、植保、销售、保险、金融、物流、信息等方面服务于一体的服务平台或组织，促进制种生产节本增效。

五、不断推进治理体系和治理能力现代化

以推进机构职能优化协同高效为着力点，改革机构设置，优化职能配置，深化转职能、转方式、转作风，提高效率效能，积极构建系统完备、科学规范、运行高效的管理体系。一要不断健全治理体系，深化放管服改革，创新体制机制，优化政府职能，充分发挥市场在资源配置中的决定性作用，强化种子协会等机构自治自律作用，加快种业基地从“政府管”为主向“共同治”转变。二要着力提升治理能力，健全管理队伍，优化市场准入管理、质量检验认证、生产标准规程等工作，压实主体责任。健全基地监测预警体系，完善种业统计制度，突出安全风险防控预警，把好种业国家安全“第一道关口”。三要大力强化执法监管，建立部门间协作机制和重大案件联合督办制度，促进行政执法和司法保护有机衔接，加大对侵权行为的打击力度，大幅提高违法成本，保障种业基地持续健康发展。

第八节　保障措施

一、强化组织保障，压实各级责任

国家和省级业务主管部门作为两级管理部门，应分别负责全国和各省基地建设和业务指导工作，实现串点成线、成面，充分发挥整个体系作用。压

实市县有关部门是种子基地的管理的具体责任，实行分级、动态管理。明确其他部门在推进基地建设中的定位，厘清本部门的职责范围，充分发挥应有作用，形成基地建设的强大合力。

二、强化顶层设计，注重规划引领

种业基地建设是一项长期的历史性任务，要遵循种业市场发展规律，规划先行，分类推进，加大投入，扎实苦干，推动种业基地建设不断取得新成效。种业大省和各基地市县要编制基地建设规划，并按照规划进行基地建设。要科学分析发展现状，厘清发展思路，科学制订目标，结合当地资源禀赋和种业发展水平，合理制定发展指标体系，确保规划的科学性、落地性。要强化规划落实，把基地建设重大问题要列入党委政府日程，发扬“钉钉子”精神，一锤接着一锤敲，一年接着一年建，统筹谋划，分步实施，有序推进，久久为功，做到一张蓝图绘到底。

三、强化基地保护，保障制种能力

各国家种子基地县要贯彻落实《中华人民共和国种子法》规定，将重点乡镇划入粮食主产功能区、重要农产品生产保护区或特色农产品优势区，相关耕地应划入基本农田实行永久保护。对有性和无性繁殖的经济作物种子生产优势区域，应加强非疫区和无病区基地的保护，实行严格预防检疫性病害准入，确保基地安全。利用遥感与地理信息等技术，将国家种子基地“上图入库”，准确掌握种子基地位置和面积。完善基地信息化平台，将准入管理、合同管理、田间管理、收获管理和市场管理等监管过程有机结合，开展种业全程可追溯管理。

四、强化项目统筹，加大建设投入

统筹农田基础设施建设、现代种业提升工程、制种大县奖励、现代种业产业园等项目资金渠道，引导地方财政和社会资本优先支持种子基地建设，提高基地建设的国家投资标准，丰富基地建设内容、保证工程质量。积极探索投资后补助、贴息免息、PPP 等多种方式，引导信誉好、实力强的种子企业以签订长期制种协议、投入配套资金的方式参与种业基地建设。支持产业基础好、发展潜力大且当地政府高度重视的优势基地县建设现代种业产业园。

五、强化项目管护，确保工程质量

基地建设项目建设需编制项目方案、确定建设内容、公示建设主体，提高项目资金使用透明度。基地项目建成后，基层政府负责成立专业基地管护组织，对基地基础设施实行长期管护。组织成员由区内农户组成，人员费用、维护费用通过服务收费和国家补贴解决。优势基地县农业主管部门提高基地服务水平，加快培育多种形式的社会化服务组织，提供农机作业、技术指导、生产管理等环节的专业化和社会化服务。

六、强化绩效考核，严格奖惩措施

全面贯彻落实育制种大县建设粮食安全省长责任制考核，将种子基地建设纳入省政府重点督导事项。制定国家种业基地绩效评价管理办法，定期评估国家种子基地的建设、管理、运行情况。按照“有进有出、奖优罚劣”的原则，建立国家种子基地退出和递补标准，对考核不通过的种子基地，限期整改或予以“摘牌”，并向社会公布。建立国家种子基地与制种基地大县、种业产业园关联体系，明确奖补措施，避免重复投资。

七、强化政策支持，完善保障体系

落实三大主粮作物制种保险政策，引导保险机构设立制种商业保险，保障企业和农民利益，提升制种主体积极性。鼓励和引导相关金融机构强化对优势基地经营主体的信贷支持，将制种专用农机具列入农机补贴范围，推动开展更大范围的制种保险，调动和保障制种企业和农户的积极性。鼓励相关作物产业体系成立专家指导组，采取“一对一”负责制，与各基地县合作，帮助研究各县制种产业发展形势，加强技术指导，为建设好基地提供有力的技术支撑。

八、强化市场监管，优化政府服务

严格依法治种，采取基地准入、合同约束、信用评价、严格执法等措施，结合种业大数据平台建设，实现质量监管、防伪追溯、数据分析等全程监管。建立部门间协作机制和重大案件联合督办制度，加大对侵权行为的打击力度，大幅提高侵权成本，加强信用体系建设，将侵权纳入失信惩戒，实施更加严格的联合惩戒，让失信者“一处失信、处处受限”。强化基地服务，加强行业自律，鼓励种子协会等行业组织在基地管理服务中发挥作用，探索建立企业黑名单制度，维护好基地正常生产秩序。

九、加大宣传力度，巩固建设成果

通过保护标识、种子认证、产地检疫、质量保险等方式，提升国家种子基地产出商品种子的社会认可度和质量公信力。采用网络、电视、新闻媒体、举办现场会等多种形式，打造农作物各品类国家种子基地名片，努力实现国家种子基地区域品牌化。大力宣传国家种子基地建设成效和支持政策，吸引更多的社会力量参与种子基地建设，形成种子产业和相关服务产业集聚，更好地服务于国家种子基地，促进种子生产稳定、供种保障能力提升。

第二编　分作物报告

第二章　玉米种子生产优势基地建设研究

玉米是我国三大粮食作物中种植面积最大的作物，也是需求量和增产潜力最大的作物，其产量高低直接影响国家粮食总量和安全。据国家统计局数据，2018 年我国玉米种植面积 6. 32 亿亩，总产量 2. 57 亿吨。种子生产基地是保障玉米生产用种供给的国家重要战略，保护和建设玉米种子生产优势基地，是推进种业生产方式转变、提高我国种业市场竞争力、确保农业生产供种保障能力的重要举措。本报告在系统收集整理和分析我国玉米种子生产基地发展历程、现状和问题的基础上，提出了杂交玉米种子生产基地的布局方案、建设任务和政策建议。

第一节　玉米种子生产发展的基本情况

一、发展历程

玉米原产中、南美洲，至今已有四千多年的栽培历史，明代传入我国，到清代已在全国普遍种植，我国的玉米栽培历史大约为 400 多年。玉米种子生产的发展历程与全国农作物种子生产发展历程基本一致，也经历了 5 个阶段，即：1949—1957 年的就地选留、就地串换、就地繁殖、就地推广的传统用种“四个就地”阶段；1958—1977 年的依靠农业生产合作社自繁、自选、自留、自用，辅之以调剂的“四自一辅”阶段；1978—1995 年的“品种布局区域化、种子生产专业化、种子加工机械化和种子质量标准化，以县为单位统一供种的“四化一供”阶段；1996—2010 年的专业化基地发展阶段，以及 2011 年开始的种业转型升级、基地全面优化布局阶段。

我国种子行业进入转型升级时期之后，种子生产基地也随之进入全面优化布局阶段。在此阶段，我国种子生产基地布局调整速度加快，种子生产进一步向优势区域集聚。甘肃、新疆等西北地区玉米种子生产面积在全国占比稳定在 70%左右，2018 年占比达到 76. 6%，年供种量超过全国大田玉米用种量的70.2%；东北地区玉米种子生产面积进一步下降，2018年在全国占比下降到2%。西北地区已成为全国最具优势的玉米种子生产基地，在农业部认定的26个国家级杂交玉米种子生产基地中有20个在西北地区。随着玉米种子生产基地西移，玉米种子生产单产水平提高了75%，种子质量水平也有了明显提升。2015年5月，国家发展改革委批复建设国家玉米制种基地（甘肃）建设项目，建成标准化、规模化、机械化、集约化基地30.8万亩和国家玉米制种基地种子质量检测中心、耕地质量监测站、病虫害防控中心和基地信息服务设施。在高标准农田建设资金和制种大县奖补资金的支持下，各优势区玉米种子生产基地加快了基础设施建设，玉米种子基地布局也进一步优化，种子生产能力进一步提高，为推动现代种业发展奠定了更为坚实的基础。

二、基本特征

纵观玉米种子生产基地布局的发展历程，可以发现其具有以下规律特征。

1. 不断向自然环境更优越的区域转移

20世纪80—90年代，东北、华北玉米制种面积很大，是重要的玉米种子产区，但东北辽宁等地区玉米种子生产存在前期干旱、降水量少，后期日照不足、雨水偏大、种子降水慢等问题和不足。随着制种企业到各地不断探索，发现西北的甘肃、新疆等省区制种基地光照充足，水资源丰富，天然隔离条件优越，所产玉米种子色泽鲜艳，籽粒饱满，发芽率高，水分含量低，商品性好，比东北制种基地增产100~200公斤，空气相对湿度一般为46%~57%，是理想的“玉米种子生产车间”和“天然的种子贮藏仓库”，玉米种子基地逐渐向西北地区集中。

2. 不断向制种劳动力成本相对较低的地区转移

玉米制种产业是劳动密集型产业，对劳动力成本要求很高。甘肃等西北地区制种农民制种积极性高，通过多年的种子生产实践，积累了丰富的种子生产经验，培养出一大批熟知农作物制种基本知识的农业职工和掌握农作物制种基本知识的技术骨干。且西北地区农村劳动力资源丰富，制种投入和成本相对较低，为种子产业的发展壮大奠定了坚实的物质、技术和人力基础。基地的布局究其根本是由生产成本决定的。在自然条件适宜的情况下，基地势必向生产成本低的区域集聚。

3. 不断向生产要素集聚区转移

玉米制种技术的发展及变化对制种产业发展具有明显推动作用。杂交种的应用改变了较低级的社队生产模式，代之以生产水平更高的专业化制种；机械化的普及使得基地向集中连片、地势平整的区域转移；大型果穗烘干设施、精选加工厂的集中建设提高了种子加工能力和商品种子质量；甘肃等西北玉米制种基地集中连片，便于整合生产要素，提高生产能力，提升生产效益。

4. 不断向发展环境更优的区域转移

东北、华北等地区玉米种子生产比较效益逐年下降，影响了农民制种积极性，田间质量管理难度大。甘肃等地农户制种收入稳定，田间管理的积极性高，能够确保种子生产质量。各级政府把玉米种子生产作为当地支柱产业来培育，不断加大政策扶持，强化基地监管，优化发展环境，为玉米种子基地建设和管理提供重要的保障。

三、发展现状

1. 种子生产规模和布局情况

2018 年全国玉米种子生产面积 236.76 万亩，产种 9.2 亿公斤。分布在全国 26 个省（自治区、直辖市）的 222 个县（市、区、旗）。其中制种面积 1 万亩以上县有 47 个。甘肃、新疆、内蒙古、宁夏等西北地区玉米种子生产面积 197.89 万亩，产量 8.2 亿公斤，分别占全国总面积和总产量的 83.5% 和 89.1%。黑龙江、辽宁、吉林等东北地区玉米种子生产面积 5.13 万亩，产量 1 201万公斤，分别占全国总面积和总产量的 2.2%和 1.3%。云南、四川玉米种子生产面积 23.79 万亩，产量 0.73 亿公斤，分别占全国总面积和总产量的 10%和 7.4%。山西、河北等其他省份玉米种子生产面积 9.95 万亩，产量 2 610.4万公斤，分别占全国总面积和总产量的 4.2%和 2.8%。杂交玉米种子生产进一步向优势产区集中，以甘肃、新疆、内蒙古、宁夏等西北地区为主的规模化、标准化、产业化玉米种子生产基地基本形成（见表 2-1）。

表 2-1　全国主要玉米种子生产省（自治区）分布表（2018 年）

序号	省（自治区）	生产面积（万亩）	产量（万公斤）	优势种子生产县（市、区、旗）
1	甘肃	109.72	44 051.31	酒泉市肃州区，张掖市甘州区、临泽县、高台县，金昌市永昌县，武威市凉州区、古浪县，白银市景泰县
2	新疆	31.4	14 130	昌吉、伊犁、塔城、阿克苏

（续表）

序号	省（自治区）	生产面积（万亩）	产量（万公斤）	优势种子生产县（市、区、旗）
3	新疆生产建设兵团	40.23	18 175	第四师、第六师、第九师、第十师、第五师
4	云南	15.79	4 261.77	陆良县、巍山县
5	黑龙江	3.46	827	依兰县、林口县、依安县、宁安市
6	四川	8	2 229	西昌市、冕宁县、德昌县
7	内蒙古	12.04	3 916.77	赤峰松山区、巴彦淖尔、鄂尔多斯市克什克腾旗
8	河北	1.6	482.5	隆化县、承德县、宽城县、平泉县
9	宁夏	4.5	1 579	吴忠、银川、石嘴山、青铜峡市
10	辽宁	1.02	204	铁岭县
11	吉林	0.65	170	洮南市、永吉县

2. 制种基地的基础设施情况

甘肃、新疆等西北省（自治区）玉米种子生产基地地势比较平坦，原有灌溉设施和道路布局基本合理，耕作田块也基本形成，能够满足小型农业机械作业和田间管理要求，但大部分种子基地耕作田块面积小，不能形成连片经营规模；主干道路已基本形成，但内部道路系统不够完善，宽度不能满足生产运输的需要和农业机械效率的发挥；防护林体系已基本形成，但存在树种单一、缺行断带现象。黑龙江、辽宁等东北地区部分制种基地选择山间谷地、河流边缘等隔离条件好的地块，但这些地方交通、水利条件一般比较落后，制种基地基础设施相对薄弱，土壤肥力呈逐年下降趋势，农田道路大多年久失修，排灌能力不足，抗灾防灾能力不强。四川西昌玉米种子生产基地基本集中连片，规模化程度相对较高，基本能排能灌。其余大多数基地基础设施差，田埂未硬化，地力不均，“三网”不配套等现象突出。

3. 种子生产加工情况

各省（自治区）积极支持重点龙头企业建设大型现代化种子加工中心，打造高质量示范基地，整体提升种子加工技术水平。甘肃、山西、宁夏、四川等省（自治区）建成玉米果穗、籽粒烘干线及成套加工线 336 条，种子加工能力 10 亿公斤以上。随着种子加工能力进一步提高，种子综合生产能力和抗风险能力进一步增强，逐步形成了种子加工产业集群。

4. 当前主要制种技术情况

当前玉米种子生产技术主要为单交种杂交制种，主要包括以下几个方面。

（1）防止外来花粉污染的制种生产基地隔离措施。

①安全隔离。包括空间隔离和时间隔离。空间隔离是指在隔离区四周一定的距离内不种植其他玉米品种，以防外来花粉串粉混杂。在空间隔离有困难时，把隔离区内玉米播种期与区外玉米播种期错开，也能达到隔离目的。

②自然屏障隔离。利用山岭、村庄、房屋、成片树林、河流等自然屏障做隔离，降低所需隔离距离，也能达到较好的隔离效果。

③高秆作物隔离。在无法保证空间隔离距离、无自然屏障时，可在隔离区周围种植高粱、向日葵等高秆作物。

（2）生产过程中的去杂、去劣。玉米种子生产田间去杂去劣一般进行3次。

第一次在苗期，结合间苗、定苗，去掉小苗、大苗、病苗、异性苗和杂苗，留整齐一致苗。

第二次是拔节期，根据父母本自交系的长相、叶色、叶形、叶鞘色、生长势等特征，进一步严格去杂去劣。

第三次在去雄散粉前，是去杂去劣、确保制种质量的关键时期。将杂株、怀疑株、特壮株彻底砍掉，在去雄时发现杂株要随时去掉。对父本行杂、劣株要特别重视，做到逐株检查，彻底去杂，以保证制种质量。

收获及脱粒前要对母本果穗认真进行穗选，去除杂穗、劣穗。

（3）防止自交保纯的母本去雄。严格进行制种区母本去雄，是保证制种质量、获得优质杂交种的中心环节，必须固定专人负责，实际操作时贯彻“及时、彻底、干净”的原则。对母本去雄的时间要严格掌握，以抽穗后散粉前去净为原则。在抽穗初期，一般在母本雄穗露出顶叶1/3即可去雄，做到逐行逐株检查及时去雄，去雄时不带顶叶，不留分枝，以1次拔除为好，可隔天去雄1次。抽雄盛期和后期必须每天去雄1次，一般在上午7：00—8：00时进行，做到风雨无阻。

（4）提高杂交制种产量的人工辅助授粉。搞好人工辅助授粉，是提高结实率、增加制种产量有效的手段。一般应在开花盛期连续进行2~3次。方法一般可采用布粉法，即在授粉期，特别是在始花期的上午，采集父本雄穗上的花粉，在2~3小时内，用细面箩除去花药，然后置于底部有纱布的竹筒内，一手拿盛有花粉的竹筒，一手拿一小木棍，在雌穗上方轻敲，使花粉均匀地撒落在花丝上。或振动父本株散粉，以提高结实率。辅助时间最好在上午 8：00—11：00 时，雨后天晴可等雄穗上的水珠蒸发后再进行。

（5）保障种子质量的适时收获。为保证种子质量，尤其是保发芽率，收获时期必须掌握好。一般以乳熟末期为适期早收的临界期，蜡熟期为最适时期。试验表明，乳熟期收获为时过早，虽然对发芽率影响不大，但种子活力较低，出苗率不高，生产田减产显著。乳熟期的种子已具有较好的种用品质，是适期早收的临界期，如在扒皮晾晒时遇低温霜冻，可以抢收。蜡熟期已进入比较理想的收获期。蜡熟末期与完熟期已无差异，为加速脱水应早收。种子水分本身是一项指标，而它又与发芽率有密切关系，直接影响着发芽率的高低。

5. 制种企业主体情况

目前，甘肃、新疆、云南、宁夏、四川等省（自治区）有玉米种子制种企业 326 家，各省（自治区）通过制定土地、财税等优惠政策，积极改善基础条件，推动土地流转，加大农民制种生产技术培训，建立农民制种专业合作组织等措施，吸引国内外知名种业企业进驻，中国种业骨干企业中，凡开展玉米种子生产的企业均在优势区域建立了生产基地或加工中心。

6. 制种基地组织模式

目前，各省玉米种子生产基地主要的生产模式为“公司+农户+基地”模式，企业通过订单形式，组织农民在自己的耕地中从事种子生产，但通常出现组织化程度较低，制种关系不稳问题。近年来，各地以土地流转为突破口，积极探索利用多种形式土地流转建立玉米种子生产基地，形成了四种新型基地模式。

（1）“公司+基地”模式。企业通过土地流转将农户分散种植经营的土地集中起来，配套基础设施，进行规模化种植、标准化生产，提高了种子生产能力和质量控制水平，制种产量提高了 2%～5%，种子质量明显好于其他基地，农户既可获得土地租金，还可外出打工，使企业和农民实现互惠共赢。

（2）“公司+合作社+基地”模式。由村委会或农民专业合作社，通过流转相对集中土地建立基地，接受企业订单从事种子生产，提高了基地生产效率，并向种子生产专业化组织发展。前两种模式是“四化”基地建设的重点，也是今后基地发展的主流。

（3）“公司+制种大户+基地”模式。由制种大户采用一年一租或几年一租的形式流转土地，相对集中耕地与种子企业联合建立种子基地，是基地建设的过渡模式。

(4)“公司+农场”模式。企业通过农场、良种场、园艺场等从事种子生产而建立基地，组织化程度较高，企业与基地的关系比较稳定，是基地建设的补充。

四、主要问题

1. 农田基础设施建设滞后，抗灾能力弱

(1) 制种基地不连片，制种地块小且分散，大大增加了隔离成本和生产管理成本，企业往往以渠道、道路、居民点设置隔离区，隔离区大多达不到国家规定要求，影响了种子质量和企业效益。

(2) 土地平整程度差，不同地块高低不平，存在大量田埂和沟渠，不仅占用了耕地，而且不适合机械化作业。除近年实施过农田基础设施建设项目的基地外，其余基地由于地块过小过散，土地整理成本高，无法引导企业加大投入力度，无法形成长期稳定的土地流转模式。

(3) 水利设施不配套，部分基地农田水利设施老化失修，缺乏农田节水设施。

(4) 烘干设施不足，目前部分玉米种子生产基地仍然靠自然晾晒，生产过程中易受干旱、冻害等自然灾害影响，抵御自然灾害的能力较弱，保障种子安全生产的能力不强。

2. 去雄和收获机械不成熟，全程机械化存在瓶颈

目前，国内尚无专门的玉米种子收获机和去雄机，国外进口机械价格昂贵，提高机械专业化水平的成本较高，机械化生产保障种业安全和企业降本增效存在矛盾。

(1) 去雄环节缺机械。时间集中、劳动强度高的抽雄环节由于品种不适和缺乏去雄机械，完全靠手工操作。

(2) 收获机械水平低。由于目前制种机械多由大田生产机械改型而来，机械收获种子破碎率较高，不易推广，仍有80%靠人工收获。用机械收获的果穗大部分仍靠人工去皮。同时，制种田追肥和喷施农药等田间作业环节全部靠人工完成。玉米制种总体机械化水平偏低，全程机械化存在瓶颈，不能满足制种玉米通过机械化节本增效要求。

3. 劳动力和租地费用走高，制种成本增加

玉米种子生产田在种植和田间管理等方面要求精细，去雄、追肥、施药、果穗去皮等环节基本靠人工完成，且用工集中且需求量大，随着农村劳

动力的日益缺乏，劳动力成本快速上升，每亩劳动力成本占制种成本的比重达到60%以上，玉米种子生产成本不断上升，比较效益优势减少。同时，制种企业流转土地费用不断上涨，目前已达1 000元左右，再加上土地平整成本，企业流转基地制种成本更高。目前以市场为导向的土地流转机制，无法形成长期稳定的土地流转模式，企业和基地对土地整理投入积极性不大，难以实现标准化、规模化生产。

4. 监督管理和服务能力弱，无证生产现象仍然存在

制种基地市、县还没有品种真实性分子检测能力，新品种侵权案件无法及时查处；部分制种区市级种子管理机构和县（区）级种子管理机构因缺乏必要的检验仪器设备，不能开展必要的种子质量检测，难以保证农业生产用种质量安全。制种区市、县种子管理机构缺乏执法取证装备，影响种子案件查处的及时性和有效性。制种区种子管理机构管理人员相对不足，执法理论基础薄弱，实践经验缺乏，执法能力薄弱，不能满足监管工作的需求，制种基地无证生产等违法行为仍有发生。

五、发展趋势

1. 生产布局不断向优势区域和大企业集中

目前，甘肃、新疆、内蒙古、宁夏等西北地区玉米种子生产占全国玉米种子生产总面积83.5%以上，中国种业骨干企业中从事玉米制种生产的均进入西北区域建立了加工中心或生产基地。随着种子企业进一步发展和壮大，规模较大的玉米种子企业都先后建立了稳定的种子生产基地和全程种子质量控制体系，种子生产基地逐步向“一乡一企一品种”或“一乡一企几品种”方向发展，种子质量基本达到“单粒播”要求。可以预见，未来种子生产基地将日趋向优势区域、优势企业集中，并形成制种优势产业集群。

2. 种子质量要求普遍提高，基地的标准化建设迫切

玉米单粒播种的生产方式转变对种子质量的要求越来越高，而高质量的种子对生产条件就会提出更高的要求。目前，制种基地普遍存在平整程度较差，水利设施不配套，灌溉用水矛盾加剧等突出问题，不能满足标准化生产。必须改善基地基础设施条件，通过土地平整，满足机械化耕作，建设一批规模化、标准化、机械化、集约化的种子生产基地，必须不断提高种子加工的机械化水平，实现从收鲜果穗到小包装加工的不落地作业的转变，通过种子加工技术改进和加工设备水平的提升，从生产和加工两个环节提高种子质量。

3. 国家对基地建设越来越重视，支持力度逐步加大

《国务院关于加快推进现代农作物种业发展的意见》明确提出建设国家级杂交玉米种子生产基地，加强西北等优势种子繁育基地的规划建设与用地保护，鼓励种子企业与农民专业合作社联合建立相对集中稳定的种子生产基地。《全国现代农作物种业发展规划》将建设西北等国家级主要粮食作物种子生产基地作为目标，将西北杂交玉米种子生产基地作为三大国家级主要粮食作物种子生产基地之一进行布局，将种子生产基地建设工程作为五大重大工程之一进行规划。2015 年国家发展改革委批复了《国家玉米种子生产基地（甘肃）建设项目可行性研究报告》，已完成项目建设规模 30 万亩。近年来持续实施制种大县奖补政策，推动制种基地在建设、管理、使用方面取得全面提升，支持玉米等种子生产基地建设的国家政策支持力度前所未有。

第二节　玉米种子生产优势基地建设思路、目标

一、基本思路

通过加强基地基础设施建设、推进制种全程机械化、加快加工技术装备升级、构建基地信息化平台、强化基地监管与服务等措施，不断提高玉米种子生产基地的标准化、规模化、机械化、集约化、信息化水平，促进我国玉米制种生产产业全面发展。

二、发展目标

到 2025 年，建成基本达到规模化、标准化、集约化、机械化、信息化的“五化”玉米种子生产基地 250 万亩，年产种 10. 96 亿公斤以上，满足全国玉米种植用种需求。其中以甘肃、新疆为主的国家级杂交玉米种子生产基地 205 万亩，平均单产达到 450 公斤；以宁夏、内蒙古、黑龙江等省（自治区）为主的区域级杂交玉米种子生产基地 45 万亩，平均单产达到 380 公斤以上。生产玉米种子的纯度、净度、水分、发芽率、活性等指标高于国家标准；基础设施、加工条件、生产技术、机械化水平达到规模化、标准化、集约化、机械化、信息化的“五化”水平。详见表 2-2。

表 2-2　全国玉米种子生产基地建设规划指标表

指标	单位	2025 年
制种面积	万亩	250
制种产量	万吨	109.6
纯度	%	≥97
净度	%	≥99
水分	%	≤13
发芽率	%	≥95
高标准制种田面积	万亩	260
土地流转面积	万亩	80
耕种收综合机械化率	%	≥80
机耕	%	≥98
机播	%	≥50
机收	%	≥50
机械化去雄	%	≥20
鲜果穗烘干能力	万吨	95
企业+村委会+农户	万亩	120
企业+合作社+农户	万亩	60
企业+制种大户	万亩	30
流转土地企业自营	万亩	30
统防统治比例	%	100
农机合作社统耕统收	%	30~50
农田灌溉水利用系数	%	0.7

第三节　玉米种子生产优势基地布局方案

一、国家级基地

包括甘肃、新疆两省（自治区）的国家级杂交玉米种子生产基地。

1. 功能定位

确保国家玉米种子生产安全的国家级核心玉米种子生产基地的建设和发展，筑牢国家玉米种子安全根基。

2. 发展目标

到 2025 年，国家级玉米种子生产基地建设面积达到 205 万亩，亩均产量达到 450 公斤，总产量达到 9.2 亿公斤。

3. 主攻方向

加强基地建设、提高种子质量、降低制种成本、强化基地管理服务等。

二、区域级基地

包括宁夏、内蒙古、黑龙江、吉林等已经由国家认定的杂交玉米制种生产大县，再根据产业发展实际情况，筛选种业基础好、发展潜力强、地方政府高度重视的制种优势基地补充纳入区域级杂交玉米制种基地。

1. 功能定位

根据不同区域生态特点，建设区域级种子生产基地（表 2-3）。

2. 发展目标

到 2025 年，区域级玉米种子生产基地建设面积达到 45 万亩，亩均产量达到 390 公斤，产量达到 1.7 亿公斤。

3. 主攻方向

加强基地建设、提高种子质量、降低制种成本、强化基地管理服务等。

表 2-3　全国主要优势玉米种子生产基地县布局表

省（自治区）	市州	县级	面积（万亩）	产量（万公斤）
	总计		250	109 675
甘肃	张掖市	甘州区	50	22 500
		临泽县	26	11 700
		高台县	12	5 400
	酒泉市	肃州区	18	8 100
	武威市	凉州区	8	3 600
	金昌市	永昌县	6	2 700
新疆	昌吉州	玛纳斯县	16	7 200
		昌吉市	13	5 850
		呼图壁县	5	2 250
		奇台县	6	2 700
新疆兵团	第四师		19	8 550
	第六师		7	3 150
	第九师		6	2 700
	第十师		9	4 050
	第五师		4	1 800
宁夏	吴忠市	青铜峡市	9	4 050
四川	凉山州	西昌市	7	2 100
内蒙古	赤峰市	松山区	5	1 875

（续表）

省（自治区）	市州	县级	面积（万亩）	产量（万公斤）
黑龙江	牡丹江市	林口县	4	1 600
		宁安市	5	2 000
	哈尔滨市	依兰县	5	2 000
	齐齐哈尔市	依安县	6	2 400
吉林	白城市	洮南市	4	1 400

第四节　重点建设任务和建设项目

一、重点建设任务

1. 建设田间基础设施

以重点龙头企业为主体，加大财政资金和企业自筹资金投入力度，组织开展基地土地平整与培肥工作，完善农田水利设施、田间道路、防护林、电力设施，建设规模化、标准化、集约化和机械化的种子生产基地，全面提高种子生产能力和抵御自然灾害能力，保障种子供应数量和质量安全。

2. 推进制种全程机械化

围绕玉米种子生产全程机械化薄弱环节，支持开展适合规模化播种、田间管理、收获等农作物种子生产机械的研发及推广应用，尤其是加强对玉米种子生产去雄机、收获剥皮机等急需机型的研发，重点增加大型玉米去雄机、果穗联合收割机、高地隙拖拉机、大型喷雾机等专用农机数量，提升基地制种机械化水平和作业能力。

3. 升级种子加工体系

依托重点种子加工企业，在种子生产优势区，支持建设大型现代化玉米种子加工中心，重点建设果穗烘干、种子精选成套加工线、标准晒场和钢板仓等，引导企业对现有种子加工设备进行更新改造，改进工艺方法，整体提升种子加工技术水平，示范和带动产业技术升级，全面提高种子质量。

4. 建设种子生产技术创新研发示范推广中心

在国家级基地建立高质量高效制种技术创新与研发示范推广中心。目前在甘肃国家级玉米种子基地，种子生产栽培措施与大田生产技术无异，土壤沙化、薄膜残留等问题日益突出。针对玉米种业生产特征的种子生产新技术创新研发示范是该区域继续作为国家制种核心区的迫切需求。

5. 提升种业管理手段

扩建农作物种子质量监督检测分中心，购置品种真实性 DNA 和转基因检测仪器设备，提升玉米品种真实性、转基因成分检测及基础检测能力，提高种子质量检测水平。为县级种子部门配置质量检测、品种测试及种子执法设施设备，提高种子质量检测能力、执法的机动性及快速取证能力。

6. 建设信息、病虫防控等配套支撑体系

加强种业信息服务体系建设。建设省市县三级种业信息网络系统平台，配套网络设备、种业信息数据采集、汇总、存储设备。建成种子生产销售流程信息管理、质量管控和过程规范监管信息平台，通过采集种子基地、生产、加工、包装、运输、销售信息，实现从基地落实、种子生产、经营全过程的信息数据化，建立种子生产经营全过程监管体系和种子质量追溯体系，实现种子质量全过程的监管，确保全国大田用种安全。加强病虫害防控中心建设。购置检测检验、信息和技术服务、应急防治、病虫监测、数据处理平台等仪器设备，主要用于实验室检测检验、信息处理、观测场、监测与防控指导。切实提升种子带菌种类和数量的监控能力，开展玉米种子生产基地种子病虫害的统一监测和风险预警评估，进行病菌培养和害虫培养研究。同时有效组织各县区对突发性、暴发性、危险性病虫害开展专业化统防统治，增强生产基地检疫性病虫等有害生物的预警阻截水平。

二、重点建设项目

1. 国家级基地建设项目

加强田间基础设施建设和种子检测能力建设，引导有实力的企业参与农田规模化生产改造，配备种子生产专用设施设备，建设种子加工中心，提升种子生产机械化水平。在甘肃、新疆两省区及新疆建设兵团建设 220 万亩标准化玉米种子生产基地，提升种子质量检测能力，新建现代化种子加工中心，建设玉米种子生产基地信息管理和服务系统。

2. 区域级国家制种基地建设项目

加强田间基础设施建设，配备种子加工检验设备，提高稳定供种能力。在宁夏、内蒙古、黑龙江等省（自治区）建设 40 万亩标准化玉米种子生产基地，提升种子质量检测能力，新建现代化种子加工中心，建设玉米种子生产基地信息管理和服务系统和病虫害防控中心。

第五节　保护、建设和管理机制

一、建设机制

建立部、省联席会议制度，定期交流情况、共同研究解决重大问题，负责基地建设项目组织实施的监督、协调和指导。县（区）政府负责基地建设项目具体实施工作，成立相应的项目建设领导小组及办公室，建立完善工作流程，制定项目招标、监理、资金使用、竣工验收、档案管理等规章制度，负责本区域基地建设项目的组织、管理和监督。

二、管理和运行机制

1. 项目管理

玉米种子生产基地建设实行项目法人责任制、建设监理制、招标投标制、合同管理制等固定资产投资项目管理制度，切实加强管理，建立健全质量管理和监督机制，实行质量终身负责制，确保工程质量和按期完工。全面落实建设内容、建设进度、资金使用情况的“三公示”制度，定期在当地报纸、电视台、政府网站等主流媒体上进行公示，并在施工现场和受益乡镇、行政村设立公示栏，全面接受社会和受益区群众监督。项目的设计、施工和运行管理严格按国家的有关技术标准执行，因地制宜采用新技术、新材料、新工艺，充分体现生态型建设理念，同时要加强管理，努力创造优质工程。实施过程中，各县（区）要加强对项目建设的指导和监督检查。省级主管部门将采取多种形式对项目进度、工程质量、资金管理使用、合同执行情况进行专项稽查、检查，对发现的问题按照有关规定及时作出整改处理，并以此作为后续项目、资金安排的依据。

2. 项目运行

项目竣工验收后，项目建设单位对已竣工的项目工程和已形成的资产，及时进行清点、核实、登记造册，按照国有资产管理的相关规定做好移交工作。明确项目管护主体，制定管理措施，建立良性运行机制，保证工程充分发挥效益。各县（区）应将建成基地纳入永久基本农田，依法进行保护，并将基地耕地面积和新增耕地面积录入农村土地整治监测监管系统，实施监管。新增防护林纳入森林资源管护范围。

第六节　保障措施

一、加强组织领导，狠抓工程项目落实

建立部、省、市、县共同参与的玉米种子生产基地建设领导小组，形成稳定、及时、畅通的信息沟通渠道，定期共同研究解决重大问题。各省（自治区、直辖市）人民政府加强对玉米种子生产基地建设的领导，成立组织领导机构，及时解决种业发展遇到的问题。各项目市、县成立项目实施机构，切实加强对项目工作的领导、指导、监督、管理和协调。各级农业、发展改革、财政、水利、林业等部门按照职责分工，细化并落实各项政策措施，做好项目实施工作。

二、培育骨干企业，扶持企业做强做大

加大基地建设力度，玉米种子生产基地建设重点以具有育种创新能力、市场占有率较高、经营规模较大的“育繁推一体化”种子企业为主，支持和鼓励企业共同参与建设，引导种子生产优势基地向优势企业集中，推动土地向制种大户、农民合作社和种子企业流转，支持种子企业与制种大户、农民合作社建立长期稳定的合作关系和合理的利益分享机制。支持重点龙头种子企业建设大型现代化种子加工中心，引导企业对现有种子加工设备进行更新改造，整体提升种子加工技术水平，全面提高种子质量。培育具有较强国际竞争力的育繁推一体化种业集团。

三、整合项目资金，完善政策支持体系

中央财政加大对国家级玉米种子生产基地、制种大县的支持力度，加快农作物制种基地设施和基本条件建设。建立多元化投融资机制，充分发挥公共财政资金的引导作用，扶持种子良种繁育体系建设。鼓励和引导相关金融机构加大种业企业的信贷支持。中央和省级财政对种子储存、良种培育、种质资源保护给予奖励和补助。继续实施“育繁推一体化”种业企业的税收优惠政策，支持“育繁推一体化”种业企业开展商业化育种。地方政府统筹各相关部门高标准农田建设、制种大县奖补、现代种业提升、测土配方施肥、植保工程等项目资金，加大对基地、监管及服务体系建设支持。建立省级救灾备荒种子储备制度，开展种子生产保险试点，扶持农机服务组织发展。保

障种子工作经费，确保种子管理、技术服务和种子执法等工作正常运转。

四、加强技术创新，提升装备能力水平

加强公益性和基础性研究，建设农作物种质资源保护利用研究中心，建立种质资源库及研究成果共享和转化平台，为企业商业化育种提供服务。支持企业与优势科研单位建立科企合作平台，充分利用科研单位人才、技术、资源和科研成果，加快提升企业育种创新能力。支持有实力的种业企业建立科研机构和队伍，构建商业化育种体系，培育一批具有重大应用前景和自主知识产权的新品种。开展适合规模化播种、田间管理、收获等农作物种子生产机械及种子加工机械的研发，尤其是加强对玉米种子生产去雄机、收获剥皮机等急需机型的研发及推广，提高全程机械化水平。支持种业企业牵头或参与组织实施种业应用研究和产业化等项目。鼓励“育繁推一体化”种业企业采用先进良种加工技术及装备，提升良种质量。引导企业建立新品种示范网络，完善良种市场营销、技术推广、信息服务体系，建立乡村良种连锁超市、配送中心、零售商店等基层销售网络，加强售后技术服务，延伸产业链条。

五、完善管理制度，健全管理体系

强化品种管理，完善育种成果奖励机制。健全品种权转让交易、种子生产基地建设、基地认定管理制度，完善覆盖生产、加工、流通全过程的种子标准体系。加强国家、省、市、县四级种子管理体系建设，健全管理人员队伍，增强依法行政和公共服务能力；强化技术支持和服务体系建设，提高在品种区试、品种展示和跟踪评价、品种保护、质量检验、分子检测、信息发布等方面的服务能力。保障工作经费，确保工作有效开展。建立绩效考核制度，强化各地各部门责任，落实各项目标任务和工作措施。强化市场监管，加强基地病虫害检验检疫，加大知识产权保护力度。加强行业服务，搭建品种展示示范平台，组织开展种子信息交流和产品交易，推进企业间、行业间的国内外交流与合作。

（写作组成员：吕小瑞、李友强、王建华、张春庆、闫治斌、赵晋）

第三章　水稻种子生产优势基地建设研究

水稻是我国三大粮食作物之一，是我国重要的食用主粮，水稻生产是保证“谷物基本自给、口粮绝对安全”的新粮食安全观的关键，其产量高低直接影响国家粮食安全。据国家统计局数据，2018 年我国水稻种植面积 3.01 亿亩，总产量 2.12 亿吨。种子生产基地是保障水稻生产用种需求的国家重要战略；保护和建设优势水稻种子生产基地，是推进种业生产方式转变、提高我国种业市场竞争力、确保农业生产供种保障能力的重要举措。本研究在系统收集整理和分析我国水稻种子生产基地发展历程、现状和问题的基础上，提出了水稻种子生产基地的布局方案、建设任务和政策建议。

第一节　水稻种子生产发展的基本情况

一、发展历程

1. 从新中国成立初期至 20 世纪 70 年代初期

新中国成立后，常规水稻种子生产是从建立省试验场、专区、县农场和农户种子田起步的。农作物种子生产基地由人民公社各生产大队自行安排，种子工作的方针是“四自一辅”，即主要依靠农业社自繁、自选、自留、自用，辅之以必要调剂。至 20 世纪 60 年代，全国的县有良种场、公社有种子队、生产队有种子田的常规种的三级良种繁育体系基本形成。

2. 从 20 世纪 70 年代初期至 90 年代末期

1973 年，籼型杂交水稻实现三系配套，标志着杂交水稻正式诞生。1976—1978 年，由农业科学研究院所提纯，原种场繁殖，县里或公社组织制种，各省开始组建种子公司，制种技术水平逐步提高。80 年代初，农业部提倡“省提、地繁、县制”的繁育体系。

常规水稻种子生产方面，1978 年农业部提出种子“四化一供”方针，即种子生产专业化、品种布局区域化、种子质量标准化、种子加工机械化和以县为单位组织统一供种，标志着我国种子生产开始由传统农业向现代农业转化。此后，国家在“四化一供”试点县安排了国营原良种场建设的投资。1996年，种子工程实施后，国家加大了对杂交水稻、常规水稻种子生产基地的投资建设。

3. 从2000年至今

随着《中华人民共和国种子法》的颁布实施，种子行业逐步走向市场经济，传统的种子生产模式被打破，种子生产产业化、市场化开始形成并不断完善，新的种子生产体系逐渐建立并发展。在市场经济推动下，育繁推一体化企业实力稳步增强，制种规模迅速扩大，制种基地不断向优势区域集中，四川、湖南、江苏、海南杂交水稻制种产业步入快速发展阶段。这一阶段育繁推一体化企业开始在四川、湖南、江苏、海南、福建、江西等省建立规模化种子生产基地。

二、产业基础

1. 种子基地规模与分布

2018年，全国杂交稻制种面积169万亩左右，其中四川、湖南、江苏、海南、福建、江西等省为重点制种省，合计制种量达全国的87%以上。2013年农业部认定了29个国家级杂交水稻种子生产基地县，成为全国水稻制种的主力军。如四川省共1市8县被确定为国家级杂交水稻制种基地县（市、区），常年杂交水稻制种面积约25万亩，占全国水稻制种面积14.8%。湖南省制种基地主要分布在怀化、邵阳、永州、株洲市所辖的绥宁、武冈、城步、芷江、靖州、洪江、溆浦、中方、零陵、攸县、岳阳等县（市、区），制种面积占了全省的近90%，每个县的制种面积在2万亩以上，2018年湖南省杂交水稻制种面积达到30万亩。江西省基地分赣中南春制、赣北夏制、赣南秋制三大杂交水稻制种基地，常年杂交水稻种子生产面积稳定在17万亩。

常规水稻种子生产主要集中在东北和长江流域，合计种子生产量达全国的50%。东北粳稻种子生产以黑龙江、吉林为主，生产面积约73万亩。其中，黑龙江水稻种子生产基地主要集中依兰县、北林区、桦川县、五常市、东风区、郊区等地，生产面积约68万亩；吉林水稻种子生产基地主要集中在梅河口、公主岭、辉南、敦化、前郭、大安等地，生产面积5.21万亩。长江流域的籼稻种子生产以湖南、湖北、江西为主，生产面积约17.3万亩。

2. 种子生产技术

（1）三系制种技术。20世纪90年代湖南省就开展杂交水稻超高产制种技术研究，通过提高父本花粉量和花粉利用率、提高母本单位面积颖花量和改良异交特性等技术措施，提高母本异交结实率，大面积制种单产达到200公斤/亩以上，高产基地达到320公斤/亩，高产田块达到492.6公斤/亩。《杂交水稻超高产制种技术研究与应用》获湖南省科技进步一等奖、国家科技进步二等奖。湖南省编制的第一个杂交水稻种子生产方面的国家标准《籼型杂交水稻三系原种生产技术操作规程》（GB/T17314—1998）发布实施，该标准的修订版（GB/T17314-2011）又于2011年颁布实施。

（2）两系制种技术。自1989年开始，湖南省开展两系法杂交水稻种子生产技术研究，1995年两系法杂交水稻制种在湖南怀化成功试验，袁隆平宣布两系法杂交水稻技术获得成功。1998年《两系法杂交水稻高产保质制种技术》获湖南省科技进步二等奖。2005年湖南率先组织有关专家编制《两系法杂交水稻种子生产体系技术规范》等五个标准，于2006年作为湖南省地方标准发布实施（DB43/T283.1—2006、DB43/T283.2—2006、DB43/T283.3—2006、DB43/T283.4—2006、DB43/T283.5—2006），促进了湖南甚至全国的两系杂交水稻的快速发展。2007年将此系列标准申请作为国家标准编制，于2012年12月国标委公告将GB/T29371.1—2012等5个标准发布实施。

3. 制种机械化

2012年在科技部、农业部的支持下，在袁隆平院士、罗锡文院士的积极组织下，袁隆平农业高科技股份有限公司牵头组织了华南农业大学、农业部南京农业机械化研究所、总参第六十研究所、珠海银通航空器材公司、现代农装科技股份有限公司等十二家科研院所、大学和企业组成了跨行业、跨学科、跨部门的产学研联合协作科研团队在岳阳市君山区开展了“杂交水稻制种全程机械化技术研究”项目，以无人直升飞机在辅助制种授粉、喷赤霉素的应用研究为突破口，确定适宜无人直升机辅助授粉和喷施赤霉素的父母本栽培群体构成，再筛选与改进制种父本和母本配套的直播机、插秧机、收割机，研究与农机相配套的栽培管理技术，采用田间化学干燥与机械烘干相结合的办法实现杂交种子的安全快速烘干，实现了杂交水稻种子生产的全程机械化。

4. 制种模式

当前杂交水稻制种模式主要为“公司+农户”“公司自建”“公司+合作社”“委托其他公司”四种模式。据统计，“公司+农户”的模式占68%、“公司自建”的模式占6%、“合作社生产”的模式占8%、“委托其他公司”

的模式占18%，以“公司+农户”的模式为主。“公司+农户”的制种模式具有一定优势的同时，也存在一些缺点，主要是种子生产作业机械化低，劳动力效率低，同时农户多，农户的科技素质、管理水平参差不齐，给种子企业的技术指导，如去杂、去雄、病虫害防治、收获晾晒等关键技术落实带来困难，种子质量不能得到保证。近年来，由于国家和地方政府的积极引导，以土地流转为突破口，“土地流转”“公司自建”“公司+合作社”的比例逐步提高，企业通过土地流转将农户分散种植经营的土地集中起来，配套基础设施，进行规模化种植、标准化生产，提高了基地生产效率，并向专业化组织方向发展。这两种模式已成为“四化”基地建设的重点，也是今后基地发展的主流。

三、主要问题

水稻制种基地分为常规稻制种基地和杂交稻制种基地。常规稻制种与大田生产相当，问题不大，但杂交水稻制种却面临很多问题。

1. 基地不稳定

杂交水稻制种产业虽然是订单农业、收入稳定、农民亩受益比大田作物提高200~300元。由于制种技术性要求高、时效性要求严，用工多、劳动强度大，随着农民就业渠道拓展和其他产业发展，南方水稻制种逐渐向偏远欠发达地区退缩。同时，由于杂交水稻制种基地逐渐向有限的部分地区萎缩，基地已经成为紧缺资源。企业之间撬抢、基地之间攀比、制假贩假、抢购套购、私留倒卖等现象时有发生。

2. 基础设施建设薄弱

（1）基地建设投入少。杂交水稻制种基地大多集中在偏远欠发达地区，农田基本建设条件落后，地方财力紧张，地方财政对基地投入不足。

（2）种子加工设施落后。随着农业机械化程度的提高，水稻“精量播”要求传统的种子收获后靠自然晾晒的方式难以保障种子质量，急需进行种子加工设备更新换代，特别是要加大种子烘干设施建设力度。

3. 生产方式落后

（1）集约化程度低。种子是特殊商品，种子生产对一致性、时效性、技术性要求特别高。而目前农村土地一家一户的分散经营现状，给制种规划、技术措施落实、过程管理的到位等方面带来很大难度，制种产量和质量难以保证。

（2）机械化程度低。农村土地分散经营，大多制种基地分布在地形复杂的边远地区，经济落后，农业机械配置不足，制种“大机器”与“小地块”的矛盾较为突出。

4. 监管手段相对落后

我国种子需求量大，制种基地面积大、分布广、品种多，客观上形成种子监管难度大的问题，经多年来的国家和地方行政管理部门的努力，市场秩序有很大改善，但假冒、侵权等深层次问题还没有从根本上解决，需要在监管网络建设、设施配套、信息平台构建、队伍建设等方面予以跟进。

第二节　水稻种子生产优势基地建设思路、目标

一、基本思路

以习近平新时代中国特色社会主义思想为指导，以保障水稻生产供种数量和质量安全为根本任务，以提高水稻种子生产基地规模化、机械化、标准化、集约化水平为主要目标，大力改善制种基地设施条件，大力推进种子生产全程机械化，努力提升水稻种子生产科技水平，不断提高制种组织化程度，切实提高水稻种子生产基地管理水平，保证现代种业健康可持续发展。

二、发展目标

到 2025 年，建成杂交水稻种子生产基地 140 万亩左右，种子年生产能力达到 2.1 亿公斤，可满足全国杂交水稻生产需种量的 70%；种子纯度达到 98.0%以上，发芽率达到 88%以上，满足水稻精量播种需要。

第三节　水稻种子生产优势基地布局方案

按照“集中力量、突出优势”的原则，在现有国家级杂交水稻制种基地及国家区域性良种繁育基地的基础上，将优势种子（苗）生产基地简化分为两个层级，包括国家级基地和区域级基地，其中国家级基地包括四川省、湖南省、福建省国家级杂交水稻制种基地，区域级基地包括四川省、湖南省、福建省、江苏省、海南省、江西省等省杂交水稻制种基地县和江西、黑龙江、江苏、安徽等省（自治区）的常规水稻制种基地县。

第四节 重点建设任务和建设项目

一、田间工程

田间工程建设内容主要包括：土地平整、灌溉设施和机耕设施。为了保证灌溉质量，在实施地面灌溉的地区，通过平整土地，削高填低，连片成方，除改善灌排条件之外，还可改良土壤，扩大耕地面积，适应机械耕作需要。为了提高良种繁育基地的灌水工作效率，及时排出地面径流和控制地下水位，充分发挥排灌工程效益，实现旱涝保收，达到良种繁育的高产、优质、高效，需要修建良好的排灌沟渠，并配套修建水闸，做好水库水源引进等农田水利基础设施建设。为了实现繁育基地规模化生产，必将走向生产的机械化操作，需要建机耕路、机耕桥以及田埂硬化配套。各种子基地根据规模大小进行配套，能够切实达到满足基地生产能力的需要。田间工程建设要达到国内行业标准，确保 20 年内能够正常使用。

二、土建工程

繁育基地配套的土建工程主要包括种子仓库、农机仓库、亲本种子冷库、种子加工房、检验室、考种室、晒坪等基础建设。为保证种子收购后有空间储藏，需修建种子储藏仓库。为护农机，提高使用的年限，需建设相应的农机设备仓库。为了保证亲本种子的质量和存放时间，应在亲本种子繁育基地建设冷库和其配套的设施。为了及时掌握种子质量状况，通过种子发芽率、纯度的快速检测可达到目的，需要修建种子检验室、考种室等设施。为了有效提高收购入库的种子质量，需要修建精选加工车间，购置精选、加工、烘干设备。为保证收购种子能够尽快减少种子中水分，应该修建与基地相匹配的晒坪。所有土建工程设施的建设，应遵循一体化配套的原则，达到种子数量和质量都可控的要求。

三、仪器设备、农机具购置

主要购置种子检测仪器、加工设备和农机具。为能够有效检测种子的质量，实现种子净度、发芽率、水分和纯度的测定，需购置仪器主要包括温照培养箱、种子纯度 DNA 测定仪、烘干箱和水分测定仪。为提高种子质量，需要配备精选机、包衣机以及加工相配套的设备。种子收购时为了降低由于降水造成种子发芽的风险，需要配置烘干设备，及时烘干种子。为实现机械化操作，降低人工成本，需要购置插秧机、播种机、耕田机、机动喷雾器、联合收割机、农用运输汽车等农机具。

第五节　保护、建设和管理机制

一、建立基地管理机构

成立基地工作领导小组，负责基地建设的领导工作。基地工作领导小组下设基地工作小组办公室，具体承担基地领导小组的日常协调工作。制定项目年度实施计划，搞好项目中期调整，汇总编制项目工程进度报告和财务决算，组织项目的培训和考察，对项目实施监督、检查、指导和管理等。

二、健全组织管理方式

在基地工作领导小组的统一领导下，建立健全一整套良种生产、信息服务、技术推广、项目管理、资金使用和工程招标、监理和验收的运行管理机制。项目建设过程中要实行项目监督制、项目法人责任制、项目招投标制、工程监理制、资金专户管理制、目标管理责任制。

三、土地集中管理方式

土地流转是使土地集中的主要方式之一，土地流转由当地政府统一协调、管理，一般由企业和村委会或村民自治小组签订流转合同，也有企业直接与农民分户签订合同的，流转期限不等。制种流转合同一般5年以上，多数是10年以上。

四、基地建设项目运行机制

基地建设项目包括公益性、基础性和经营性三类。

1. 公益性项目

包括监管体系建设、服务体系建设，由基地县（区/市）农业主管部门负责运行和管理。

2. 基础性项目

包括标准制种田建设，耕地属集体所有，由项目区企业、合作社或制种大户负责运行和管理；水利设施属集体所有，排灌主渠、山平塘等由县

（区）水务局负责管理和维护，斗、农渠由项目区企业、合作社或制种大户负责运行、管理和维护；田间道路属集体所有，由项目区企业、合作社或制种大户负责运行、管理和维护。

3. 经营性项目

包括制种基地全程机械化技术应用等，由项目区企业、合作社或制种大户拥有，并负责运行、管理和维护。

第六节　保障措施

一、进一步完善政策法规

健全和完善农作物种子生产基地管理办法，制定《国家级种子生产保护区管理办法》等、建立国家级制种基地认定和准入制度，加强种子生产优势区基地建设、使用、保护和管理；修订《主要农作物品种审定办法》等配套规章，健全并改进品种测试、品种审定、品种保护和品种退出制度；完善种子生产、经营许可审批和监督管理的相关规定，提高违法行为的处罚标准。

二、加快推进种子生产保险试点工作

制种风险高，企业和农民的风险都比较大，国家应尽快推进制种保险的实施。一是将种业保险明确为政策性保险，保费采取财政补贴、制种企业分担的方式，制种农户不承担保费；二是将种业保险纳入国家强制性保险范围，覆盖所有种子生产领域，最大程度分散制种风险；三是保险额以保证制种成本的收回为最低标准，防止种子企业和制种农户血本无归，保护企业和农户的制种积极性。

三、加强对种子生产企业的扶持力度

种子生产投入资金大、风险高，综合配套设施要求齐全。近年来，随着我国社会经济的快速发展，城镇化步伐逐渐加快，农业劳动力日益紧缺，劳动力成本增速快。制种企业为了提高种子生产效率，降低种子生产成本，通过土地流转、培养产业工人队伍、农机与农艺结合、加大投入打造“五化”基地。这些转型的过程需要政府的支持和扶持，国家应继续实施现有制种大县奖励政策、产业园扶持政策，并通过种业提升项目支持等方式，对制种企业在生产基地购买农田机械、种子烘干设备、修建仓贮等基础设施应给予一

定扶持。

四、进一步加大对制种基地的监管力度

进一步健全种子管理机构，配齐种子管理人员，完善监管基础设施和条件，强化种子管理部门的职能。加大基地企业和生产品种检查力度，加强种子产地检疫和调运检疫，杜绝无证流通。加强部门协作配合，与工商、公安等部门紧密协作，建立联合办案机制，取缔非法生产经营，查办大案要案。严厉查处违法行为，坚持检打联动、综合治理，加大基地整治力度，依法对无证生产、套牌侵权、撬抢基地以及抢购套购等违法行为进行严厉查处。

（写作组成员：李稳香、胡培松、曹立勇、杨长登、张小惠）

第四章　小麦种子生产优势基地建设研究

小麦是我国重要粮食作物，在消费口粮中占40%以上，是世界上最大的小麦生产国和消费国，据国家统计局数据，2018年我国小麦种植面积3.64亿亩，总产量1.31亿吨，均占粮食的22%左右，小麦产业持续健康发展关系到国家粮食安全。21世纪以来，我国小麦品种选育水平显著提升，优质小麦品种不断增加，良种供应能力明显增强。但由于小麦品种区域性要求比较严格，每亩大田小麦用种量高于玉米、水稻等谷物，年总用种量巨大，保证有足够的好种子供给对小麦稳产、高产十分重要，因此加强小麦种子生产基地区域布局和建设至关重要。

第一节　小麦种子生产发展的基本情况

一、发展历程

改革开放以来，我国小麦产量大幅增加，实现了供需基本平衡，特别是一批优质小麦品种的育成和推广，结束了我国优质小麦依靠进口的历史，小麦种业为我国小麦增产作出了重要贡献。从我国小麦种业的历史演变来看，新中国成立初期，农户均自留小麦种，主要种植地方品种和早期的改良品种，后来农村开始成立农业生产合作社，种子则由合作社自选、自繁、自留、自用，辅之以必要的调剂。改革开放以后，随着我国小麦育种水平不断提高，逐渐形成了较为独立并具有自身特色的小麦种子产业，大致可分为三个发展阶段。

1. “四化一供”阶段

1978—1995年，我国小麦育种主要以提高单产、抗病性、矮化抗倒伏、抗旱为主要方向，选育了不同区域的主栽高产品种。20世纪70年代，小麦生产条件改善，灌溉面积扩大，化肥广泛使用，丰产性成为育种的主要目标。黄淮麦区大面积推广的丰产3号、泰山1号、济南13单产可达

460公斤/亩以上。20世纪80年代，随着育种条件改善，新品种数量增长迅速，并带动了粮食产量增长。20世纪80—90年代，原农林部提出“四化一供”方针，在“四化一供”种子工作方针指导下，从中央到县的各级种子公司相继成立，组织专业化种子队伍，建立种子基地、开始实行种子专业化、商品化生产，初步形成了由品种区域试验、审定、生产、加工、检验、经营等环节组成的种子工作体系。实行“四化一供”不仅使我国的种子工作取得了巨大进步和成绩，同时也为我国种子生产现代化奠定了坚实的基础。

2. 产业化发展阶段

20世纪90年代之后，随着我国人民生活水平的提高、市场经济的发展、国际交流的日趋频繁，小麦品质改良成为小麦育种的重要目标。农业科研机构开展小麦品质遗传改良和检测工作，成功选育了一批优质专用小麦品种。中国农业科学院作物科学研究所、河南省农业科学院和山东省农业科学院先后选育并推广了优质专用小麦新品种。小麦品质有了质的提高，部分品种达到国外一级优质麦的品质标准。随着品种的改良，优质专用小麦新品种的推广，我国优质专用小麦生产迅速发展，种植面积不断增加。随着农业经济的快速发展和改革开放政策的进一步深入，1995年全国种子会议提出了推进种子产业化、创建“种子工程”的具体意见，1996年农业部开始组织实施种子工程。种子产业化就是要实现种子生产专业化、经营企业化、管理规范化、大田用种商品化。

3. 市场化发展阶段

2006年以来，根据《国务院办公厅关于推进种子管理体制改革加强市场监管的意见》要求种子生产经营企业与农业管理部门脱钩的精神，种子管理实现“政企分开”，全国统一大市场逐步形成，我国种业真正步入市场化发展阶段。这个阶段，我国种子生产基地布局调整速度加快，进入优化布局、全面规划时期。2011年以来，鼓励企业进行商业化育种，发展大型种子企业，按照种子科研、生产、加工、销售、管理的全过程形成规模化、规范化、程序化、系统化的整体，相互衔接，实现种子商品化、生产专业化、管理规范化、推进企业化，以企业为中心建立种子生产基地，实现育繁推一体化发展。

二、产业基础

小麦种业的科技创新促进了我国优质专用小麦生产发展，提高了国产小麦的市场竞争力，对保障我国小麦产业持续、健康发展发挥了重要作用。近年来，根据小麦各优势产区的生产特点和市场需求，依托各优势区资源禀赋，各小麦生产优势区积极推进小麦良种繁育基地建设，完善基础设施，提高集约化供种能力，加快新品种推广步伐，创建了一批国家级、省级的高标准小麦良种繁育中心、小麦繁种基地和新品种展示示范田，其中河南省、安徽省、山东省、河北省、新疆维吾尔自治区等省（自治区）的 11 个县已被认定为国家区域性小麦良种繁育基地。2018 年，我国冬小麦种子生产面积已达到1 127.82万亩，种子产量达到 411.54 万吨，主要集中在河南、安徽、山东等省（表4-1）。

表 4-1　我国冬小麦种子生产情况

省（自治区、直辖市）	种子生产面积（万亩）	种子产量（万公斤）
河南	400	146 000
安徽	174.17	60 213.8
山东	167	67 690.94
江苏	122.82	48 799.7
河北	74.33	33 046
新疆	73.35	25 675
甘肃	32.52	6 628.59
陕西	23	9 000
湖北	20	1 500
山西	18.38	5 514
四川	13.6	4 512
新疆兵团	3.08	1 380
宁夏	2.4	467
青海	1.3	560
浙江	1.07	278.44
北京	0.61	206
天津	0.1	47
云南	0.09	22.7
全国合计	1 127.82	411 541.17

引自：《2018 年全国种业信息数据手册》

1. 小麦品种选育水平显著提升，良种供应能力不断提高

进入 21 世纪以来，我国小麦品种选育水平显著提升，发掘和创造了一

批优质育种材料，推广了一批优良的小麦品种，例如安徽省的皖麦系列，河南省的郑麦、周麦系列，山东省的济麦、烟农系列，河北省的石麦系列，江苏省的扬麦系列、淮麦系列等。特别是河南省和山东省的优质小麦品种，除满足本省良种供应外，还销往周边省市。小麦良种的培育、推广和应用，对提高小麦综合生产能力、保障国家粮食安全和促进农民增收作出了重要贡献。

2. 小麦种业市场快速发展，换种率不断提高

自《中华人民共和国种子法》实施后，国家取消了对种子的管制，放开了种子的育繁销环节，小麦种子市场快速发展，各地小麦种子企业纷纷成立，种子质量不断提高，种子商品化程度全面加强，逐步走向法制化和规范化。受种业市场发展的影响，小麦换种率也不断提高。目前各主产省每年小麦用种量基本稳定，省际间亩均用种量略有差异。据《2019 年中国种业发展报告》，我国 2018 年小麦种子用量为 460 万吨，种子商品率 78. 8%、加权价格 4. 71 元/公斤，商品种子用种量为 362. 5 万吨，每年小麦种业市值达 160 亿元。未来考虑到种子商品率提高，我国小麦商品种子需求量还将继续提升，小麦种子市场蕴藏着巨大的需求和商机。

3. 小麦种子企业实力明显增强，涌现出一批“育繁推一体化”种子企业

近年来，随着小麦种业市场的发展，各主产省小麦种子企业不断发展壮大，现已涌现出一批实力较强的“育繁推一体化”种子企业，如山东鲁研、河南天存、河南地神、安徽皖垦、河北大地、江苏金土地等，这些规模较大的小麦种子企业，良种供应量很大，在各省小麦种子市场都占有重要地位。

4. 小麦种子企业销售网络不断拓宽，营销模式各具特色

长期以来，我国小麦品种区域性要求非常严格，广适性差，但近年来随着小麦育种水平的提升，小麦种子企业的销售范围不断扩大，从本县市扩大到外市、外省乃至大部分小麦主产区。这些规模较大的种子企业不仅建立了较完善的营销网络，而且在营销模式上有所突破，以前多为种子生产后直接在市场销售，现在推行以县级独家代理经营为主的营销模式，鼓励县级代理，因地制宜设置乡、村销售网络，而在外省实行买断或委托代理等模式，基本保证在最适合区域销售最适应的品种，起到了品种优化种植、品牌影响扩大的作用。

5. 技术创新与推广体系不断完善，各类创新成果竞相涌现

在农业农村部指导下，以生产和市场需求为导向，发挥社会主义集中力

量办大事的制度优势，2016年起组织农业科研院所、大学及优势种子企业开展了小麦良种重大科研联合攻关。通过成员单位之间的相互协作，构建种质开拓、技术创新、品种选育、品系鉴定、品种测试5个协同创新工作平台，引领我国小麦绿色品种选育的方向。研究制定了适合不同优势区的小麦绿色品种审定标准，培育鉴定了一批绿色优质小麦品种。完善优势区域小麦种子生产技术规程，促进了标准化和机械化生产。依托联合攻关参加单位，建立了一批新品种、新技术展示示范基地，常年开展种子生产技术培训和咨询服务的示范县面积达1.85亿亩，占我国小麦播种面积的53.6%。

三、主要问题

随着全球化进程加快、生物技术发展和改革开放的不断深入，我国小麦种业发展面临着许多新的挑战，同时提升小麦综合生产能力和保障国家粮食安全，对小麦种业发展提出了更高要求，当前我国小麦种业仍存在许多突出问题。

1. 小麦种业科技研发投入不足，研发力量比较分散

育种科研不仅需要巨资投入和种质资源大量引进，还需要数十年艰苦的科技创新和繁育过程。目前，各级科研单位仍是小麦育种的主体，虽然近年来国家不断加大科技支持力度，但投入仍然偏少，每个单位获得的经费十分有限，制约了基础性、共性技术的研究和发展，严重影响了育种效率。而与国际大公司相比，国内种子企业在研发投入上也存在巨大差距。目前我国拥有研发创新能力的小麦种子企业很少，多数企业科研投入仅占销售收入的2%~3%，最多也就每年几百万元，而国外种业公司科研投入占销售额的10%左右，每年都在几亿美元。

2. 小麦种业地区间发展不平衡，种子产业化程度与种植面积不成正比

据小麦产业技术体系在河南、山东、河北、安徽、江苏、四川、湖北、陕西、山西、甘肃、宁夏、新疆、内蒙古、黑龙江、云南、贵州等省（自治区）的调研数据，总体来看，小麦主产区的种子企业较多，但种子产业化程度高低与当地小麦种植面积不成正比，小麦生产大省不一定是种业强省。

3. 小麦种子企业数量多、规模小，竞争力不强

目前我国小麦种子企业数量众多，但小麦种子企业普遍存在“多、小、弱”的特点。因为小麦育种科研投入大、周期长，多数小麦种子企业没有研发机构和育种科研人员，只是购买品种经营权，或与科教单位联合进行大田试验，收益按比例分配，或代繁代销种子，从事低端销售与经营活动。且由

于小麦属常规品种，繁种较容易，农民可以自留种，因此企业利润率较低。根据上市公司年报数据，小麦种业毛利润率为10%~15%，明显低于主要经营水稻、玉米等粮食作物杂交种为主的企业。对于小麦这类用种量大、经济效益不高的常规种子来说，大规模高质量的种子繁育基地，是种子企业做大做强的基本条件。但在现有用地制度下，小麦种子企业自有基地规模普遍偏小，高品质的种子生产量严重不足，迫切需要国家和地方政府持续出台扶持政策，支持企业扩大小麦良种繁育基地规模，改善基地基础设施条件。

4. 小麦种子基地政策扶持力度不够，供种保障体系不健全

小麦种业是风险较高的产业，不仅有市场风险，还有气候、病虫害等自然风险，但相对于杂交种来说，利润又比较低，企业从事小麦种子生产、经营的积极性不高。随着生产成本又逐年增加，并缺乏相应的信贷、保险等行业支持与保护，小麦种子企业生存难、发展难的问题非常突出。同时由于我国种业市场起步晚，市场机制不完善，种子管理机构不健全，政府监管职能不到位等原因，小麦种子市场仍存在违法生产经营、恶性竞争、套牌侵权等行为，产权保护意识和行业信用建设亟待加强。

四、发展趋势

在当今农产品需求呈刚性增长、耕地面积逐年减少、农村主要劳动力缺乏、灾害性天气频繁的严峻形势下，保证良种有效供应的任务更加繁重，我国现代农业发展对种业提出了新的更高要求。在此形势下，加强小麦种业科技创新，培育推广优良品种，加快推进现代小麦种业发展，是解决耕地和水资源制约、保障现代农业发展、提升小麦产业竞争力的必要途径。当前，国家现代种业发展战略已经明确，实现农作物种业跨越式发展面临着前所未有的历史性发展机遇，小麦种业将步入一个全新的、历史性发展时期。

1. 良种选育与繁育基地建设稳步推进

我国小麦种子产业发展的关键是品种创新和良种繁育。根据我国小麦各优势主产区的生产特点和市场需求，要积极扶持现有各类小麦育种单位，改善科研条件，加强协作攻关，实现资源共享，采取常规育种与生物技术相结合的方法，选育、引进适应不同生态区和用途的高产优质专用品种。同时依托各优势主产区的资源禀赋，积极推进小麦良种繁育基地建设，完善基础设施，提高集约化供种能力，加快新品种推广步伐，创建一批高标准优质专用小麦良种繁育中心、小麦繁种基地和新品种展示示范田。

2. 技术创新与推广体系跃上新台阶

依托科研院所、大学及企业，开展小麦良种重大科研联合攻关，完善国家小麦产业技术体系，围绕小麦生产中需要解决的问题进行重大技术研究与创新，试验示范适合不同优势区的小麦高产优质节本增效栽培技术，制定完善优势区小麦生产技术规程，促进标准化生产；坚持农机农艺结合，实现机械化生产。依托小麦主产地区和县农业技术推广部门，创建新型农业技术推广模式，改善装备条件，建立新品种、新技术展示示范基地，开展新技术、新成果的引进试验，示范推广优良品种和配套栽培技术，广泛开展优质高产创建活动，使其成为主导品种、主推技术的展示平台，技术培训和咨询服务的纽带。

3. 质量监督检验能力不断加强

小麦种子质量安全将受到更高程度的重视，在农业农村部谷物品质监督检验测试中心（北京）、农业农村部谷物及制品质量监督检验测试中心（哈尔滨）和农业农村部谷物品质监督检验测试中心（泰安）3 个现有部级检测中心的基础上，将在每个小麦优势区逐渐建立区域性品质监督检验测试中心，配备检测设施，加强人员培训，完善检测标准，提高检测水平，建立覆盖各小麦优势区的种子质量监督检测网络，定期、定点对大面积推广品种进行样品抽检、品质鉴定和综合评价，发布小麦质量信息。

4. 产业化服务体系建设逐步完善

扶持发展各类小麦中介、合作社、家庭农场、种植大户等，加强产前、产中、产后服务，推进统一供种，提高小麦生产的组织化程度。针对各小麦优势主产区，强化小麦病虫防治和生产全过程农机作业等专业化服务组织，提高统一耕种、统一管理、统一收获水平。从税收、信贷等方面扶持小麦种子龙头企业，促进产销衔接，实现优质优价，增加农民收入。

第二节　小麦种子生产优势基地建设思路、目标

一、基本思路

科学规划和布局优势种子生产区域，以提高小麦综合生产能力为目标，以市场为导向，以科技为支撑，以产业化开发为带动，突出优势产区和重点地区，优化品种和品质结构，进一步推进小麦种子区域化布局、规模化种植、标准化生产和产业化经营；加快构建布局合理、特点鲜明、效益显著的

优质强筋、中筋、弱筋优势种子产区，建设一批由政府主导、企业掌控的种子生产优势基地，打造现代种业核心产业带；建设完善小麦种子基地基础设施，建成交通方便、能排能灌、耕地质量好、配套设施齐全的种子生产基地，着力提升小麦供种保障能力。

二、发展目标

到2025年，以市场为导向、以科技为支撑，加快构建布局合理、特点鲜明、效益显著的优质强筋、中筋、弱筋小麦优势种子产区，建设一批由政府扶持、企业经营的标准化、规模化、集约化、机械化的小麦种子生产基地，达到交通方便、能排能灌、耕地质量好、配套设施齐全的建设要求，进一步提升小麦种子供种保障能力，改善种子质量，提高种子产业化水平，增强小麦种子企业市场竞争能力，实现商品小麦生产优势区良种覆盖率达到100%、商品化供种率达到70%以上的。

第三节 小麦种子生产优势基地布局方案和重点建设内容

国家区域性良种繁育基地认定名单中的11个小麦基地分别为：河南省温县、滑县、夏邑县，山东省宁津县、济宁市兖州区、德州市陵城区，安徽省濉溪县，河北省辛集市、赵县，江苏省东辛农场，新疆维吾尔自治区奇台县。

根据自然资源条件和小麦种业发展特点，小麦种子生产基地建设主要集中在小麦生产大省，小麦种子生产基地主要分布在河南、山东、河北、安徽、江苏等省。

一、河南省小麦种子生产基地布局

1. 基本情况

河南省不仅是我国小麦生产最大省，更是种子生产和经营的最大省。2000年以来，在国家和省相关政策的支持下，河南省种子生产取得长足进展，主要有以下特点。

（1）小麦种子生产向集约化、规模化发展，种子生产基地面积迅速扩大，种子生产基地进一步向大型农场和规模化种子企业集中，种子生产模式由“农户生产”向“公司+农户”再向“公司+农民合作社+农户”转变，种子生产基地面积迅速扩大。据统计，2018年河南省小麦种子生产基地面积约400万亩，较2012年220万亩增加近一倍。

（2）大部分地区仍普遍采用“四级种子生产程序”，取代了传统的“三圃制”和“二圃制”原种生产技术，从根本上保持优良品种的纯度和种性，经济省工，简便易行，促进了种子标准化生产。

（3）由于生态条件因素影响，河南省种子生产基地主要集中在豫中和豫北。

（4）种子生产、加工能力显著提高，随着国有、民营、股份制企业的迅速发展，种子加工和精选设备已向大型化、规模化、全自动化发展，目前河南省有种子企业700余家，年精选、加工小麦种子可达20亿公斤。

2. 发展目标

按照“坚持自主创新、坚持企业主体地位、坚持扶优扶强、坚持产学研相结合、坚持依法监管”的基本原则，建成稳固的标准化的小麦良种繁育基地，为确保育种、制种、供种安全创造条件；打造5~10家“育繁推”一体化现代农作物种业集团；健全职责明确、保障到位、手段先进、监管有力的种子管理体系。到2025年全省小麦良种覆盖率达到98%以上，种子对农业科技进步贡献率达到60%以上，为全省农业综合生产能力不断提高提供有力支撑。

3. 主攻方向

全省统一规划，合理布局，进一步加强小麦种子繁育基地建设，不断提高标准化、规模化、集约化、机械化水平，增强种子生产能力。在不同生态类型区建设标准化小麦种子繁育基地和现代化种子加工中心，配置先进的种子生产、加工、包装、检验和仓储、运输设备，改善企业生产经营条件，确保小麦用种安全。

4. 重点建设内容

根据河南省区域特点和小麦生产发展规划，计划依托10余家种子企业、河南省农业科学院和河南农业大学在河南省15个县建立小麦种子生产基地，具体包括滑县、沁阳县、孟州、新乡县、原阳县、荥阳市、尉氏县、梁园区、民权县、长葛市、郾城区、商水县、西华县、遂平县、登州市15个县（市、区）。主要建设内容包括4个方面。

（1）加强小麦种子生产基地水利设施建设，重点对承担育种家种子或穗行圃种子、原原种种子或穗系圃种子生产基地进行农田基本建设，如机电设施配套、渠道硬化和节水灌溉设施建设等。

（2）积极扶持种子龙头企业，加强基础设施建设，配置现代田间作业机械，升级现有种子精选、种子包衣、种子计量分装等种子加工机械，扩建种子仓库、种子晒场等。

（3）强化种子市场监管、严格种子市场准入、规范区域试验和质量抽检、加强种子执法队伍建设，确保种子基地建设单位和基地区农民利益。

（4）加快建设县级种业信息平台，建立种子企业、生产基地和种子信息监测点信息共享体系。

二、山东省小麦种子生产基地布局

1. 基本情况

山东省经营小麦种子的企业约有 150 家，专业经营小麦种子的很少，拥有小麦种子研发能力的不足 10 家。目前，山东省小麦种植面积稳定在 6 000 万亩以上。近年来，山东省一直实行惠农的小麦良种补贴政策，实现了全省小麦生产的区域化布局、规模化种植，也带动了全省小麦种子生产基地的发展，逐渐形成了较为稳定的种子生产基地，且良种生产主要分布在用种大县本地或周围县市。山东省小麦品种在外省也有较大面积，主要是在河南省和河北省。按照山东省小麦品种在全国的实际面积估算，山东省每年小麦原良种生产基地约有 200 万亩，良种生产能力为 8 亿公斤左右。山东省小麦良种生产主要有以下特点。

（1）目前已相对实现了规模化、集约化。种子生产基地以整乡、整村、农场等形式存在，规模在 1 000~2 000亩的居多，也有 1 万亩以上的基地。

（2）大部分制种区种子生产队伍稳定，技术水平较高。基地种子生产队伍一般由企业技术人员、当地农民或地方农技人员组成，由于长期从事种子生产，这些人员经验丰富、技术熟练。

（3）制种田基础设施情况较好。种子生产基地一般建在交通便利，水、电、路等农业基础设施较好的地块，配有农业机械、晒场、临时库房等。

（4）小麦加工能力仍有不足。多数种子生产基地一般只配有简单清选设备，少数大企业拥有成套种子加工线。

2. 发展目标

以发展现代农业、保障国家粮食安全和促进农民增收为目标，分区域建设种子生产优势基地，用于新品种展示和良种繁育，构建企业与种植大户、专业合作组织、农民长期的契约合作关系，加强种子生产基地基础设施建设，改善生产条件，建设现代化种子加工中心和配送体系，提高种子生产、加工能力。

3. 主攻方向

配合国家粮食安全战略和种业发展战略，以提高小麦种子繁育能力为重点，在现有基础上逐步建设稳定、高标准的良种繁育基地，实现小麦良种栽培技术标准化、基地管理程序化，种子加工处理机械化，满足不断发展的小麦良种的需要。

4. 重点建设内容

在现有基础上，对小麦种子生产基地进行标准化升级改造，进一步在田间基础设施、生产的机械化进程、加工条件设施和信息管理等方面开展工作。重点建设内容包括 5 个方面。

（1）田间基础设施建设。完善机井、田间道路、水渠、桥涵、护栏等田间基础设施。

（2）推进种子生产全程机械化。小麦种子基地的生产在播种、施肥、收获、运输等环节基本实现了机械化，但在灌溉、喷药等环节仍需推进继续机械化。

（3）升级种子加工设施。当前小麦种子加工环节存在仓储和晾晒条件较差、加工设备总体落后的问题，不符合现代种业发展要求。生产基地应加强小麦种子仓库、晒场等设施建设，将单个的加工设备统一升级为种子生产线，提高种子生产效率和质量。

（4）推进种业管理手段信息化。研究和引进种子质量管理系统，企业建立详细的种子生产和流通档案，实现小麦商品种子可追溯。

（5）完善病虫防控等配套支撑体系。针对不同品种的抗病虫特点和不同年份的气候特点，建立预警机制，以防为主。加强种衣剂产品及包衣技术的研究，引入先进的包衣设备，在播种前对小麦良种全部进行包衣处理，提高种子的活性、牙率和抗病虫性。

三、河北省小麦种子生产基地布局

1. 基本情况

河北省近年小麦常年播种面积在 3 500 万~3 600万亩。在良种补贴实行统一供种时期，换种率曾达到 70%以上，但良种补贴改为补钱到户后，换种率基本下降到补贴前水平，不足 30%。2014 年和 2015 年推广节水小麦，统一供种面积逐年增加，2015 年秋播，节水小麦补贴种子面积 700 万亩，占到了生产面积的 20%，2018 年河北省小麦种子换种率达到 70%，现有小麦种子企业约 30 多家，其中常年年销售量 500 万公斤以上的小麦种子公司 7 家，年销售量 250 万公斤以上的 20 家左右。

河北省小麦良种繁育基地的特点主要有 4 个方面。

（1）由于各个麦区对品种要求有严格或较严格差异，小麦良种繁育基地布局要与当地生态区结合。

（2）小麦生产与繁种用地区分不严，种子繁育基地不稳定，规模化、集约化水平较低。

（3）种子生产队伍就是“普通农民+企业一般员工”，技术水平参差不齐，原有的县级原种场大多基础设施、加工设备落后。

（4）小麦良种加工主要由大型企业所承担，与大型种业紧密结合是种子生产基地生存与发展的条件。

2. 发展目标

优先考虑在粮食生产大县、与大型种业紧密联系的县级原种场、土地集约化程度较高的县市建立高标准小麦良种繁育基地 100 万亩左右，原种繁育基地 5 万亩左右，原原种繁育基地 2 000亩左右。

3. 主攻方向

建设原原种（育种家种子）、原种繁育基地是保证纯度和质量的核心。小麦品种育种时间要在 10 年以上，但很多品种应用年限只有 4~5 年，品种种性退化是品种退出的主要原因之一。因此，繁种基地建设要优先支持原原种繁育基地和稳定的技术员队伍建设，在完成种子繁育同时，可以完成种子提纯复壮工作，延长良种使用年限。

4. 重点建设内容

基地建设上重点建设原原种和原种生产基地基础设施。根据河北省地理位置和区域的分布，分中北部、黑龙港、冀中南重点建设 3~6 个原原种、原种基地，承担主体有种子企业承担。原种基地承担全省的原种、原原种任务。重点建设内容主要有 5 个方面。

（1）田间基础设施建设，包括土地平整改良、田间道路，围栏建设，库房、晒场、种子加工车间，保证繁种的准确性和安全性。

（2）种子生产全程机械化推进，购置或升级小区种子点播机、条播机、收割机（用于原原种生产），小麦播种机、收割机、小区脱粒机（用于原种生产）。

（3）购置或升级小型种子加工、分级、分析、化验、储藏设备。

（4）建设现代化大型生产全程机械化加工车间及配套设施。

（5）建设现代化、信息化的小麦良种繁育体系。

四、江苏省小麦种子生产基地布局

1. 基本情况

江苏是我国重要商品粮生产基地。随着国家和省级农业综合开发、种业发展基金等项目的大力推动支持，近年来，江苏省建成了一批种子生产加工能力强的小麦种子生产基地。目前，许多“育繁推”一体化种子企业都有固定面积的种子繁育基地，并配备了种子烘干和精选等设备和仓储条件以及种子检验室、种子标准发芽室、各类种子检测仪器等，年生产种子数万吨以上。

2. 发展目标

建设10家大型“育繁推”一体化企业，立足满足本省种源需求，向周边省份的辐射带动，并通过委托繁种加工、合作建设基地和租用对方基地等多种方式，展开省内外基地间的合作，促进资源优化整合，提高种子生产能力，扩大种子销售市场。

3. 重点建设内容

江苏省种子基地建设重点在3个方面。

（1）完善田间基础设施建设。种业公司都在通过土地流转扩大生产规模，摆脱委托繁种的种子质量和成本问题，但由于土地来源于一家一户，土地的大小不一、高低不平、缺少田间配套设施。需要根据田块间不同地力条件、保水和排水需求，并综合考虑种植内容和有利于机械化作业等，重新规划土地，开沟并垄，开展田间沟渠路、栓、闸、泵站等基础设施建设，确保种子生产规模化顺利推进。

（2）推进种子生产全程机械化。利用制种大县奖励、现代种业提升工程等国家财政资金和农机补贴政策的支持，购置大型农机具设备，提高劳动生产力水平和机械化应用水平，降低生产成本。

（3）升级种子加工体系。由于小麦收获季节为高温高湿季节，收获期非常集中，一个县即使种植不同品种，采用不同播种期，小麦的收获期差异不超过一周，造成烘干非常集中，需要强大的烘干能力才能保证种子质量，需要购置大量的、先进的种子烘干和加工设备。但又涉及资金投入，投资回报的问题，为保障种子生产安全，需要国家的政策和资金投入，当前国家对烘干机和农机补贴政策主要是针对农民和种田大户，应惠及种子企业。随着种子生产规模的扩大，种子企业应加强种子生产、加工、检验人才培养，确保人员和设备能够有效配合，提高机器设备的运行效率，降低生产损耗，保证种子质量。

五、安徽省小麦种子生产基地布局

1. 基本情况

经过多年建设，大中型农场（包括农垦公司、县级原良种场等）已经成为生产水平较高、设施较为齐备的种子生产基地。近年发展起来的种粮大户及家庭农场也纷纷加入种子生产行列，在种子生产数量上完全能够满足全省种子需求，正常年份质量也能满足要求。种子企业规模不断扩大，培养了一支专业化种子生产技术人员队伍。若干大型企业建立了较完备的种子加工生产线，种子仓储能力大大提高。

2. 发展目标

稳定农垦农场等大中型种子生产基地面积 40 万亩，提升 40 万亩县域种子基地生产能力，建设 40 万亩集中连片高标准的优势区域种子繁育基地。安徽省淮北地区的涡阳、濉溪、埇桥、太和等县区可以作为种子生产优势区域进行建设。

3. 主攻方向

（1）以县域种子生产基地和优势区域种子繁育基地为重点，提升种子生产基地基础设施和加工能力，提升种子生产抗风险能力，保证种子生产数量。

（2）在种子质量上，要具有较强的抗灾减灾能力和抗风险能力，能够应对年度气候变化及重要气象灾害、病虫危害的影响，稳定种子质量。

（3）在生产效益上，要逐步提高土地生产率和劳动效率，减少损失。

4. 重点建设内容

安徽省小麦种子基地建设重点有 4 个方面。

（1）更新或购置种植大户和家庭农场烘干设备。

（2）在安徽省淮北地区的涡阳、濉溪、埇桥、太和等县区以及沿淮农垦农场建立种子加工生产线，区域内的生产单位均可共享利用。

（3）在种子生产优势区域建设配套仓储设施，发展物联网信息技术，开展技术培训。

（4）加强种粮大户和家庭农场小麦种子生产全程机械化建设，加强节种、节肥、节药机械化技术应用。

六、陕西省小麦种子生产基地布局

1. 基本情况

陕西小麦在产业结构调整中种植面积减少幅度较大，近年稳定在 1 750 万亩，集约化、规模化生产水平较低。目前，陕西种子生产以企业生产为主，生产基地主要在关中小麦生产有关县区内，种子生产加工能力薄弱，种子企业实力低，种子生产队伍人员较少，技术水平不高。这几年，管理部门抓种子质量，种子加工基础、设备能力提高较大。

2. 发展目标

建设规模化、标准化、机械化小麦种子生产基地 60 万亩，实现良种的全覆盖。推进“三圃田”建设，加强加工能力建设，提升种子质量标准，提高种子商品化率。小麦在关中灌区培育高产、优质、抗病新品种，在渭北旱塬培育抗旱、高产、优质新品种，在陕南培育早熟、高产、抗病新品种，实现小麦品种的一次更新换代，推动陕西省小麦亩产提高到 380 公斤。

3. 主攻方向

推进原原种、原种、良种“三圃田”建设。加强育种家种子、原原种、原种生产，为供种提供优质种源，充分发挥良种的增产潜力；进行强优势组合的配制，结合现代分子生物技术，选育适合不同生态麦区高产杂交小麦新组合及优异新型不育系和恢复系；加快推进小麦种子生产优势区域建设，合理安排种子生产加工基地布局，逐步形成稳定高产繁种区域；改善农田节水灌溉设施，提升种子生产基本条件；加强小麦种子加工能力建设，鼓励企业开展种子加工设备升级，提升种子质量标准，提高小麦种子商品化率。

4. 重点建设内容

重点建设内容主要有 3 个方面。

（1）在制种优势区建设规模化、标准化种子生产基地，加强土地整理改良，完善排灌沟渠、机耕路桥等生产设施，改善种子仓贮、检验及制种生产等基础条件。

（2）依托重点种子加工企业，建设一批大型现代化种子加工中心，建成小麦籽粒加工生产线，建设高质量种子加工和技术示范基地。

（3）根据农作物种植区划、生产布局，新建和改扩建农作物品种区域试验站。建设覆盖省、市、县三级农作物种子检测实验室，全面提升种子检测能力。

第四节 保护、建设和管理机制

一、建设机制

通过整合现有专项资金设立现代小麦种业发展专项资金，引导社会资本进行小麦良种繁育基地建设。按照“优势区域、企业主体、规模建设、提升能力”的原则，积极引导种子企业通过土地流转、长期租用等方式建立相对集中、长期稳定、具有一定规模的种子生产基地，提高规模化、标准化、集约化和机械化水平。强化种子基地基础设施建设，整合高标准农田、现代种业提升工程、国家制种大县奖励等资金，完善种子基地基础设施，建成交通方便、能排能灌、耕地质量好、配套设施齐全的小麦种子生产基地。

二、管理和运行机制

创新种子基地建设运行模式，基地由农业行政主管部门统一规划布局，大力推行“种子企业+种子专业合作社+制种大户”模式，鼓励种子企业建立直接管理和控制的生产基地，引导种子企业与制种专业合作社或制种农户建立稳固的利益连接机制；小麦种子生产逐渐向优势产区集中，加强县域种子生产基地建设，继续发挥大中型农场的中坚作用；强化种子基地管理，建立健全种子生产技术标准体系，规范种子收购秩序，切实解决撬抢基地、抢购套购等突出问题，保证良种供应数量充足、质量安全、价格合理；加强公共基础设施建设，加工生产线以大型种子公司或专业化公司管理为主进行建设，仓储设施以种子经营企业为主进行建设，生产以大户、家庭农场和农业合作社为主；建立风险应对机制，支持种子生产企业与制种农户或制种专业合作社设立种子生产风险保障金，增强制种自然风险应对能力。

第五节 保障措施

现阶段我国小麦种业发展仍将依赖科技进步和不断创新，培育一批具有重大应用前景和自主知识产权的突破性小麦优良品种，建设一批标准化、规模化、集约化、机械化的种子生产优势基地，通过政策扶持和增加投入，将目前已具有一定实力的小麦种子企业逐渐打造成育种能力强、生产加工技术先进、市场营销网络健全、技术服务到位的“育繁推一体化”种业集团，同时强化市场监管，不断提升我国小麦种业科技创新能力、企业竞争能力、供种保障能力和市场监管能力。

一、加强小麦种业科技创新和成果转化，推进小麦种业科技发展战略

加强小麦种业科技自主创新，开展种业产业化关键技术研究，加强种业科技创新基地、产业园、国家重点实验室、工程技术研究中心和育种研究中心建设，围绕小麦育种产业发展，加快科技成果的传播、普及和推广，加大技术集成创新和推广力度，全面推进产学研、农科教深入结合。按照科技和产业发展规律，抓住国际最新发展趋势，将小麦种业科技的发展上升至国家发展战略，并按照发展战略要求统筹规划、总体布局，组织、协调全国小麦种业科技研发实力较强的单位与企业进行协同攻关，实现强强联合、优势互补、资源共享、和谐发展。

二、鼓励小麦种子企业与科研单位联合，促进“育繁推一体化”

可采取科研成果转让、知识产权入股、企业资助科研、资产捆绑重组等方式，推进优势科研单位与小麦种子企业联合，将新品种选育与产业开发、推广连为一体，实现种业科研、生产、经营的强强联合，增强竞争能力。通过市场引导、政策扶持、项目支撑等手段和方式，促进科研教学单位的科技成果向企业转移，加快新品种产业化进程。通过科研单位与小麦种子企业联合组织重大项目攻关，引导社会与企业资本投入小麦种业科技，逐渐形成以创新型企业为主体的种业科技创新资金投入机制，提升创新能力。

三、加强对小麦种子企业的政策扶持，提升企业科技创新能力

根据目前我国小麦种业所处的具体环境和发展阶段，在短期内应强化以政府投入为主，社会多元化投入为辅的多元投入机制，通过政策、金融、财政等手段对规模较大的小麦种子企业在科研创新方面优先给予支持，扶持小麦种子企业建立科研育种体系。设立专项资金扶持企业商业化育种，对于行业内重大科研专项实施招投标制，使有资质的企业参与到国家重大科研专项中，利用国家资金扶持发展商业化育种，或支持企业购买品种经营权。针对种子企业设立小麦种业科技基金，支持龙头企业进行科技导向的资源整合和兼并重组，促进创新资源向优势企业集中，做大做强小麦种子企业。

四、探索创新小麦繁育基地模式，有效保证种子质量

发展小麦适度规模经营，是小麦生产经营专业化、标准化、规模化、集约化的必然要求，是保障小麦有效供给、确保国家粮食安全的必然选择，是提升小麦综合生产能力、抗风险能力和市场竞争力，推进现代农业的必然趋势。在目前小麦种子企业用地紧张的局势下，只有通过适度规模经营，加快土地流转进程，扶持种麦大户快速发展，推进规模化生产，才能在短期内为种子企业提供高标准的种子繁育基地，长期看可以探索企业自有基地与“公司+合作社+大户”相结合的生产模式，建立稳定的专业化种子生产基地，对种子生产实行专业化、区域化、规模化管理，有效保证繁育种子的质量。

五、强化知识产权管理，进一步加大种子市场监管力度

强化我国独有资源、品种、基因的保护，加强对商业种子命名管理，做好种子标签检查，建立种子流通的可追溯机制，坚决打击假冒、仿冒品牌种子的行为，加强对套购等损害知识产权行为的处罚力度，为规模化种子企业创造良好的市场竞争环境。加强品种管理，健全部省两级审定协调机制，统筹品种审定与新品种保护，加大品种退出力度。继续组织开展种子执法活动专项行动，加强部门协调，前移监管关口、下沉管理重心、实行打扶结合等工作机制，确保生产用种质量。加强种子管理机构的设置、人员的配备和保障必要的工作经费，同时加强品种试验的手段以及种子质量检验检测体系建设，保证生产供种安全。

六、加大产业支持力度，全面提高我国小麦种业竞争力

鉴于小麦是常规种子，用种量大，应加大信贷支持力度，在贴息、投资等方面对种子企业给予优惠，对企业和农户给予适当的生产补贴，建立种子生产经营政策性保险、风险基金制度，鼓励其引进和使用先进的生产、加工与技术装备，创新市场营销模式，建立完善的市场营销网络，采用激励措施鼓励高新技术专业人才向企业流动，探索小麦种子企业上市融资机制等，提高我国小麦种子企业组织化、专业化水平，增强企业抗风险能力。从而培育一批技术力量强、设备先进、有经济实力、诚信度高的小麦种子企业，增强我国小麦种业竞争力。

（写作组成员：肖世和、韩一军、陈位政、刘建军、姜楠）

第五章　大豆种子生产优势基地建设研究

大豆是我国五大作物之一，是最主要的优质植物蛋白来源和主要的油料作物，在我国食物安全中占有重要地位。大豆目前是我国进口量最大的农产品，国产大豆自给率已不足15%。为确保我国食用大豆完全自给，恢复与发展国内大豆生产迫在眉睫。种子是大豆生产的重要物质基础，大豆种子基地建设是提供优良大豆种子的重要保障。

第一节　大豆种子生产发展的基本情况

一、发展历程

中国是大豆的起源地，也是最早驯化和种植大豆的国家。我国劳动人民在长期的农耕过程中，根据各地不同的自然环境和农业生产条件，选择出多种多样适合不同区域栽种的大豆地方品种，种子生产均是农民自留种子，下季再种植。新中国成立以后，大豆种子生产历经了3个主要发展阶段。

1. 新中国成立初期至改革开放前的大豆种子生产（1949—1977年）

新中国成立初期（1949—1957年），中国大豆生产处于恢复发展阶段，全国各地普遍开展了良种评选活动，在专业人员的配合下，评选出大量适应不同条件的地方良种，为大豆良种普及打下了基础。农民在自家田里通过片选或株选留种，更换品种则是通过互相串换来实现。因此，形成了“家家种田、户户留种”的供种模式，以粮代种、种粮不分为其主要特点。

人民公社成立至改革开放初期（1958—1977年），为普及大豆良种，农业部在1958年全国种子工作会议上确立了“四自一辅”种子工作方针。人民公社的大豆良种繁育体系分为三级或二级。三级良种繁育体系，主要包括三个环节：由人民公社建立良种场，繁育的良种供给大队良种队繁育使用；由大队良种队繁育生产的良种，供给生产队种子田繁育使用；生产队种子田繁育的种子，供给本队生产田用。二级良种繁育体系：由人民公社良种场繁育出的良种直接供给生产队种子田，生产队种子田繁育出的良种供给本队大田生产使用。大豆所需原种是由省、地科学研究机关、良种场（包括农业院校农场）生产的，科学研究机关和群众选育出来的推广良种或经过提纯复壮的推广良种，供给县良种场繁育之用，县良（原）种场繁育原种，供给人民公社良种场繁育之用。

2. 改革开放后大豆种业的形成与发展（1978—1999 年）

改革开放以后，中国的大豆生产得到快速发展，生产上对大豆种子的需求亦日趋强劲。这个时期，中国的大豆育种工作取得了重要进展，全国各地育成大量大豆优良品种，生产上涌现一批高产、广适的优异品种，对中国大豆生产发展做出了重大贡献。这一时期的种子管理工作亦逐步走向正轨，日趋规范化。1978 年原农林部成立了中国种子公司，随后各省、地、县相继成立各级种子公司（站）良种生产经营进入“四化一供”阶段，省级种子管理部门根据生产需要，负责制订原原种、原种生产计划，由育种者生产原原种，省、地两级原种场生产原种，县种子公司与县良种场及特约种子繁育基地签订合同，生产良种。这期间科研育种单位对所育成新品种的示范、推广与开发为大豆优良品种的快速普及起到了巨大推动作用。自“九五”国家实施种子工程以来，已在主要大豆产区建立了一批大豆良种繁育基地，为我国大豆生产发展起到了主要作用。

3. 大豆种业产业化发展阶段（2000 年至今）

2000 年《中华人民共和国种子法》颁布实施，开始了种子企业的国内全面市场竞争时代。种业研发从主要集中在国有科研单位及农业大专院校向多元化格局转变。随着大豆种子专业化生产和商业化程度的不断提高，大豆种子加工技术日趋完善，机械加工成为主要手段。大豆种子包衣技术在东北地区较为广泛采用。2002 年以后，为了提高国产大豆市场竞争力，满足国内迅速增加的需求，农业部在东北、内蒙古四省（自治区）实施了“大豆生产振兴计划”，鼓励国内高油大豆生产。采取的措施之一是实行优质大豆区域化种植。主要是通过大豆良种补贴，统一供种，推进专品种种植、专品种收获和专品种加工。东北三省及内蒙古自治区以此为契机，利用国家资金，加速建设大豆种子生产基地，促进了大豆良种专业化生产。2008 年，种子管理体制初步构建，大豆种业已进入完全市场化发展阶段。这一时期，民营企业进入大豆市场，这批企业将大豆作为主要经营目标，黄淮地区、东北地区大豆种子基地快速发展，市场集中度显著提高。

二、产业基础

近十年来，随着我国畜牧业的快速发展及人民生活水平的日益提高，我国对大豆的需求量急剧增加，从而使得进口大豆持续大幅增长，与此同时，国产大豆生产持续滑坡。大豆产量从2004年开始急剧下降，但得益于种植业结构调整及“大豆振兴计划”的实施，自2015年起，我国大豆生产得到恢复性增长，大豆播种面积从2016年的1.08亿亩增长到2018年的1.26亿亩，大豆种植面积则从2016年的1 293.7万吨增长到2018年的1 596.7万吨。随着国家对大豆实行目标价格补贴政策的落实与完善，我国大豆生产有望实现稳步发展。

1. 大豆种业生产初具规模

据统计，我国大豆繁种田主要分布在东北和黄淮海区域，这两个区域良种普及率高，种子的商品化率也高。东北大豆主产区优良品种覆盖率在95%以上，黄淮地区良种覆盖率在90%以上。南方部分种植大豆较集中的地区如四川、湖北、江苏等地，豆农换种频率亦较高。经过多年的发展，这些区域形成了较为稳定的大豆种子市场，经营大豆种子的种业公司为数众多，有些甚至是专门从事大豆种子生产经营的企业。据2019年中国种业发展报告数据，2018年全国经营大豆种子的种业企业409家，种子市值36.08亿元，其中销售量前5名、前10名大豆企业市场集中度分别为26.63%、33.99%；全国大豆繁种面积323.6万亩，总产4.9亿公斤；大豆种子的商品化率提高到75.4%。

2. 大豆良种繁育体系不断完善

我国大豆种子生产程序一般包括原原种、原种和大田用种或良种生产。原原种是指最具有品种稳定性、典型性及生产性能的原始种子，品种纯度应达到100%，净度>99.5%，发芽率90%以上。原原种是由品种育成单位或育种者生产并提供。原种是由原原种直接繁育而来，保持了新品种的稳定性、典型性及生产性能。新的国家标准（GB 4401.2—2010）规定原种的质量标准为品种纯度不低于99.9%，净度不低于99.0%，发芽率不低于85%，水分不高于12%（长城以北和高寒地区的大豆种子水分允许高于12%，但不能高于13.5%）。大田用种是由原种扩繁而来，具有本品种稳定性、典型性和生产性能。大田用种可由原种繁育一至三代，国家标准（GB 4401.2—2010）规定大豆大田用种的最低质量要求为品种纯度不低于98%，净度不低于99.0%，发芽率不低于85%，水分不高于12%（长城以北和高寒地区的大豆种子水分允许高于12%，但不能高于13.5%）。目前主要育种单位都能按照程序生产原原种和原种。除了常规大豆种子繁育外，随着大豆杂交种的审定与示范推广，杂交大豆的制种技术体系也日渐完善。

3. 大豆种子检验体系日益规范

我国的种子检验机构是随着种子生产的不断发展而建立并逐步完善的。各省（自治区、直辖市）、市（地、盟、州）、县（市、区、旗）种子管理部门都设有种子检验机构及种子检验设施设备，制订了种子检验规程及必要的规章制度，为大豆种子田间检验和室内检验提供了基本条件。

三、主要问题

1. 种子企业小散弱

我国大豆种业的特点是种子企业数量众多，国有、民营、个体、股份制企业等多种所有制形式并存。但具有一定规模的大型种业企业还为数不多。大部分企业靠生产和经营种子，企业缺少自主知识产权品种，规模经营水平低，抵御风险的能力弱。从总体上看，具有“育繁推一体化”能力的企业很少，大多数还是“小公司的构架、小作坊式的管理、小农经济的观念”，普遍存在育种技术落后、人才匮乏、研发资金不足的问题。

2. 产业化专业化程度偏低

国家实施“种子工程”后，种业发展体系已经初步建立。但从总体上看，目前中国大豆种子生产集约化程度不高，产品质量有待提升。在种子生产上，大多国内种业公司没有稳定的种子繁育基地，多数是与农户签订繁种合同方式进行种子生产。由于农民科技素质不高，种子纯度等质量问题时有发生。种子生产基地基础设施薄弱，如晾晒场、种子仓库等不完善，田间灌排设施和道路不配套。生产装备落后，机械化水平低，种子加工手段一般以机选为主，小的种业甚至采用人力选种器。种子包衣率较低。

3. 大豆良种繁育体系不健全

我国大豆育种工作主要由科研院所或高校等公益性育种单位承担，只有为数不多的种子企业从事大豆品种选育，且育种能力不强，与世界先进企业差距很大，造成品种选育与开发推广在科研机构与企业两个独立体系内运行，育繁推脱节的现象依旧存在。

四、发展趋势

1. 基地布局区域化

我国大豆生产遍布全国，但区域之间发展并不平衡，而且，各区域种植的品种有其自身特点。大豆又是光温反应比较敏感的作物，多数品种的适应范围有限。因此，大豆种子基地建设需考虑布局的区域化，既要在东北、黄淮及南方不同区域建立种子生产基地，又要在每个区域的主产地区建立不同规模的、能满足本地区大豆生产用种需要的种子生产基地。种子生产基地需生态条件优越，土层深厚，土壤肥力中上等，排灌方便，田块集中连片，交通便利，水电供应可靠，灌溉水质符合《农田灌溉水质标准》（GB 5084）的有关规定。

2. 种子生产机械化

随着农业生产机械化水平的提高及种子生产的要求，大豆种子生产全程机械化是发展的必然趋势。生产基地达到全程机械化，包括机耕、机播、田间管理、病虫害防治、喷灌、收获、运输等各个环节。在东北、黄淮等种子生产规模较大的种子基地，可配备大型农业机械，在南方或种子生产规模较小的种子基地，可配备中小型农业机械。

3. 种子加工现代化

实现种子加工现代化是提高和保障种子质量的重要措施。大豆种子加工的主要程序或工艺包括种子清选（比重选、色选等）、包衣、包装、储存等，在黄淮及南方大豆产区，还需种子烘干设备，以保证种子发芽率。在有效的加工期限内，设备的加工能力应与基地种子生产规模相匹配，种子加工设备技术指标符合种子加工成套设备技术条件 GB/T 21158 的相关要求。加工后的种子质量指标符合粮食作物种子质量标准 GB 4404.2 的相关要求，实现种子质量标准化。在种子生产优势区建设一批现代化的大型种子加工中心，配置功能齐全、技术先进、工艺高效的现代化种子加工、包衣、包装成套生产线，改进和提高企业种子加工质量标准，示范带动我国大豆种子加工技术水平整体提升。

4. 种子生产多元化

我国大豆的品种类型多种多样，这就要求种子生产基地需适应当地区域大豆主栽品种类型。东北地区以高产高油大豆为主，同时，搭配一些特用品种，如小粒黄豆、青豆等，还有杂交大豆品种；黄淮地区以高产品种为主，以高蛋白品种为辅；西北地区以高产耐旱品种为主，搭配一些黑豆等特用品种；南方地区以高蛋白品种为主，搭配鲜食大豆等特用品种。

第二节　大豆种子生产优势基地建设思路、目标

一、基本思路

按照《国务院关于加快推进现代农作物种业发展的意见》（国发〔2011〕8号）的要求，根据我国现阶段大豆生产发展对种子的需求，结合今后大豆生产发展趋势，以发展现代大豆种业、提高国产大豆自给率为根本任务，以提升种子生产基地规模化、机械化、标准化、集约化水平为主要目标，在我国三大大豆产区建设一批高标准的大豆种子生产基地，促进大豆种子专业化生产、产业化经营，推动大豆品种更新换代，全面提升国产大豆竞争力。

二、发展目标

到2025年，种子生产基地规模进一步扩大，我国三大大豆产区大豆种子生产基地总面积达到420万亩，年生产大豆种子7亿公斤。其中，北方春作大豆区290万亩，黄淮海流域夏作大豆区110万亩，南方多作大豆区20万亩。种子生产能力可以满足大豆生产需求，基地生产条件进一步改善，种子生产与加工全部实现机械化，种子质量进一步提高，基地管理实现现代化。良种普及率达99%，种子商品化率达80%以上。

第三节　大豆种子生产优势基地布局方案

我国的大豆生产区域分为三大产区：北方春作大豆区，包括黑龙江、吉林、辽宁、内蒙古以及河北、山西、陕西、甘肃四省的北部；黄淮海流域夏作大豆区，包括河北长城以南地区、山西中部和南部、山东全部、河南大部、江苏灌溉总渠以北和安徽淮河以北地区、陕西关中和甘肃天水及陇南地区；南方多作大豆区，指苏北灌溉总渠、洪泽湖、安徽淮河以南以及秦岭等地以南的广大地区，包括江苏南部、安徽南部、河南南部、陕西南部及浙江、福建、湖北、湖南、广西、海南、重庆、四川、贵州、西藏自治区（简称“西藏”）云南和台湾全部。大豆种子生产基地布局详见表5–1。

表 5-1 大豆种子主要生产基地布局

序号	省（自治区、直辖市）	规模（万亩）	功能定位
1	黑龙江	265	适于机械化早熟春大豆
2	吉林	3	中早熟春大豆、小粒大豆、杂交大豆
3	辽宁	4	晚熟春大豆、鲜食大豆
4	内蒙古	17	早熟春大豆
7	安徽	17	高蛋白夏大豆
8	山东	60	高蛋白夏大豆
9	河南	16	高蛋白夏大豆
10	河北	10	高蛋白夏大豆
11	山西	5	耐旱春、夏大豆
12	陕西	4	耐旱春、夏大豆
13	甘肃	4	耐旱春、夏大豆
15	天津	1	春、夏大豆
16	四川	1	耐荫、高蛋白大豆
18	湖北	2	早熟、高蛋白大豆
20	湖南	2	高蛋白春、夏大豆
21	江苏	3	高蛋白夏大豆、鲜食大豆
22	广西	2	高蛋白春、夏大豆
23	福建	2	鲜食大豆
24	贵州	1	耐荫、高蛋白大豆
26	浙江	1	鲜食大豆
	合计	420	

一、北方春作大豆区

1. 基本情况

北方春作大豆区主要包括东北三省、内蒙古自治区及西北部省（区），是我国大豆最大的主产区，常年种植面积在6 000万亩左右，占全国大豆种植面积的一半以上。该区特点是大豆种植规模较大，大豆生产相对集中，机械化水平较高。该区域大豆良种覆盖率与种子商品化率均较高，大豆种子生产与加工具备良好基础，拥有一批高素质的大豆育种与种子生产队伍。

2. 发展目标

在北方春作大豆生产集中的县（市、区、农场）建立约100个县级种子生产基地，每个面积20 000~30 000亩，总面积约290万亩。提供高质量大豆原种和良种，满足所在区域大豆生产对种子的需求。布局在黑龙江、吉林、辽宁、内蒙古、宁夏等省（自治区），以高油大豆及兼用型大豆为主，适于机械化生产。到2025年，北方春作区大豆良种生产能力提高50%以上，种子生产机械化水平达100%，良种覆盖率达到100%，种子商品化率85%以上。

3. 主攻方向

北方春作大豆区种子生产基地应向主产区集中，鼓励种子企业通过土地流转、与制种合作社联合等方式，以及利用国有农场耕地集中、组织化程度高等有利条件，建立一批相对集中、长期稳定的种子生产基地。在种子生产优势区建设一批现代化的大型种子加工中心，配置功能齐全、技术先进、工艺高效的现代化种子加工、包衣、包装成套生产线，改进和提高企业种子加工质量标准，示范带动我国种子加工技术水平整体提升。建设一批早熟救灾大豆种子繁育基地，对选育出的不同熟期的大豆品种进行筛选，选出适于不同生态区域的早熟救灾品种，满足黑龙江省、东北四省及全国救灾用种量。

二、黄淮海流域夏作大豆区

1. 基本情况

黄淮海流域夏作大豆区主要包括晋、冀、鲁、豫、皖等省，是我国第二大大豆主产区，常年种植面积在3 500万亩以上，占全国大豆种植面积的30%。该区大豆生产相对集中，以麦茬夏播为主，机械化水平相对较高。该区所产大豆品质优良，以食用型为主。大豆良种普及率与种子商品化率亦较高，大豆种子生产与加工具备一定基础，拥有较强的大豆育种与种子生产队伍。

2. 发展目标

在黄淮地区建设60个县级种子生产基地，每个面积6 000~18 000亩，总面积约110万亩。以科研育种单位为技术来源，提供高质量大豆原种和良种，满足所在区域大豆生产对种子的需求。布局在安徽省、山东省、河南省、河北省、山西省、陕西省、甘肃省等省份，到2025年，黄淮地区大豆良种生产能力提高50%以上，种子生产机械化水平达90%以上，良种覆盖率达95%以上，种子商品化率达75%以上。

3. 主攻方向

发挥区内大豆种质资源丰富、科研力量雄厚和种子企业集中的优势，集中力量建设黄淮地区大豆种子生产基地，完善种子生产、贮藏及质量检验技术，构建大豆良种扩繁技术体系，以提高大豆品种的品质、纯度和种子质量为主攻方向，加强种子基地基础设施建设，促进种子生产的标准化和规模化。

三、南方多作大豆区

1. 基本情况

南方多作大豆区主要包括西南地区、长江流域及华南等地。该区常年种植面积在 2 500万亩左右，占全国大豆种植面积的 20%。该区特点是大豆种植规模较小，大豆种植模式多样，机械化水平较低。大豆良种普及率与种子商品化率均较低。该区所产大豆以食用型为主，包括适于豆制品加工的高蛋白大豆及鲜食大豆。但目前南方地区大豆种子产业仍然处于一种规模小、产业化程度低的状态，尚不能满足生产实际需要，仍需外地调种。

2. 发展目标

在南方地区建设 20 个县级种子生产基地，每个面积 10 000~12 000亩，总面积约 20 万亩。布局在四川省、江苏省、重庆省、湖南省、湖北省、江西省、广西省等省份，所产种子以高蛋白大豆及鲜食大豆为主，适于不同种植方式。到 2025 年，南方地区大豆良种生产能力提高 50% 以上，种子生产机械化水平达 70% 以上，良种覆盖率达 90% 以上，种子商品化率达 65% 以上。

3. 主攻方向

南方地区主攻种子质量，通过条件建设、繁种技术攻关等，建立适合南方地区高温多雨条件下的大豆种子生产技术体系，推广南方地区种子生产规范化、标准化种植，提高机械化作业水平。

第四节　重点建设任务和建设项目

一、土建工程建设

建设风干挂晾室、晒场、种子储藏室、低温低湿种子库、种子加工车间及附属设施。

二、田间工程建设

平整土地、改造耕地质量、灌溉排水系统、田间道路等。

三、机械化水平提升及加工设备建设

购置大豆种子生产基地所用的农田种、管、收、储机械设备，包括耕地机械、播种机械、病虫害防治机械、收获机械、运输工具、农机库、种子清选机、包装机械、包衣机械、烘干设备、精选加工设备、质量检测设备等。

四、种业信息服务平台

建设和完善大豆种业信息网络体系，使生产信息传递畅通，及时发布生产信息，与加工企业对接。包括病虫害发生预警系统、田间实时监控系统、种子加工、入库管理系统等。

第五节　保护、建设和管理机制

一、建设机制

种子生产基地由国家专项资金投入。建立健全一整套项目管理、资金使用和工程招标、监理和验收的建设管理机制。一是加强项目监督；二是完善法人责任；三是落实项目招投标；四是强化工程监理；五是严格合同管理制；六是强化资金管理；七是建立目标责任制。

二、管理和运行机制

按照政府引导、种子企业与科研育种单位深度参与、农民专业合作的要求，鼓励企业投资基地建设，构建种子企业与制种大户、专业合作组织、农民长期契约合作关系，建立风险共担、利益共享的紧密合作机制。鼓励种子企业建设现代化的种子加工中心和配送体系，提高种业加工能力和服务水平。确保种子生产基地长期稳定发展。

第六节　保障措施

设立大豆种子基地建设专项，由中央财政资金支持，结合新品种、新技

术示范推广，将科研单位的研发成果在种子基地进行品种、技术集成示范，用科技推动种子基地建设。提高种子生产的科技含量，将种子生产基地建设成为集种子生产、成果示范于一体的现代化农业生产单元。

（写作组成员：王曙明、李向岭、刘丽君、张磊、周新安、卢为国）

第六章　马铃薯种薯生产优势基地建设研究

马铃薯是我国第四大粮食作物，也是重要的蔬菜和加工原料作物，在保障我国食物安全、推进农业结构调整、促进农民持续增收、振兴农村区域经济和满足市场需求等方面有着不可替代的重要作用。优良品种和优质种薯是马铃薯产业健康发展的重要物质基础。为优化我国马铃薯基地布局和建设，提高马铃薯种业发展水平和竞争能力，促进马铃薯增产和农民增收，在系统收集整理和分析我国马铃薯种子生产基地发展现状、问题、发展规律的基础上，按照科学布局、突出重点、企业主体的原则，提出了马铃薯种子生产基地的布局方案、建设任务和政策建议。

第一节　马铃薯种子生产发展的基本情况

一、发展历程

我国从20世纪70年代末开始研究马铃薯脱毒快繁技术，“八五”期间，农业部在全国范围内建立了6个马铃薯原原种生产示范基地，到“八五”末，马铃薯脱毒微型薯、试管薯工厂化生产技术已开始应用于脱毒原种生产，并逐渐形成适宜不同生态条件的马铃薯脱毒种薯生产体系。“九五”期间将脱毒快繁优质种薯生产纳入农业部高新技术项目，并开始获得国家种子工程的支持。马铃薯脱毒快繁中心按资金来源可分为国家种子工程和原种基地建设、地方政府投资、种薯生产企业自建等。我国的马铃薯种薯繁育和生产可以分为4个发展时期。

1. 无脱毒种薯时期（1970年代末）

1970年代末以前，几乎全部采用自留种或串换种，种薯质量差。为了利用实生种子不带大多数马铃薯病毒的特性，解决种薯退化问题，于1959年开始马铃薯实生种子利用研究，筛选了能天然结实且后代性状基本表现一致的品种生产天然实生种子，于1973年开始在西南山区大面积推广，到1970

年代末面积达到19.95万亩。

2. 脱毒马铃薯研究初见成效（1970年末至1990年初）

这一时期，引进并应用了马铃薯脱毒快繁技术。我国从1974年开始研究马铃薯脱毒快繁技术，先后有中国科学院植物所、中国农业科学院蔬菜花卉所、黑龙江省农业科学院克山马铃薯研究所、天津市农业科学院蔬菜研究所、山东省农业科学院蔬菜研究所、东北农业大学等单位，利用现代生物技术对马铃薯病毒类病毒检测等方面进行了探索，并开始生产脱毒马铃薯，应用效果明显，但由于经费、市场缺乏以及技术不成熟等原因未能持续进行。

3. 技术日臻完善，脱毒马铃薯得到推广（1990年代初至2000年年初）

这一时期脱毒快繁技术进一步完善，病毒检测技术改进，脱毒微型薯已开始应用于原种生产。“八五”期间，农业部在全国范围内建立了6个马铃薯原原种生产示范基地，促进了脱毒种薯生产体系的初步形成，逐渐形成适宜不同生态条件的马铃薯脱毒种薯生产体系。“九五”期间将脱毒快繁优质种薯生产纳入农业部高新技术项目，并开始获得国家种子工程的支持，后来马铃薯脱毒快繁技术和种薯生产列入国家种子工程项目和财政部农业综合开发基地建设项目，建立了病毒检测技术，但未形成有效的质量监控体系。

4. 快速应用和推广时期（2000年至今）

这一时期，政府支持力度加大，生产和市场需求扩大，农民积极性增加，脱毒快繁技术成熟，脱毒马铃薯生产大力发展。在全国各栽培区域相继建成了适宜本区域生态条件的种薯生产体系，有关种薯等一系列国家、行业标准和技术规程相继出台，行业部门加强了对种薯生产和经营的管理，并由国家投资、地方政府支持和单位自筹，建立了许多大中小型的马铃薯脱毒微型薯快速繁育中心和各级种薯生产基地，脱毒马铃薯种薯生产已遍布20多个省市自治区，种薯生产经营企业如雨后春笋般出现，尤其是东北、华北和西北等传统的种薯调出地区种薯企业较多。到2006年，在马铃薯主产区的各省区基本上都建有马铃薯或薯类脱毒快繁中心，财政投资马铃薯脱毒种薯基地建设专项和原原种扩繁基地大概近百个；自2008年开始农业综合开发设立了马铃薯原种繁育和良种基地建设专项。

二、产业基础

我国马铃薯种业在近20年里，形成了产业规模，并得到了长足的发展，主要是基于拥有自主知识产权的品种、能成熟应用的脱毒技术、种薯规模化生产条件，以及兴旺发展的种薯和鲜薯市场。据2019年中国种业发展报告数据，2018 年我国马铃薯繁种面积 437 万亩，总产 73 亿公斤，种子市值 142 亿元，生产用种的商品化率提高到了 42.03%。种薯生产主要在高纬度高海拔、西南山区高海拔冷凉等北方一季作区。种薯产业发展为马铃薯商品生产提供了必要条件。

1. 基础设施不断改善

随着国家、省级各项投入的不断加强，马铃薯种薯生产基地的基础设施及抗灾防灾能力得到加强。尤其是国家农机补贴政策和喷灌设备补贴政策的实施，马铃薯生产的农业机械化水平得到明显提升。种薯收获、精选、包装等生产线得到全面提升，种薯贮藏能力不断提高，甚至有的大型骨干种薯生产企业建立了种薯分级精选生产线，种薯生产贮藏能力和质量水平大幅提升。东北地区种薯生产基地的田间农机作业率达 80%以上，50%左右的地块初步达到“旱能灌、涝能排”的要求。华北马铃薯种薯产区灌溉面积与 10 年前相比增加了 2 倍多。马铃薯机械化集约生产规模逐渐扩大，农机配套逐年完善，河北坝上和内蒙古马铃薯种植机械化普及率达到 85%以上。

2. 新品种应用带来机遇

我国的马铃薯品种选育研究经历了国外引种鉴定到品种间和种间杂交、生物技术育种的过程。目前我国从事马铃薯育种的事业研究单位、大专院校和企业有 70 多个，研究人员超过 300 人。国家马铃薯资源库和各育种单位共保存了 5 000多份（次）种质资源。全国马铃薯品种审定和区域试验日渐规范，2017 年 5 月 1 日起，非主要农作物品种登记制度正式实施，到 2018 年底马铃薯品种登记 130 多个。

截至 2018 年底，共育成马铃薯新品种 700 多个，目前生产上大面积推广应用的品种 100 余个，包括 6~10 个从国外引进的品种。前 10 位品种的当年种植面积占马铃薯生产面积的比重已达到 60%左右。育成和引进的品种丰富了市场品种类型，给消费者提供了更多的选择，同样也给种薯生产商提供了新的发展机遇。

3. 规模化生产促进发展

我国种薯生产技术研究始于 1970 年代，运用于生产实践是在 1980 年代中期，而广泛应用于种薯产业还是近 20 年的事情，尤其是近年来，马铃薯产业发展和种薯生产得到国家重视，出台了原种补贴、农机补贴、制种大县奖励、现代种业提升工程等一系列扶持政策，并得到了许多项目的支持，促进了马铃薯种业发展。近年来，全国马铃薯亩用种量总体呈上升趋势，2018 年马铃薯用种面积 8 940万亩左右，亩用种量为 139.14 公斤/亩。我国有 300

多个企事业和大专院校单位涉及微型薯、种薯繁育，规模从十几万粒到1亿粒不等。随着专业化生产企业的出现，种薯生产的主体正从主产区分散农户转变为龙头企业。种薯生产主体转变在增加产能的同时提高了种薯的质量，促进了马铃薯生产水平的提高，推动了各主产区马铃薯生产从零星分散种植向规模化商业化生产转变。

4. 品牌化生产开拓市场

作为大宗农业生产资料的种薯，曾一度冠以“马铃薯”的通用名称来销售，逐渐过渡到突出品种名称，分品种销售、品牌化经营。随着种薯生产的企业化生产方式的出现，引进了种薯的品牌和商标意识，改变了以往仅以种薯级别为唯一标准的产品模式，创立了代表各个企业的种薯品牌，这标志着我国种薯产业开始进入正规商品化生产的新阶段。同时品牌的创立有效约束了企业的质量自控体系，增强了市场的信誉，拓宽了市场渠道，促进了种薯产业的快速发展。

5. 标准化生产提高质量

国家和各主产区的地方政府主管部门出台了一系列有关马铃薯产业发展的政策，重视脱毒种薯生产和质量控制，颁布了一系列脱毒种薯检验检测标准、技术操作规程和管理办法，建立了部属马铃薯种薯质量检测中心，许多主产省份在大力发展脱毒种薯生产的同时，依靠种子管理部门建立质量控制体系，并试行种薯生产登记制度和标识制度。一批企业开始了基于一整套制度为保障标准化种薯生产，避免了以往分散农户生产的随意性，为质量的保证奠定了基础。现有的大型种薯生产企业均有自己的全套生产管理制度，如组培室管理、网室生产管理、田间生产管理、病虫害综合防治、储藏管理制度等，这些管理制度有助于种薯质量的提高。

6. 专业化经营提供保障

我国每年北种南调30亿公斤左右，以往种薯生产者都是自己寻找市场、开拓市场，在营销环节上耗费了大量的资源。近年来专业营销组织不断涌现，出现了专业从事种薯营销经销商。这些经销商熟悉市场运作，熟悉当地农户生产方式，掌控足够流动资金，有效衔接了种薯生产者与马铃薯种植者。通过统一采购、赊销给农户、再回购商品薯的方式，既能获得丰厚效益，又为种薯生产商和种植户补充了进入市场的环节，发挥了各自的优势，从整体上促进马铃薯产业的发展。

三、主要问题

1. 建设缺乏统一协调和规划，资源浪费严重

由于缺少统一协调和规划，马铃薯种业还没有形成分工明确的良种繁育体系，导致资源研究和品种选育缺乏持续支持，难以有重大突破，种薯生产体系建设大量分散、低水平的重复，种薯生产和经营缺少权威部门的组织、管理、协调、规划和系统的质量监控，大多数新建设施无法发挥其应有的作用，造成严重的浪费，同时又无法满足生产需要。

2. 品种类型单一，技术储备不足

我国马铃薯品种资源相对匮乏，由于缺乏长期稳定的支持，资源研究和改良滞后，育种缺乏优质亲本，育种技术落后、育种规模小、品种评价试验基地建设远远落后于产业的发展，难以保障试验准确和科学地开展，为品种应用和推广提供科学准确的试验结果和依据。由于马铃薯作物本身的特点，农户自留种比例大，新品种推广应用没有和种薯生产体系有机结合，新品种推广和应用速度慢，存在一品多名、一名多种和随意取名的乱象，侵权现象严重。

3. 种业总体生产规模小，不能满足生产发展需要

我国马铃薯平均亩产较低，其主要因素之一就是缺乏高质量种薯供应。尽管由国家投资、地方政府支持和单位自筹，建立了许多大中小型的马铃薯脱毒微型薯快速繁育中心和各级种薯生产基地，脱毒马铃薯种薯生产已遍布20多个省、自治区、直辖市，但目前优质脱毒种薯的使用面较小，种薯商品化率仅为42.03%，大部分农户还是使用自留种薯。据估计，现有的规模化种薯生产企业包装商品种子前10名的销售量约为5.3亿公斤，占总用重量的4.3%，其余为小企业和零散的农户生产，其质量水平差异较大。

4. 生产技术体系不完善，种薯生产成本较高

种薯生产是一个多环节组成的系统工程，包括病毒脱除、组织培养、原原种（微型薯或小薯）生产、原种生产、种薯的田间繁育、质量检测和控制等环节。目前虽然在全国各栽培区域相继建成了适宜本区域生态条件的种薯生产体系。但由于缺少国家层面的系统规划、管理、协调，各环节间缺乏纵向联系和衔接，现有投资大多在组织培养和原原种生产环节，对田间种薯生产环节的基地建设缺乏足够的重视，结果导致微型薯产能较大，而真正用于商品薯生产的种薯生产能力不足，整个体系不配套，限制了最终效应的发挥。再加上近年来劳动力成本与农资价格上涨加快，导致种薯生产综合成本

居高不下。

5. 质量监控体系缺失，种薯质量良莠不齐

种薯的质量是其生产潜力的制约因素，必须有相应的检测方法、检测标准来约束、监督种薯的生产，强制执行国家马铃薯脱毒种薯生产标准。尽管我国已经颁布了一系列与种薯相关的国家标准、行业标准和技术规程相继出台，行业部门加强了对种薯生产和经营的管理，也建立了部属种薯质量检测中心，但整个种薯生产未建立系统有效的种薯质量检测和监测，尤其是田间繁育过程中没有专业性的病虫害检测队伍。因此，大多数种薯生产企业是根据自己的技术水平和条件进行种薯质量自检，导致检测结果的差异，难以保证其种薯的质量。据市场用户的反映，经销商往往只能根据生产商的信誉度来采购种薯，而无法获得具有法律效应的检测结果。目前的两家部属检测机构也仅限于执行农业农村部的抽查任务和接受少数种薯生产者的送样进行检测，与世界先进水平相比，检测技术手段较落后。近两年部分地区马铃薯土传病害，如枯萎病、黑痣病、疮痂病和粉痂病日趋严重，不仅给当地马铃薯生产带来了严重危害，而且随着种薯的调运迅速扩散。

6. 市场流通秩序有待规范

目前，种薯市场混乱，以次充好、假冒伪劣和伤农损农坑农事件不断发生，其主要原因是缺乏市场监管。近年来，市场上专业的种薯经销商已成为种薯产业体系中重要环节，是促进种薯流通、推广高质量种薯的主要市场力量。尽管大多数经销商都熟悉市场运作，但缺乏专业技术知识，难以判断质量的优劣，或者是因为利益驱动而有意隐瞒种薯质量缺陷，不利于合格种薯的推广以及马铃薯生产产量和效益的提高。

四、发展趋势

脱毒马铃薯的应用和推广，促使马铃薯生产增产增收，对马铃薯产业发展，保障粮食安全，促进农民增收，贫困地区脱贫致富，振兴农村区域经济具有重要的战略意义。随着我国马铃薯种植面积逐年增加，尤其是随着脱毒种薯的推广，对种薯的需求呈快速增长趋势。

1. 区域化格局初步形成

我国马铃薯栽培形成了相对集中、各具特色的四大区域，包括北方一季作区、中原二季作区、西南一二季混作区和南方冬作区。北方一季作区是我国马铃薯最大的主产区，种植面积占全国的48%左右，已成为我国主要的种薯产地和加工原料薯生产基地。中原二季作区马铃薯种植面积占全国的10%

左右。西南一二季混作区是我国马铃薯面积增长最快的产区之一，种植面积占全国的37%左右。南方冬作区利用水稻等作物收获后的冬闲田种植马铃薯，种植面积占全国的5%左右。随着气候变暖、机械化水平的提高和种植模式改变，马铃薯脱毒种薯基地越来越趋于集中，布局随着马铃薯产业的变化而逐渐细化，马铃薯繁种的品种选择也将随之调整。

2. 高质量的产业发展，驱动种薯向优质健康方向发展

马铃薯是西部地区经济发展和农民增收的支柱产业，种薯产业将继续保持朝阳产业的地位，脱毒马铃薯的应用和推广促进了产业的发展，为保障我国粮食安全作出了巨大贡献。通过规模生产脱毒马铃薯，不断向生产单位提供新优品种的优质脱毒种薯，将解决生产的主要问题。目前尚无有效药剂防治的病毒病，只能通过脱毒种薯的推广应用，解决品种退化、产量降低、品质下降的问题。应用脱毒种薯，一般可增产 30%~50%，甚至成倍增产，并改善品质。从 2001 年到 2018 年，马铃薯平均亩产从 912 公斤提高到 1 669公斤，提高了 757 公斤，脱毒种薯的应用和推广功不可没。同时随着产业高质量发展的需求，种薯的产业化生产水平将逐步提高，并将继续成为种薯繁育区域的农民增收的重要途径。

3. 种薯生产向机械化、规模化方向发展

2000 年以来，随着农民工离乡进城人员急剧上升和一些集体农牧场土地承包和土地流转规模不断加大，种植单元由十几亩、几十亩发展到上百亩甚至上千亩的种植规模，规模种植带来了规模效益，效益推动了马铃薯集约化种植发展。生产方式也由原始的畜力和小型机械耕种发展到小型机械、中型机械和大型机械共同发展的时期。尤其是灌溉面积迅猛发展，由 2000 年初的指针式喷灌方式为主体到以滴灌和膜下滴灌等节水方式发展。灌溉、化肥大量施用和机械化作业也显著提高马铃薯产量，大面积亩产达到 4 吨以上的种植户不断涌现。

4. 种薯生产向制度化、标准化方向不断迈进

脱毒种薯生产和质量控制，我国已经制定和颁布了马铃薯种薯的国家标准繁育技术操作规程，种薯主产省份依靠种业管理部门建立质量控制体系，越来越多企业开始重视和实行种薯生产标准化管理。正在加强品种真实性鉴定技术研发，快速高通量的种薯检验检测技术和种薯质量追溯体系日趋成熟，目前正在进行种薯质量认证示范等。这些严格管理制度的实施保证了整体生产的标准化，也促进了质量标准的统一。

5. 马铃薯消费需求不断增长，带动种业不断发展

马铃薯消费需求不断增长，主要体现在3个方面。

（1）随着对马铃薯营养价值认识不断提高，我国居民食品消费观念逐渐发生改变，马铃薯消费量逐年增加。

（2）由于马铃薯广泛用于食品加工、纺织、印染等行业，加工业快速发展带动原料薯需求的快速增长。

（3）我国在马铃薯淀粉、种薯和鲜薯等方面出口前景也很广阔。

随着我国马铃薯种植面积逐年增加，尤其是随着脱毒种薯的推广，对种薯的需求呈快速增长趋势。

第二节　马铃薯优势种子生产基地建设思路、目标

一、基本思路

以科学发展观为指导，科技为支撑、市场为导向、龙头企业为带动，依据《马铃薯优势区域布局规划》和产区农业生态条件，分区域落实，在现有种业发展的基础上，综合协调、配置有效资源，构建设置合理、分工明确、能力突出、质量保证、流通顺畅和产学研结合的马铃薯种业体系。加强育种、快速脱毒和繁育、种薯质量检测技术研发，加快遗传资源改良和品种选育、优质专用品种的应用，为种薯产业提供不断发展的动力，进而推动我国马铃薯产业的提升，为保障马铃薯生产奠定坚实的基础，进而促进农民增收、支撑粮食安全。

二、发展目标

到2025年，构建以公益性研究为主体的品种资源保存和鉴定、遗传改良和品种选育体系，以独立第三方为种薯质量监督检测为核心的马铃薯种业体系，形成以企业为主体的从脱毒核心苗供应中心、组培快繁和原原种繁育中心、原种和种薯生产基地、市场流通和质量监管等各环节有机衔接的种薯繁育体系和流通体系。

1. 育种能力目标

整合各种资源，建立新型马铃薯优良品种选育和推广体系。建成国家种质资源鉴定筛选中心1个、国家资源圃3个；建成国家马铃薯改良分中心3个，建成马铃薯品种试验站50个；建成马铃薯品种核心种苗供应中心2个。

2. 生产能力目标

以企业为主体、整合各类资金，建设从脱毒核心苗供应中心、组培快繁和原原种繁育中心、原种和种薯生产基地、市场流通和质量监管等各环节有机衔接的种薯繁育体系和流通体系。建成在全国各地脱毒组培苗快繁中心20个；建成设原原种（脱毒小薯）繁育生产中心60个，原原种生产能力达36亿粒，在适宜地区建成原种繁育基地60万亩，一级和二级种薯繁育基地500万亩，优质种薯覆盖率达到45%。因地制宜地建设种薯贮藏库，使种薯贮藏能力达到种薯生产量的30%，调节市场供应；扶持集种薯生产、加工、销售为一体的龙头企业10个。

3. 产品质量目标

脱毒种薯（苗）必须达到国家标准《马铃薯脱毒种薯（GB18133）》中规定相应级别种薯的指标，并按照《马铃薯种薯产地检疫规程（GB7331—2003）》进行产地检疫。

4. 质量监控能力目标

完善品种真实性鉴定、种薯质量标准和种薯生产、检验检测等技术规程，在完善2个现有部级质量检测监控中心的基础上再新建4个，在全国各区域内建成6个国家级种薯质量检验检测机构；在整合原有资源的基础上，补充完善一批区域质检中心。

5. 监管能力目标

在种薯生产区域依托省级种子管理部门，建设独立的产前、产中和产后种薯质量监督、巡察和检测服务机构和队伍，负责区域内的原种、良种田检和产后检测及市场监督。每个主产区设立种薯质量监督检测协会，对承担监督检测任务的机构进行评估和资质论证。

第三节　马铃薯优势种薯生产基地布局方案和重点建设内容

马铃薯种薯繁育包括脱毒组培苗保存和快繁、原原种繁育、原种和商品种薯生产。脱毒种苗、原原种以及原种和商品种主要在高海拔或高纬度冷凉、病原菌寄主和传播媒介少的地区。

北方一季作区是我国马铃薯最大的主产区，是我国主要的种薯产地。种薯、种苗基地布局范围包括东北地区的黑龙江，华北地区的河北北部、山西北部和内蒙古自治区，及西北地区的陕西北部、宁夏、甘肃、青海等省区。

一、东北地区

1. 基本情况

包括东北地区的黑龙江和吉林2省、内蒙古东部、辽宁北部和西部，与种薯、商品薯需求量较大的朝鲜、俄罗斯和蒙古等国接壤。本区地处高寒、日照充足、昼夜温差大，年平均温度在-4～10℃，大于5℃积温在2 000～3 500℃，土壤为黑土，适于马铃薯生长，为我国马铃薯种薯生产的优势区域之一。本区马铃薯种植为一年一季，一般春季4月或5月初播种，9月收获。影响马铃薯生产的主要因素是春旱、晚疫病、环腐病、黑胫病和病毒病。

2. 功能定位

根据本区马铃薯产业发展和市场需求及区位优势，本区优先发展鲜食马铃薯种薯生产，其次是发展淀粉加工专用型马铃薯种薯生产，再次是发展食品加工马铃薯种薯生产。

3. 发展目标

到2025年，在东北马铃薯优势区，建设一批以政府为指导、企业为主体的标准化、规模化、集约化、机械化种薯生产基地。重点扶持种薯生产专业合作组织发展，支持依法流转土地，改善基地基础条件，提高种薯生产能力，提升供应保障水平。在东北马铃薯优势产区建成高标准脱毒种薯生产基地100万亩，达到年生产脱毒试管苗1亿株，原原种生产能力3亿粒，年种薯产量达140万吨，建立完善的种薯生产与质量控制体系，实现东北地区脱毒种薯覆盖率60%左右，机械化水平达90%。种薯贮藏损失控制在10%以下。

4. 主攻方向

（1）整合脱毒快繁中心、种薯标准化生产基地和检验检测体系，提高种薯供应能力和质量。

（2）大力发展机械化生产，提高生产效率。

（3）建立晚疫病发生流行和蚜虫迁飞预测预报，严格执行产地检疫，防止检疫性病虫害的扩散和传播。

（4）增加贮藏能力，降低贮藏损失。

5. 重点建设内容

东北地区马铃薯种薯基地重点建设内容主要有4个方面。

（1）种薯质量控制体系建设。在优势区内完善1个现有部级质量检测监控中心，新建1个部级质量检测监控中心；在整合原有资源的基础上，建立第三方质检中心；加强种薯生产基地管理，实行各级种薯生产专业化和标准化，建立种薯生产资格认证示范基地和种薯质量追溯制度。在马铃薯生长、贮藏和销售期间进行定期不定期检测，建立档案，执行国家脱毒种薯标准；推行种薯标识制度，加强种薯市场监管。

（2）脱毒快繁体系建设。建设东北优质脱毒基础试管苗繁育供应中心，形成更加科学合理的脱毒种薯供应体系。负责提供区域内马铃薯生产所需的高质量脱毒种苗和原原种，扩大生产能力，提高种薯质量，保证原原种基本满足生产需求。

（3）良种基地建设。在东北优势区，整合各类资金，引导社会投入，着力建设标准化的脱毒种薯繁育基地。

（4）贮藏设施建设。在东北种薯优势产区，加快种薯贮藏设施建设。

二、华北地区

1. 基本情况

包括内蒙古中西部、河北北部和山西中北部。该区地处蒙古高原，气候冷凉，年降水量在300毫米左右，无霜期在90~130天，年均温度4~13℃。大于5℃积温在2 000~3 500℃，分布极不均匀。土壤以栗钙土为主。由于气候凉爽、日照充足、昼夜温差大，适合马铃薯生产和脱毒种薯繁育。一年一熟，一般4月底到5月上旬播种，9月中旬到10月上旬收获；影响马铃薯生产的生态因子是干旱、晚疫病和病毒病，社会因子是投入低、生产组织化程度低。脱毒种薯生产技术体系由科研单位脱毒提供给企业，由企业生产脱毒苗、原原种、原种，供应本区域晚熟品种、南方和中原二作区早熟品种的种薯。主要种薯生产市乌兰察布、锡林浩特、张家口坝上、大同和忻州6市平均脱毒薯覆盖率达到了40%以上，河北坝上和乌兰察布达到了60%以上。

2. 功能定位

该区高纬度高海拔，气候冷凉、风大、光照强、昼夜温差大，是我国马铃薯种薯的优势区域，产业优势比较突出，生产的种薯大量调运到中原、华南、华中甚至西南和东南亚。除了山西西北部外，生产区域地势平坦，适合发展机械化。

3. 发展目标

建成华北地区和我国南方、中原二作区主要的优质种薯生产供应区域。稳定生产原原种15亿粒，原种30万吨，进一步提高农民对脱毒种薯认识程度。到2025年脱毒薯覆盖率达到80%以上，每年向南方和中原二作区提供优质种薯400万吨以上，优质种薯在全国市场占有率40%以上。

4. 主攻方向

（1）降低生产成本，提高种薯质量。通过新技术应用降低原原种生产成本，使农民能够买得起，通过建设核心苗供应中心和脱毒种薯标准化、规范化生产技术体系完善提高种薯质量。

（2）合理轮作倒茬，控制土传病害。近年来，内蒙古中部地区马铃薯土传病害迅速蔓延，对种薯基地形成了危害，严重影响了种薯质量，因此应稳定种植面积，合理轮作倒茬，控制土传病害发生，建设高质量种薯生产基地。

（3）规范种薯生产行为和流通市场，树立品牌意识。加强种薯生产过程中质量控制和检测，尊重品种知识产权，改变种薯市场混乱的现状。

5. 重点建设内容

华北地区马铃薯种薯基地重点建设内容主要有两方面。

（1）建设种薯质量检测机构。新建一个独立的质量检测机构，并在马铃薯主产县通过种子管理部门建立县级种薯质量检测机构，形成上下质量检测网络。加强种薯生产基地管理，实行各级种薯生产专业化和标准化，建立种薯生产资格认证、种薯生产者登记和种薯质量检测监控制度。由部马铃薯种薯质量检验检测中心在马铃薯生长、贮藏和销售期间进行定期或不定期检测，建立档案，执行国家脱毒种薯标准；推行种薯标识制度，加强种薯市场监管。

（2）建立脱毒核心苗供应中心。建立国家脱毒马铃薯核心供应中心，负责品种脱毒和基础苗生产。在内蒙古、河北坝上和山西各建一个省级脱毒苗供应中心，向本区域脱毒种薯繁育中心或种薯企业供应所需品种的基础试管苗，提高种薯质量，保证原原种基本满足生产需求。

三、西北地区

1. 基本情况

包括甘肃、宁夏、陕西西北部和青海东部。本区地处高寒，气候冷凉，无霜期在110～180天，年均温度4～8℃，年降水量200～610毫米，海拔500～3 600米，土壤以黄土、黄棉土、黑垆土、栗钙土、砂土为主。由于气候凉爽、日照充足、昼夜温差大，生产的马铃薯品质优良，单产提高潜力大。一年一熟，一般4月底至5月初播种，9—10月上旬收获。影响种薯生产的生态因子是干旱少雨，社会因子是种植规模小和市场流通困难。目前原原种繁育过剩，而原种和良种供应不足。

2. 功能定位

满足该区域内生产用种为主，小农户和合作社种植为主，机械化难度大。西北地区原原种生产优势最突出，原种生产优势较强，良种生产有一定优势。马铃薯生产用种量大，远距离调运成本高，良种生产在各县本地生产，不宜过度集中。优势县区要在保持原原种生产优势的基础上，加强原种和良种生产。

3. 发展目标

到 2025 年，优先发展鲜薯、淀粉和食品加工马铃薯种薯，稳定生产原原种 10 亿粒，原种 20 万吨，一级种薯 160 万吨，脱毒薯覆盖率达到 60% 以上。

4. 主攻方向

（1）整合脱毒快繁中心、种薯标准化生产基地和检验检测体系，提高种薯供应能力和质量。

（2）积极推进小型机械的应用，提高效率，减少劳动力成本。

（3）大力推广旱作节水保墒丰产优质种薯生产技术。

（4）推广改良的简易中小型贮藏库，增加贮藏能力，降低贮藏损失。

5. 重点建设内容

西北地区马铃薯种薯基地重点建设内容主要有 3 个方面。

（1）原种生产基地建设。在高海拔阴湿或冷凉、自然隔离好、蚜虫等传毒媒介少、地块较大的地区，由种薯企业、合作社和种植大户等在具备条件的优势县的优势区域集中建设。

（2）良种生产基地建设。在县域内选择相对冷凉，自然隔离较好，蚜虫等传毒媒介较少，生产水平较高的乡镇，由种植大户和农户建设，以减少种薯储运成本。

（3）质量控制体系建设。发挥现有质量检测中心作用，在主产县通过种子管理部门建立县级种薯质量检测机构，形成上下质量检测网络。实行各级种薯标准化生产、过程化质量控制，建立种薯生产资格认证示范基地和种薯质量检测监控制度，加强种薯市场监管。

四、西南地区

1. 基本情况

包括云南、贵州、四川、重庆、西藏等省（自治区、直辖市），湖南和湖北西部地区、陕西的安康地区。地势复杂、海拔高度变化很大。气候的区域差异和垂直变化十分明显，年平均气温较高，无霜期长，雨量充沛，马铃薯主要分布在海拔700~3 000米的山区，海拔2 200米以上是主要的种薯生产区域。年生产原原种2.5亿粒，原种5万吨，一级种薯80万吨左右，种薯基本上供本区域使用，少量外调，主要市场是西南省份的其他地区和相邻的东南亚国家。脱毒种薯覆盖率为20%左右，良繁体系规模小，缺乏种薯质量控制体系，种薯质量较差，晚疫病、青枯病发生严重，并有块茎蛾、癌肿病等区域性检疫病害。

2. 功能定位

立足西南地区马铃薯产业和东南亚国家、南方冬作马铃薯生产发展需要，以自繁自用为主。针对西南地区马铃薯种植模式多样，一年多季种植，多季供应的产销格局，在本区内天然隔离条件好，具有生产优质种薯生态条件的高海拔山区（乌蒙山区海拔2 200米以上，武陵山区海拔1 700米以上），重点发展脱毒种薯生产，建成西南地区原种和合格种薯供应基地。在中海拔区域，建设原原种生产基地，发挥气候优势，一年生产2~3季原原种，降低原原种生产成本。

3. 发展目标

建成满足西南地区、出口东南亚、外销南方冬作区需要的马铃薯优质种薯生产区。到2025年，西南各省将实现5亿粒马铃薯原原种的生产规模，20万吨的马铃薯原种生产基地建设，250万吨的种薯生产基地。脱毒种薯推广比例提高到80%以上，将向南方省份及东南亚国家提供马铃薯脱毒种薯。

4. 主攻方向

（1）建立低成本原原种生产基地。利用气温年度波动不大特点，多季生产原原种降低生产成本。

（2）建立机械化原种生产基地，平整土地，实现机械化、标准化，控制住病虫害，大幅度提高单产水平，降低生产成本。

（3）建立种薯基地晚疫病和蚜虫预测预报系统，严格执行产地检疫制度，完善马铃薯良繁体系和质量控制体系，大幅度提高种薯质量。

（4）推广和改良简易种薯贮藏库和处理室，增加优质健康种薯的贮藏和供应能力，保证马铃薯脱毒种薯的周年生产供应。

5. 重点建设内容

西南地区马铃薯种薯基地重点建设内容主要有5个方面。

（1）充分利用现有资源，加大产业技术创新和种薯生产基地的标准化管理和机械化操作程度，加强马铃薯种薯质量和市场的监督，建立种薯质量追溯体系和信息化平台。

（2）新建1个部级质量检测监控中心。在整合原有资源的基础上，补充完善一批区域质检中心；加强种薯生产基地管理，实行各级种薯生产专业化和标准化，建立种薯生产资格认证、种薯生产者登记和种薯质量检测监控制度，加强种薯市场监管。

（3）建设省级脱毒基础试管苗繁育供应中心。负责品种脱毒和基础试管苗繁育，并向各区域脱毒种薯繁育中心或种薯企业供应所需品种的基础试管苗；区域脱毒种薯繁育中心负责提供区域内企业马铃薯生产所需的高质量脱毒种苗和原原种，扩大生产能力，提高种薯质量，保证原原种基本满足生产需求。

（4）每个省扶持3~5家种薯生产企业。在种薯生产优势县建立原种、一级种和二级种生产基地。筛选适宜西南省份耕地条件的小型农机具，减少马铃薯生产的人工成本，增加效益，最终实现马铃薯高产高效栽培。

（5）因地制宜在西南省份种薯生产优势区建设贮藏库（窖）。增加种薯贮藏能力，减少损失；加强信息服务平台建设，扶持专业协会介入种业，探索建立区域性产地批发市场或物流中心，促进种薯的产销衔接和市场流通。

第四节　重点建设项目

马铃薯优势种子生产基地建设项目主要包括三类。一是脱毒组培苗快繁中心，二是原原种繁育中心，三是原种基地和商品种薯基地。

1. 脱毒组培苗快繁中心

在北京建立国家马铃薯品种脱毒核心苗供应中心，在全国依托具有一定生产规模和条件的现有种薯企业建设20个脱毒组培苗快繁中心。内蒙古、甘肃、贵州、云南、四川和河北等地各建脱毒组培苗快繁中心3个，在黑龙江、陕西、宁夏、重庆等省份各建脱毒组培苗快繁中心2个，在吉林、山西、青海、湖北、湖南和山东等省份各建脱毒组培苗快繁中心1个。

2. 原原种繁育中心

在全国依托现有种薯企业建设60个原原种繁育中心。在内蒙古、甘肃、贵州、云南、四川和河北各建原原种繁育中心6个，在黑龙江、陕西、宁夏、重庆各建原原种繁育中心4个，在吉林、山西、青海、湖北各建原原种繁育中心2个，在辽宁、湖南和山东各建原原种繁育中心1个。

3. 原种繁育基地和商品种薯基地

依托现有种薯生产企业，选择交通便利、具有马铃薯生产经验的地区，建立原种基地和商品种薯基地。

第五节　保护、建设和管理机制

一、建设机制

1. 建立政府引导、种薯生产企业主体、种薯生产专业合作社参与的多元化基地建设投入机制

通过政府财政资金引导，吸引社会资本投向马铃薯种薯繁育体系建设。国家资金主要用于基础性科研设施建设，以及种薯质量检测体系建设，适当支持种薯脱毒快繁设施建设和原原种、原种基地建设。采取捆绑资金的办法，加强基地基础设施、品种研发及种薯贮藏设施建设。坚持突出重点、分步实施，构建促进基地建设健康发展的长效多元投入机制。

2. 围绕推进繁种基地规模化、合作化生产经营，培育一批马铃薯繁种专业合作社、家庭农场、专业大户等新型经营主体，加快土地流转，推进规模经营

以规模化生产、合作化经营、产业化发展、社会化服务为重点，围绕制种产前、产中、产后服务的定位，努力构建覆盖全程、综合配套、形式多样、便捷高效的新型农业种薯繁育社会服务体系。

二、管理和运行机制

1. 成立各省区马铃薯种薯领导小组

协调本省区内各部门解决基地建设中的重大问题。领导小组下设办公室，办公室负责基地建设推进的日常工作。各成员单位按职能分工，细化并落实各项工作任务。

2. 按照“职能明确、手段先进、监管有力”的总体要求，建立市、县、乡、村四级监管网络和互动机制

实现“接点连线、结线成网”，推进监管服务触角全覆盖。加强执法队伍自身建设和设施装备建设，配齐配强执法队伍、检测设施设备及市场监管装备，建设一支廉洁公正、作风优良、业务精通、素质过硬、装备精良的种子管理队伍。充分发挥种薯行业协会在现代马铃薯种业发展中的协调、服务、维权、自律作用。

3. 突出企业主体地位

种薯产业体系的核心是生产企业。企业生产囊括了原原种、原种、合格种薯生产的全过程，甚至还包括营销。通过政策支持、种薯补贴、农技补贴等扶持种薯生产企业的发展，提高其技术水平和生产效率，提高其产品的质量。

4. 完善协会自律机制

成立行业协会，规范企业的行为。协会在起步阶段可由农业农村部发起，邀请科研单位参与，逐步过渡到独立运行。行业协会将成为种薯企业资质认证标准的制定者、种薯质量检测机构资质认证标准的制定者。

5. 强化科研单位技术支撑

在行业发展过程中，科研单位要与生产企业密切结合，并形成知识有偿使用的制度，促进生产发展的同时，兼顾科研人员的利益，利益共享、长期合作、快速发展。

6. 构建项目监管体系

在基地建设项目的实施过程中，构建专项组织管理体系，成立专项管理咨询委员会，负责咨询评议，严把申请项目审批关。制定经费管理实施细则，强化项目管理，建设经费实行专款专用。坚持需求导向原则，确保项目来源于生产。要求项目承担单位严格落实项目建设的各项法规和制度，保证建设项目规范运行，确保项目建设的进度和质量。

7. 建立项目评估机制

投资项目制度化是项目绩效优化的前提和基础，所以需要项目主管部门建立起以评估结果为基准的奖惩制度，不断完善项目责任追究制度。建立规范的项目可行性论证制度和专家咨询制度，严格项目投资的立项、建设、验收和评估制度。设立项目绩效评估指标，不但要对经济效益、生态效益和社会效益进行分类分析，重视项目前期工作和实施阶段的评估，还要对其财务状况、工程质量等进行综合考虑。并对绩效评估质量进行后续跟踪检查。

第六节 保障措施

一、加强组织领导，搞好分项规划

国家层面，应做好全国马铃薯种业总体规划和各个分项规划，指导全国马铃薯种业发展。各省农业主管部门应因地制宜制定分区分级规划，形成上下衔接的马铃薯种业发展规划体系。切实履行农业部门职责，抓好规划落实，规范品种审定和管理，制订和完善法规、管理办法和实施细则。并在政府的宏观指导下，充分发挥行业协会的功能，加强行业自律，规范企业行为，调动科研和企事业单位的作用，并加强科研单位与企业间的合作。

二、政策稳定支持，保证资金投入

马铃薯是一个新兴的产业，尽管国家在过去的十几年间已经投入了一定量的资金，奠定了品种选育、种薯生产技术开发和扩繁生产的基础，然而与其他作物种业相比，马铃薯种业基础薄弱，作为一个朝阳产业，发展前途较好，需要国家资金长期支持。需要国家加大对马铃薯种业发展的资金支持和政策优惠，各级政府相关部门要多方筹集资金，确保省级和市县配套资金足额按时到位，尤其要对在国家种薯供应中有重要作用的生产基地县加大财政支持力度，对种薯企业购置种薯生产加工机械给予一定政策性的补贴，集中投入打造具有竞争力的马铃薯种薯生产基地。各级政府应对重点种薯生产企业在建设用地等方面给予政策、资金的支持。重点支持育繁推一体化种薯企业，集中力量投入建设种薯质量检测、储藏等装备。对连片种植、科学轮作的种植模式给予一定补贴。

三、强化科技，提升支撑能力

马铃薯种业尚处于起步阶段，生产实践中还有许多制约产业发展和亟待提高的技术问题。由于无性繁育作物本身的特性，我国马铃薯大都分布在相对贫困地区，且由小农户种植，国内尚缺少专业化、商业化育种企业，种质资源和品种选育仍为公益性研究，需要通过国家政策、资金引导支持。要鼓励科研院所、大专院校与企业进行合作，共同创新技术体系、生产工艺，增加自主知识产权的产品，在自有品种推广应用率、高质量田间种薯生产体系以及快速高效种薯质量检测技术等领域获得突破，为马铃薯种业的发展提供坚实的科技支撑。

四、培育主体，推进产业化发展

产业化是我国农业生产的发展方向和动力，也是有效解决小农户与大市场矛盾的重要途径。积极培育多种体制的种薯生产企业主体，扶持龙头企业，使骨干企业达到产供销一体化，提质增效，持续发展。鼓励种薯营销组织形成产业化、体系化，逐步扩大合格种薯的市场，全面推动我国马铃薯生产水平的提高。

五、加强种薯质量监督管理

马铃薯种薯生产基地严格执行国家《马铃薯种薯》标准和脱毒种薯繁育基础规程，建立专用马铃薯优质脱毒种薯规模化生产基地。加快脱毒种薯高效生产技术的组装、配套和推广，大幅度提高种薯产量，降低生产成本。同时对现有国家设置的具有第三方公证地位的质量检验机构在投入上给予支持，使其能在无偿或低偿条件下，对马铃薯脱毒种薯繁育田的各级种薯质量、来源及田间生长状况进行检验并建立档案，对上市销售的脱毒种薯实行质量认证制度。

六、强化法治，规范市场

强化法治是规范种薯市场的唯一途径，严格按照《中华人民共和国种子法》的规定要求，建立生产经营实行许可制度、种薯销售实行品种备案登记制度、规范品种名称、明确经营资格、规范包装和标签、完善生产经营档案等规章制度，明确加强马铃薯种薯生产经营管理的法治化。配合我国种薯生产分级标准和质量认证体系，建立种薯市场准入制度，规范种薯销售市场，实现种薯从生产到销售的健康、规范化运转。各级种子管理部门要按照有关规定，从种薯的包装、标签标识和质量抽检入手，加强对辖区脱毒种薯市场监管力度。具体地说就是以龙头企业为主，建立完整的生产管理体系，健全生产档案，实行质量追溯和责任追究制度。以管理部门为主体，建立完整的质量监管体系，做到分品种、分批次都有检验报告，品种明确，等级严明，达到确保种薯质量的目的。

七、强化宣传，扩大影响

充分利用网络、电视、广播、新闻媒体、举办现场会等多种形式，大力宣传优质种薯的增产增效作用，宣传优质种薯品牌、扩大骨干企业的社会影响，吸引更多的社会力量参与马铃薯种业建设。加强技术培训，培训各环节技术人员和种植者，总结各地利用优质种薯创造高产、高效的典型经验，扩大薯农对优质种薯的认知程度，为优质种薯开拓广阔的市场，进而提升我国马铃薯整体生产水平。

（写作组成员：金黎平、庞万福、李向岭、盛万民、隋启君、文国宏、黄振霖）

第七章　棉花种子生产优势基地建设研究

“衣食住行衣为首”。棉花是我国重要的经济作物和纺织工业原料，也是我国重要的战略物资。我国是全球棉花生产大国、棉纺织大国、纺织品居民消费和出口大国，棉花总产占全球比例的21%以上，消费量占全球的24%，棉花进口常年在150万吨左右。近三年我国棉花年产量稳定在600万吨左右，保证了我国14亿国民的基本用棉安全。种子生产基地是保障棉花生产用种需求的国家重要战略支撑；保护和建设优势棉花种子生产基地，是推进棉花种业生产方式转变、提高我国种业市场竞争力、确保农业生产供种保障能力的重要举措。本研究在系统收集整理和分析我国棉花种子生产基地发展历程、现状和问题的基础上，提出了棉花种子生产基地的布局方案、建设任务和政策建议。

第一节　棉花种子生产发展的基本情况

一、发展历程

回顾我国种业发展历程，经历了三个发展阶段：第一阶段为1990年以前，我国种业实行计划管制；第二阶段为20世纪90年代，该阶段以实施“种子工程”为标志，多种类型种子公司出现，种子市场仍由政府主导；第三阶段为2000年《中华人民共和国种子法》颁布后，我国种子品种和种子进入了市场化时代，该阶段破除了计划经济时代种子的国有垄断，种子企业逐步成为种子市场的主体。2001年加入WTO为种子市场化铺平了道路，种子企业都经历了与国有种业脱钩、新种业的建立和市场运行起步的发展过程，而棉花种子生产的发展历程与全国农作物种子发展历程也基本一致，近几年随着长江流域棉区、黄河流域棉区植棉面积的减少，全国棉花种子企业都已进入西北内陆新疆的棉花种子市场。

二、产业基础

自1985年以来，国家持续开展优质商品棉基地建设，据不完全统计，内地建设优质棉生产基地266个，建成一批良种繁种田和杂交制种田基地，购买一批种子加工检验装备，显著提升良种棉的繁种和加工能力。“九五”以来，国家把新疆列为特大优质商品棉基地进行建设，其中种业建设也是主要内容之一。据2018年中国种业发展报告数据，2017年全国经营棉花种子的种业企业276家，种子市值21.18亿元；据《2019年中国种业发展报告》数据显示，2018年，全国棉花制种面积为120万，收获种子1.22亿公斤，其中常规棉种子生产面积为119.4万亩，产量1.21亿公斤，新疆棉区的常规棉制种面积和产量分别为113.21万亩和1.15亿公斤，均占全国的94%。而杂交棉种子生产面积为0.96万亩，总产为74.2万公斤，新疆常规棉种子的商品化率达到100%，内陆常规棉种子商品化率为79.7%。

1. 精加工技术带动棉种增值

种子增值幅度大多源自品种选育的科技创新、种子技术水平的提高和市场化的推动等要素。一是通过科技创新提升品种的科技含量，我国在棉花基因组编辑和育种理论不断取得进展，绿色品种选育受到重视，肥水高效、多抗逆性、早熟、便于机械播种和采收被纳入育种计划。二是种子技术含量提高。西北内陆新疆棉区与内地部分棉种加工企业应用光电分选技术对清选后的棉种进行分选，棉种发芽率达到90%以上。全自动种子计量包装设备，低损精细加工、规模化绿色柔性生产、成套装备快速清理、全过程质量管理与控制等高质量种子生产技术装备需求也在不断涌现。2018年，采用稀硫酸脱绒的光子和精加工（包有杀菌剂、杀虫剂）的包衣子之和的比例为96.7%，比2001年提高了29.8个百分点。

2. 新疆棉花种子基地不断发展

2018年新疆农业农村厅启动了新疆棉花现代种业行动方案，与棉种龙头企业通过产学研相结合的方式开展联合攻关。2019年启动了企业联合体棉花区域试验和转基因棉花区试验，推动棉花种业发展。在“十二五”至“十三五”期间，通过国家优质棉基地建设，加强了新疆良繁田、检验检测设备、滴灌设施建设，改善了种子生产基础条件。据统计，新疆共有棉花原种场151个，良种轧花厂102个，棉种库房300多万平方米，可储藏种子11亿公斤，种子加工成套设备近800多套，加工单机9 800多台，保障了种子生产和3 500万亩以上用种需求。新疆已建成种子检测中心1个，省部级种子检测中心 38 个，区域种子检测中心 84 个，种子加工磁选、色选等技术的进步，极大地提升了种子质量。

三、主要问题

1. 种子生产能力和水平较低。

（1）种子基地基础设施建设不配套，抗灾能力弱。种子基地轻简化、机械化、标准化生产水平较低。

（2）棉花种子生产成本较高，比较效益下降，面临制种成本高和销售市场价格波动大的双重风险。

2. 棉花生产用种多乱杂问题依旧存在

自 2005 年以来我国棉种市场即进入“多乱杂”时代的“鼎盛时期”，典型特征是种植品种数量多乱杂，跨生态区乱引、乱繁、乱推、乱种的问题最为突出。这是棉花种子市场混乱的集中反映，加大了种子生产、经营和生产用种的风险。近几年，在国家发展改革委员会棉花供给侧结构性改革项目、农业农村部“棉花提质增效技术模式集成示范”项目、国家棉花产业联盟和瑞士良好棉花项目等的共同推进下，大力倡导和宣传“一地种植一个品种”，提高了我国棉花纤维品质的一致性。目前的棉花主产区基本都明确当地的主推品种，发布适宜推广品种的指南，限制推广品种数量，开展种子真实性检验，通过采取一系列的引导和监督措施，特大产棉县市（师市）种植棉花品种的数量由过去几十个品种减少到几个，全国棉花品种种植乱局得到大幅收敛，纤维品质的一致性也有明显改善。

3. 农机与农艺有效结合不紧密

由于各地缺乏真正适合机采的优质专用品种，只能筛选一些总体性能接近机采要求的棉花品种用于大田生产，机采棉质量只能通过加强种植、采收和加工环节的管理来控制。但机采通常会导致纤维长度损失 1~2 毫米，此外，机采棉要求集中吐絮，棉农会提前 25~30 天喷施脱叶剂，一定程度上会影响棉纤维发育，导致成熟度不足，比强度下降。棉花生长后期对脱叶剂不敏感，机采采净率低，纤维整齐度差异较大，棉花绒长、比强、马克隆值难以达到“双 29”以上优质棉标准，这成为制约机采棉提质增效的关键因素。同时，机采棉技术是一项涉及到棉花品种、栽培农艺、田间管理、残膜回收、化学脱叶催熟、机械采收、籽棉清理加工等各环节的系统工程，除了机采棉品种问题，相关配套技术的研发和集成也相对滞后。

四、发展趋势

棉花产业是全球竞争性特征较为明显的产业，棉花种业也不例外，国内外关于棉种业发展趋势如下。

1. 国际发展趋势

纵观国内外种业发展趋势，种业呈现产业化规模不断扩大、科技水平不断提高、国际化竞争能力不断增强、种子公司兼并重组加速，种子产业更趋集中垄断，呈现出种子产业程序化、技术研究集约化、知识产权垄断化、质量标准化的发展态势。其中美国转基因技术进入符合抗性的时代，新品种除转 Bt 基因以外，还转入抗（耐）多种除草剂、抗（耐）病害等基因，并进入生产应用。

2. 国内发展趋势

（1）发展生物技术，现有转基因抗虫技术具有国际先进水平。

（2）持续开展杂交优势利用，目前杂交种占播种面积 30%，下一步将继续支持简化制种技术研究开发。

（3）鼓励和支持企业研发创新，推进“育繁推”一体化。

（4）种子和种苗结合发展。

第二节　棉花种子生产优势基地建设思路、目标

一、基本思路

根据全国自然生态条件和长江流域、黄河流域、西北内陆三大棉区的现状，按照“西繁南北用”、杂交种“北制南西用”，以“以种为主，种苗结合”的新思路，根据各植棉区棉花生产规模、灾害规律等，做好棉花种子生产布局，加大棉花种子企业标准化、规模化、机械化生产基地建设规模，同时还要提高种子加工能力、市场营销能力，逐步建立起以品种和种子创新为核心、良种（苗）供应有保障、具有市场竞争力的现代棉花种业体系。

二、发展目标

通过科学合理的规划，到 2025 年，在棉花繁制种优势区建设 20 个规模化、标准化、机械化的种子生产基地，实现常规种“西繁北用南用”、杂交种“北制南用西用”。

1. 种子生产能力目标

棉花制种总面积达152万亩，其中常规品种繁育面积150万亩，杂交种制种基地2万亩。棉花种子生产总产能达到16万吨，可满足8 000万亩的大田生产需要，良种覆盖率达到98%。

2. 基地配套设施建设目标

做到每建立一个良种繁育区，配备1个良种轧花厂，以棉花原种场、良种繁育区、良种轧花厂为主体的棉花良种繁育体系，实行良种加价，促进良种面积的迅速扩大。对种子生产、加工、检测资源进行优化布局，包括现有库房300多万平方米，可储藏种子11亿公斤，种子加工成套设备近800多套，加工单机9 800多台的提高资源利用率。

第三节　棉花种子生产优势基地布局方案和重点建设内容

采取棉花繁种基地、杂交制种基地和种苗基地相结合的方法进行建设，以满足棉花产业对良种的需求。建立棉花制种基地152万亩（包含“代育代栽”育苗基地）。其中，常规品种繁育面积150万亩，杂交种制种基地2万亩。初步具体布局见表7-1。

表7-1　棉花良种繁育基地布局

省（自治区）	建设地点	备　注
新疆	库尔勒市、尉犁县、轮台县、沙雅县、阿克苏市、新和县、阿瓦提县、库车县、温宿县、麦盖提县、巴楚、伽师县	常规棉制种基地
新疆生产建设兵团	第一师、第二师、第三师	常规棉制种基地
新疆生产建设兵团	第四师、第五师、第六师、第七师、第八师	常规棉制种基地
新疆	精河县、博乐市、奎屯市、沙湾县、昌吉市、玛纳斯县、呼图壁县	常规棉制种基地
新疆	托克逊县、哈密市、第十三师	常规棉制种基地
甘肃	金塔县、敦煌市	常规棉制种基地
四川	射洪县	常规棉制种基地
湖南	澧县、临澧县、安乡县、华荣县等	杂交制种基地、种苗基地

（续表）

省（自治区）	建设地点	备 注
湖北	天门市、潜江市、公安县、沙洋县、岑河区、江陵县、武穴市、黄梅县等	杂交制种基地、种苗基地
安徽	望江县、宿松县、无为县、东至县等	杂交制种基地、种苗基地
江西	九江县、彭泽县等	杂交制种基地、种苗基地
江苏	大丰市、射阳县、通州区、丰县等	杂交制种基地、种苗基地
山东	金乡县、鱼台县、巨野县、成武县、惠民等	杂交制种基地、种苗基地
河南	鹿邑县、开封市、太康县、杞县等	常规棉制种基地
河北	河间、高阳县、南宫市、故城县、南大港管理区、成安县、威县、肥乡县	杂交棉制种基地 常规棉制种基地

一、新疆维吾尔自治区棉花制种基地

1. 产业基础

西北内陆是当前我国最大的棉花产区，包括新疆地方和新疆生产建设兵团，承担全国常规棉花品种的繁种任务，履行“西繁北用南用”的功能。2018 年，新疆棉区的常规棉制种面积和产量分别为 113.21 万亩和 1.15 亿公斤，均占全国的 94%。其中，阿瓦提县是我国唯一优质棉类型——长绒棉（海岛棉）生产区域。

2. 发展目标

通过项目资助，建立国家级新疆常规棉花制种基地，提升“西繁自用北用南用”的供种能力，建成标准化、规模化、集约化、机械化的繁育基地，到 2025 年，年制种规模达到 150 万亩，繁育基地 30 个（其中长绒棉 3 个），种子产量近 16 万吨。

3. 主攻方向

（1）常规品种“三圃制”“四圃制”规范化繁育方法的全面落实，加强繁种田的除杂保纯。

（2）繁种田栽培措施要突出早熟性，减少氮肥和水分供给量，提高种子生产品质。

（3）严厉打击种子的“套牌”和假冒销售问题。

4. 建设内容

重点扶持4~5家具有棉花品种选育创新、科企结合和市场营销基础较好的主导性公司，重点建设内容如下。

（1）建设现代繁种棉田，包括林路田、排灌渠道、隔离条件、除杂与病虫害统防统治，提高种子良繁的专业化、标准化水平，全面提高种子质量，提高种子生产能力，降低种子生产成本。

（2）改进种子加工、包装生产线，提高精选设备和包装工艺水平；研究棉花种子包衣剂，提高病虫害防控能力，满足精量播种的新需求。

（3）购置种子检验仪器和设备。包括转基因成分、DNA指纹检测相关的仪器设备，棉花快速无损检测仪、PCR仪、荧光定量PCR仪、电泳仪、凝胶成像仪、低温冰箱等。

（4）实行繁种田注册制度，规范繁育品种的来源，建立原原种—原种—良种引进、生产、加工、销售等环节全程跟踪和注册登记制度，明确繁种区的隔离条件、种田管理、去杂去劣保纯、种田采收及采后处理等标准化措施的落实。

二、两河流域棉花制种基地

1. 基本情况

长江流域棉区和黄河流域棉区是我国主产棉区之一，但近几年植棉面积下降到1 000万亩，占全国比例不足20%，因此棉种繁育和制种能力不断下降，但仍有一定规模杂交制种能力。

2. 发展目标

（1）保持杂交制种基地优势，力争保持2万亩的制种规模，继续承担棉花杂种优势利用，保持“北制南用西用”的功能。

（2）全力解决制种成本高、气候风险大问题。

（3）增加投入，采用覆盖大棚保护制种（立柱覆盖农膜防雨），培育和发展棉花的“代育代栽”模式。

3. 主攻方向

（1）培育优势组合，新组合要满足增产、优质、抗虫、抗病等优势。

（2）发展两系制种，提高制种效率。

（3）改善制种条件，大棚保护栽培条件下可提早制种，延长人工去雄授粉制种时期，减少烂铃损失，制种单产水平大幅度提高，增效明显。

4. 建设内容

（1）建设棉花“代育代栽”育苗基地。在湖南、湖北、安徽、江西、江苏和山东等棉麦（油菜）、棉蒜（葱）等两熟区建设日光温室大棚。

（2）建设高水平农田水利，包括平整土地、培肥地力，林田路和排灌系统配套。

（3）改扩建种子晾晒、加工、质检、仓储等用房及设施，购置运苗车，购置移栽机等种子机械化生产农机具，购置种子质检相关仪器设备。

第四节　保护、建设和管理机制

一、建设机制

（1）政府主导下的企业市场化运作，种子和种苗结合，按照择优支持和区域平衡原则进行支持，建设、管理采用政府主导、监管和第三方评价相结合的方法。

（2）立足提升种业基础能力，引导和促进科研、企业的紧密结合，加快“育繁推”一体化进程，培育大型棉种业公司和集团。

（3）通过项目方式补贴购置必需的仪器、设备，提升装备条件基础能力。

（4）全方位培养繁育制种基地的基础条件和人才队伍，培训专业制种技术人员，制定棉花生产规范化技术规程，提高棉花种子纯度。

二、运行机制

发挥种子企业是种业的市场主体功能。繁种和种苗基地应实行企业化管理，自主经营。政府主管部门指导生产，鼓励和支持科研、大学开展种业、种苗的科技服务。

三、管理机制

提高和改革区域试验评价机制。提高区域试验整体质量，开展机采棉品种和杂交种 F_2、F_3的比较试验，提升区域试验的科学性和评价结果的严谨性（比如采用SSR简单重复序列方法检验品系的真实性）。改进和提高抗性、品质指标等评价指标。

政府监管和第三方评价结合。棉花常规品种繁育、杂交制种基地和种苗基地建设项目由县级农业部门与项目实施单位签订合同，明确任务、质量，保证项目按时顺利完成。

第五节　保障措施

一、强化政策支持

繁种、制种和种苗业基地建设优先列入种业发展“十四五”规划，提高种业基地建设的支持力度，多途径投入，包括财政支持、贴息贷款和种业基金，引导社会资本建设繁种基地。对承担繁种制种基地县予以财政支持。扩大种业基金来源，提高支持强度。

二、加大基础设施投入

将良种繁育基地耕地划为永久基本农田，施行用途管制，予以永久保护；制定实施方案，将农田水利、高标准农田建设、节水灌溉等农业基础设施建设项目资金向基地建设倾斜；鼓励企业利用PPP模式、产业基金或投贷联动等市场化运用模式，参与农业基础设施建设。加强育种创新、品种测试和实验、种子检验检测基础设施建设。将种子精选加工、烘干、包装、播种、收获等制种机械纳入农机具购置补贴范围。

三、强化企业主体作用

引导和强化科研和企业的有效联姻，强力推动“育繁推”一体化，落实国务院关于种业的两个文件。抓住繁制种和种苗基地建设的机遇，培育种子企业大品种和大品牌。

（写作组成员：毛树春、李亚兵、陈位政、董合忠、别墅、孔庆平）

第八章　油菜种子生产优势基地建设研究

油菜是我国第一大油料作物，国产菜籽油约占国产油料作物产油量的47%。但我国食用植物油供给紧缺，据国家海关总署数据显示，2018 年我国进口食用植物油 808.7 万吨，比上年增加 9.4 万吨，增幅 8.9%，连续第 2 年大幅增加，但进口食用油籽 9 448.9万吨，比上年减少 751.6 万吨，减幅 7.4%，但对外依存度仍近 70%，早已超过了国际粮油安全预警线。我国自美进口油籽明显下降，食用油籽供需缺口有所扩大，通过进口油脂来调剂食用植物油余缺的需求相应增大，因此发展油菜生产对维护国家食用油供给安全具有重要的战略意义。油菜种子生产基地是集自然、经济、科技、人力等优势条件于一体的宝贵资源，是提高油菜籽综合生产能力，保证良种供应的物质基础，充足的种源更是发展油菜生产的优先保证。中国是世界油菜主产国之一，据国家统计局数据，截至 2018 年统计数据表明，全国油菜种植面积达 9 826.5万亩，总产量 1 328.1万吨，面积和总产均占全球的 20%左右，仅次于加拿大，位居全球第二。随着自然条件的改变、经济发展和城镇化进程的不断加快，油菜种子生产基地在布局、功能及生产主体等方面发生了巨大的变化，基地布局逐步向优势区域集中，种子生产科技水平显著提升，制种企业正向规模化、产业化、育繁推一体化迈进，良种有效供给有力地推动了种业的发展。然而，伴随上述进步的同时，受温度、降水等气候条件的变化，以及我国土地开发的影响，我国油菜优势制种基地越来越稀少、越来越珍贵。正是在这一变化的前提下，我们开展了油菜种子生产优势基地建设研究。

第一节　油菜种子生产发展的基本情况

一、发展历程

1. “四自一辅” 阶段（1949—1977 年）

新中国成立初期，农民生产用种主要靠群众（或互助组、农业生产合作社）自繁、自选、自留、自用，互相串换，种子经营量较少，油菜种子购、销、调、储由粮食部门统筹解决，种子基地建设投资较少。1956年农业部成立种子管理局后，于1958年确定种子工作“四自一辅”方针，国家逐步安排了种子生产基地建设资金，在1963—1965年3年间，共投资了8 000万元，在全国各省、自治区、直辖市建设了各类作物的良种繁育场，为提供原种和大田用种创造了条件。

这一时期，油菜种子生产基地较为分散，各地就地繁育白菜型常规油菜地方品种。1954年开始引种、示范和推广甘蓝型胜利油菜，并于1956年在各省市大面积推广，由于其适应性强，产量高，比各地白菜型油菜一般增产30%以上，占全国油菜总面积的25%以上。随后甘油5号、湘油5号等良种的大量推广应用，单产由每亩30公斤增加到60公斤，实现了我国油菜生产由白菜型向甘蓝型并从低产变中产的第一次飞跃。

2. “四化一供”阶段（1978—1995年）

1978年，国务院批转农林部《关于加强种子工作的报告》后，按照“种子生产专业化、品种布局区域化、加工机械化、质量标准化”的内容开始了以“四化一供”为目标的种子现代化建设，在良种繁育基地方面，投资了2 375万元，用于杂交油菜“双低”保纯和繁育基地、杂交制种基地及种子田的建设。

20世纪80年代初期，我国在甘蓝型油菜抗菌核病育种和杂种优势利用方面取得重大进展，针对中油821、秦油2号等高产、高抗病甘蓝型油菜品种开展了大规模的良种繁育和示范推广，有力推动了我国油菜种植面积的快速增长。1989年，全国油菜生产面积一举达到7 489万亩，比1978年的3 899万亩翻了近一番；单产大幅度提高，全国平均单产由1978年的47公斤/亩增加到72.6公斤/亩；全国油菜总产占油料总产的比例由1978年的35.8%增加到43.1%，成为我国第一大油料作物。

这一时期，油菜种子生产基地处于基础设施建设时期，国家投入资金增多，基地条件得到显著改善，并启动优质育种科教攻关项目，繁种产量逐步提高，实现了油菜生产由中产向高产的第二次飞跃。

3. 种子产业化阶段（1996—2005年）

1995年，农业部制定《“种子工程”总体规划》，通过种子工程建设，种子产业实力大幅度提升，新品种培育速度明显加快，生产用种更换周期由原来的10年左右缩短到6~7年，主要农作物良种覆盖率提高到95%以上。90年代期间，油菜杂种优势利用和品质育种取得重大突破，审定品种实现了双低化，代表性品种华（油）杂4号等实现了双低与丰产的结合。此后油菜新品种审定、推广成绩斐然，代表性品种有中油杂2号、中双7号、中双9号、华油杂6号、华油杂9号、华双4号等，在“十五”期间实现了油菜品种更新换代2~3次，中油821等非双低品种面积迅速下降，直至2005年停止推广。

这一时期，我国实施种子工程，2001年种子法实施后，在国家的推进和市场的共同作用下，一批集自然、经济、科技、人力等优势条件于一体的生产基地成长起来，种子生产区域化布局逐步显现。油菜种子生产逐步向优势区域集中，实现了油菜生产由高产向优质的第三次飞跃。

4. 种子市场化阶段（2006年至今）

2006年，国务院办公厅出台了《关于推进种子管理体制改革加强市场监管的意见》（国办发〔2006〕40号）以后，各级农业主管部门深入推进种子管理体制改革，全面实现政企分开，种业市场化进程进一步加快，全国涌现了一大批涉及油菜种子生产经营的企业。由于这些刚起步的油菜种子企业缺乏研发能力和条件，一般采用有偿联合开发、联合育种、商业代理等多种模式与国内油菜研究机构合作，从事油菜新品种开发、杂交制种、示范与推广，先后推广了中油杂、华油杂、中双、华双、湘油、秦优、油研、蓉油、青杂等系列双低高产油菜新品种，有力推动了油菜产业的进步。经过几年的发展，油菜种子企业发展到300多家，经营的品种达300多个。在市场化的推动下，种子企业加大制种基地的投入，优势基地进一步集中，种子生产面积进一步扩大，具有竞争优势的优质高产品种的市场份额不断扩大。2009年，全国油菜收获面积达1.1亿亩，总产1 365.7万吨，创历史新高；商品菜籽的双低率全国达到了90%左右，其中湖北省达到95%以上。

这一时期，随着农村城镇化步伐加快，国家适时出台了土地流转政策，在这个过程中，逐渐形成了一批制种大户和制种企业，通过流转土地扩大种子生产规模，优势油菜种子生产基地基本形成，有力推动了全国油菜单产显著提高、面积显著扩大、品质显著提升，实现了油菜生产由优质高产相结合并全面推广的第四次飞跃。

油菜种子生产基地的发展是随着种子生产工作的进展而逐渐发展和充实的。随着《中华人民共和国种子法》的实施，农业种植结构的调整，以及土地流转政策的落实等，种子生产基地的建设与管理逐步适应市场经济潮流。总结经验，把握规律，可以概括为“四个坚持四个集中”。

（1）坚持遵循客观发展规律，向优势区域集中。纵观基地发展历史，凡是优势种子基地几乎都具备了自然区位优、交通条件好、技术优势强、比较效益高、地方政府重视等条件。全国杂交油菜种子生产基地主要在湖北谷城和襄城、甘肃民乐、青海互助、陕西宁强、四川等优势区域。常规繁育主要集中在面积集中，适宜机械化、规模化生产的油菜主产区。

（2）坚持以服务农业发展为宗旨，向优势企业集中。始终紧扣保障油菜生产发展这个大局，做到基地建设为生产、促生产，确保生产用种数量和质量安全。始终坚持企业主体的发展方向，推动种子企业深度参与种子生产基地建设，开拓基地、建设基地、稳定基地，扩大生产经营规模，为油菜生产提供量足质优的种源。

（3）坚持调动各方积极性，向提高经济效益集中。通过政策引导和项目推动，调动地方政府、企业和农户的制种积极性，支持地方将自然优势转化为经济优势，扶持企业装备经营设施、扩大规模，帮助农户改善生产条件、提升技能，不断激发三个主体的积极性和主动性。

（4）坚持硬件建设和软件建设相结合，向建管用方向集中。加大投入力度，改善基地农田基础设施和生产加工条件。加大管理力度，优化经营环境，提高科技服务和人才支撑能力，推动建立发展新机制、新模式，建成专业化、规模化、机械化种子生产基地，充分发挥稳基地管长远的作用。基地建设离不开企业、农户和政府三个主体，要逐步实现企业建基地，保持建用统一；要处理好企业与农户利益联结关系，并保持稳定；政府要高度重视基地建设和有效监管，保持种子基地规范发展。

二、产业基础

1. 种子生产规模和布局情况

目前全国拥有油菜研发基地共有 52 个，其中部级基地 39 个，省级基地 13 个。这些研发基地在油菜品种改良和栽培、示范应用、原原种繁育、良种生产、质量检测等方面起着创新源头作用。常规种的繁育受气候条件的影响较少，基本上各个油菜主产省市都有分布，但主要集中在油菜生产面积较大的湖北、湖南、浙江等省市；杂交制种的优势区域主要集中在湖北、陕西、四川、青海、甘肃等省市，其中湖北省为最大繁（制）种基地。据 2018 年中国种业发展报告数据，2018 年全国经营油菜种子的种子企业 213 家，种子市值 12.99 亿元；全国冬油菜繁（制）种面积 16.91 万亩，总产 1 777公斤，油菜用种面积 0.92 亿亩（其中，杂交油菜 0.73 亿亩，常规油菜 0.19 亿亩），常规油菜种子的商品化率提高到 64.32%。据国家发布的 100 个国家区域性良种繁育基地认定名单信息，油菜基地认定总数为 6 个，分别是湖北省谷城县、浠水县，贵州省长顺县，青海省互助县，甘肃省山丹县和民乐县。

2. 基础设施情况

在杂交制种和常规种繁育的优势地区，大部分的田块具有一定排灌条件，但在道路建设、水电管网建设方面的基础设施薄弱，不利于机械化规模化操作。

3. 种子生产加工能力水平

经对全国 40 家主要油菜种子企业问卷调查，40 家企业每年共销售种子 800 万公斤，平均每个企业销售种子约 20 万公斤。企业的种子加工能力，可以满足油菜区大田生产的用种需求，但是加工和检测设备落后，自动化程度较低。

4. 现行主要种子生产技术

油菜生产上应用面积最大的是波里马细胞质雄性不育三系杂交制种，该不育系在相对低温下易产生微量花粉，影响杂交制种纯度，因此不育系微粉控制是油菜波里马细胞质雄性不育三系杂交种种子生产过程中的关键技术，目前主要采用推迟播种、增大父本行比、摘薹、化学杀雄、冬种春播等技术进行微粉控制，提高制种纯度。在机械化制种方面进行了尝试，取得了较好的进展，但该技术有待进一步完善和推广应用。

5. 种子生产企业主体情况

从全国范围来看，参与油菜经营的企业有 300 家左右，经营规模较大的种子企业有 40 余家。其中企业注册资本在 500 万以上的有 37 家，注册资本在 1 000万以上有 18 家，3 000万元注册资本的有 16 家。油菜种子年销售额在 1 000万以上的有 17 家，年销售额在 2 000万以上的有 11 家，年销售额在 3 000万以上的有 4 家。

6. 种子生产基地组织模式

通过土地流转，很多地方成立了农业合作社，油菜制种企业种子主要委托农业合作社进行生产，具有一定的规模化、集约化水平，也有部分企业通过基层（县或乡镇）农技部门或者村委会与制种农户联系进行制种。

三、主要问题

1. 种子基地基础设施建设不配套，抗灾能力弱

国家虽对农业投入较大，但近些年在种子基地的投入上呈现建设者不管使用，使用者不管建设，出现建设、管理和使用相脱节的现象。各地农业部

门建设的种子生产基地长期没有维护资金，年久失修，种子生产基地正逐步萎缩。目前，种子生产基地的制种合同多数一年一签，造成企业和农户没有建立相对稳定的制种合作关系，企业缺乏对基地建设投入的积极性。加上不少企业处于原始资本积累期，没有能力依靠自己投资建设标准化、规模化、集约化的专业生产基地。因此，需要政府加强基地的准入和管理，保障基地向有品种、有实力和有信誉的种子企业集中；需要引导种子企业通过土地流转、专业合作与制种农民及制种大户建立长期稳定的合作关系。

2. 种子基地轻简化、机械化、标准化生产水平较低

特别是全程机械化工艺配套技术研发滞后，油菜收获机械损耗较高，影响油菜种子产业发展。应提倡农机农艺栽培共同研究，从根本上解决问题。应加大投入，购置小型播种机、脱粒机、收割机等设施设备，提高种业机械化程度，降低人力成本。

3. 油菜种子生产成本较高，比较效益下降

油菜种植比较效益低下，可能影响油菜种子的销量。在不计算自身人工投入的情况下，大田油菜平均每亩收益200元左右，属相对较低水平，势必影响农民种植油菜的积极性。当前，劳动力成本上升，制种成本上升压力较大，制种效益不明显又致使种子生产农户不重视种子生产全过程的精细管理，形成恶性循环局面，影响了油菜种子生产基地的稳定。加上种子企业自己掌控的种子生产基地非常有限，多数生产是委托千家万户分散的农民完成，致使生产技术水平较低，基本是人工劳作，种子生产效率低下，质量难以保证。

4. 油菜种子生产面临制种和市场双重风险

油菜杂交制种产量低，成本高，土地规模、灌溉排水、肥力状况、地势地貌以及交通状况等直接影响种子生产。商品种子生产受商品菜籽和种子市场价格波动影响，企业生产种子风险较大，稳定生产种子能力弱，导致种子生产基地及制种面积波动较大。

四、发展趋势

1. 产业集中度逐步提升

优质的种子生产基地将逐渐集中，逐步向核心竞争实力较强、信用良好的企业集中，形成种子基地、企业、国家支持等多赢的格局。

2. 种子生产基地向机械化、标准化方向发展

随着农村土地流转步伐的加快，种田大户和家庭农场的蓬勃发展，农资

电商的不断跨越，农资信息不对称的局面全面改观。生产与使用的直接对接，对种子生产优势和种子质量的要求全面提高，将迫切要求加快种子生产基地机械化、标准化建设的步伐。

3. 制种产量和制种质量的要求进一步提高

随着农村城镇化建设加快和劳动力成本上升，油菜种植将大面积由过去育苗移栽改为直播，油菜种子需求总量将会逐年上升，种子生产面积将稳中有升，农户对种子质量（纯度、净度、发芽率等）的要求也进一步提高。

4. 油菜种子生产基地的投入需求增加

国家对农作物种子基地的建设高度重视，支持力度逐步加强，而对油料作物基本放开，但从长远看，长江流域有几亿亩冬闲田适宜油菜种植，如果国际市场出现油荒，国家可能会及时加强对油菜产业的重视。因此油菜种子生产基地建设和投入不能松懈，要逐步增强，充分发挥制种基地建设打基础、管长远的重要作用。

第二节　油菜种子生产优势基地建设思路、目标

一、基本思路

以确保油菜种业持续健康发展和降低我国食用油供给对国外的依存度为目标，充分利用现有种业资源，推动产学研一体化，培育一批育繁推一体化的现代油菜种业企业。根据我国的自然生态条件，科学合理规划油菜种子优势生产区域布局，依托种子企业开展标准化、规模化、机械化油菜种子生产，逐步建立起以品种创新为核心、良种供应有保障、市场竞争有序的现代油菜种业体系，实现种子产业的“数量充足、质量优良、经济合理”，提高农业生产效益和促进农民增收。

二、发展目标

到 2025 年，在油菜生产优势区域形成 20 个规模化、标准化、机械化的油菜良种繁育基地，总面积达 30 万亩，总产能达到 2 600万公斤，可满足 1. 5 亿亩以上的大田油菜籽生产需要，使油菜籽生产的良种覆盖率达到 98%以上。打造 3~5 个育种能力强、生产加工技术先进、市场营销网络健全、技术服务到位的、具有一定国际竞争力的育繁推一体化的现代种业集团，显著增强我国油菜种业的国际竞争力，实现种子产业的“数量充足、质量优良、

经济合理”，提高农业生产效益和促进农民增收。

第三节　油菜种子生产优势基地布局方案和重点建设内容

按油菜的生长季节不同，可将我国油菜分为冬油菜和春油菜两大产区，其中冬油菜种植面积约占全国油菜总面积的90%，主要集中在长江流域各省。根据不同区域油菜大田生产和良种繁育的特点，拟建立18个标准化的油菜种子生产基地，以满足油菜产业对良种的需求。具体布局见表8-1。

表8-1　油菜良种繁育优势核心基地布局

序号	基地名称	建设地点
1	湖北省鄂北杂交制种基地	谷城县、襄城区、襄州区、宜城市、丹江口市
2	青海省杂交油菜春季制种基地	互助县、湟中县、贵德县
3	甘肃省杂交油菜春季制种基地	民乐县、山丹县
4	四川省杂交油菜制种基地	涪城区、罗江县、旌阳区
5	湖北省鄂东油菜良种繁种基地	英山县、蕲春县、武穴市、浠水县
6	湖北江汉平原油菜良种繁育基地	松滋市、公安县、江陵县、钟祥市
7	陕西省杂交制种基地	宁强县、勉县
8	安徽省核不育杂交油菜制种基地	居巢区
9	贵州省核不育杂交油菜制种基地	思南县、遵义县、息烽县、长顺县
10	湖南省杂交油菜制种基地	溆浦县、池利县
11	江苏省杂交油菜制种基地	盐城市
12	湖南省油菜良种繁育基地	衡阳县
13	浙江省油菜良种繁育基地	湖州市、吴兴区
14	江西省杂交制种基地	彭泽县
15	重庆市杂交油菜制种基地	垫江县
16	云南省杂交油菜制种基地	禄丰县、魏山县
17	内蒙古春油菜杂交制种基地	海拉尔农垦局
18	上海市杂交油菜制种基地	奉贤区

一、冬油菜区域级基地

1. 基本情况

我国冬油菜生产的优势区域主要包括长江流域和黄淮流域。长江流域冬油菜区包括上海、浙江、江苏、安徽、湖北、江西、湖南、四川、贵州、云南、重庆、河南信阳、陕西汉中 13 个省市（地区），黄淮流域冬油菜区主要包括陕西（不包括汉中）、河南（不包括信阳）。长江流域作为我国的油菜优势主产区，具有独特的气候条件，油菜生长季节雨量充沛，日照充足，种植条件优越，油菜良种生产和育种科研水平均处于全国领先，制种基地的生产规模、基础设施和技术支撑已有基础，油菜制种面积和产量均占全国的 90%左右。经过近 20 年的发展，在湖北襄阳、陕西汉中等制种优势地区已经形成了具有一定规模化、集约化水平的基地，为统一管理和实现机械化制种奠定了良好的基础。近几年随着农村城镇化步伐加快，国家适时出台了土地流转政策，很多地方成立了农业合作社，逐渐形成了一批制种大户和制种企业，冬油菜种子经营企业共有 250 多家，具备 2 000万公斤以上的年种子加工能力，可以满足冬油菜区大田生产的需求，并且通过流转土地扩大种子生产规模，油菜良种繁育的规模化、集约化水平有了进一步提高。

在杂交制种和常规种繁育的优势地区，大部分田块具有排灌条件，在旱涝等自然灾害出现时具有一定的风险抵御能力，在道路建设、水电管网建设方面的基础设施薄弱，抽水机、水管等排灌设施大多都是临时设施，而且数量有限，不利于机械化、规模化操作，对灾害天气抵御能力较弱。

2. 功能定位

创建标准化、系统化、规模化的种子生产产业化体系，规模化、标准化生产我国的优质高产杂交冬油菜新品种和常规冬油菜新品种，创建系统化、规模化的种子产、加、销产业化体系，促进我国油菜产业发展。

3. 发展目标

通过加强制种基地的基础条件和人才队伍建设、培训专业制种技术人员、不断探索油菜高产高效机械化繁制种技术等手段，增强油菜繁制种综合实力，为冬油菜区生产纯度达到国家标准的优质良种，满足本生态区 70%的杂交种需求和 100%的常规种需求。

4. 主攻方向

研制油菜杂交种规模化、机械化杂交制种技术以及油菜细胞质雄性不育系微量花粉控制技术，在降低制种成本的同时提高制种质量。

5. 建设内容

冬油菜区域级基地重点建设内容主要有5个方面。

(1) 田间基础设施建设。针对全球气候变暖，极端天气日益频繁的问题，加强基地防灾减灾等水利基础设施建设，提高灌溉保证率和水资源利用率；加大基础设施建设力度，包括机耕路桥、土地平整、田埂硬化等田间设施，提升基地的规模化水平；油菜属于常异花授粉作物，亲本繁育需要严格隔离，因此需要建立繁育亲本用的隔离网室。

(2) 种子生产全程机械化推进。开展油菜种子繁育专用机械装备的研制，重点开发能调整行比的制种专用播种机，精准控制范围和剂量的化学杀雄剂喷施机，杂交种专用一次性收获机，种子烘干机、脱粒机、收割机等生产设备，改造和开发全自动精包装分装设备，建立上料、倒料、送料、计量分斗、入袋、封口、喷码、入箱一次性成型的油菜种子精包装分装技术。加快试验示范，逐步推广油菜种子机械化生产技术，减少种子生产对劳动力的依赖。

(3) 种子加工体系升级。针对油菜储藏加工技术落后的现状，研究在种子处理不同时期，包括种子收购、种子复晒入库、种子分装前处理方法，建立分级精选技术，提高小杂质粒、霉种、坏种、芽种、弱势种的排出率，全面提升种子质量；增加晾晒和烘干设施，使收获的种子及时降低水分保证安全；系统研究油菜种子的老化机理，制定相应的储藏环境条件标准和技术。研究种子发芽化学调控技术、种子包衣和丸粒化技术，提高种子的有害生物抗性、逆境抗性，提高田间出苗率。

(4) 油菜种子质量检测体系建设。研制油菜抗胎萌、催熟和微粉控制等产品及配套技术，同时通过优化播期、优化施肥、优化密度、优化父母本行比、母本打薹、喷施生长调节剂、对不同品种选择不同生态区制种等技术措施，不断完善油菜制繁种的各技术环节，分别制定杂交油菜和常规油菜生产基地规范化技术规程，提高油菜制繁种的种子纯度；增加与转基因成分、DNA指纹检测相关的仪器设备，包括油菜快速无损检测仪、PCR仪、荧光定量PCR仪、电泳仪、凝胶成像仪、低温冰箱等。

(5) 信息化建设。实现种子生产和加工全程监控、质量可追溯系统，建立种子生产、加工、销售信息平台。

二、春油菜区域级制种基地

1. 基本情况

春油菜是我国青海、甘肃、新疆、西藏、内蒙古等西北省区的主要油料作物。春油菜种植面积在1 000万亩以上，占我国油菜总面积10%左右，其中白菜型油菜占35%左右，甘蓝型油菜占65%左右，甘蓝型油菜中杂交种约占80%。

目前，我国开展春油菜杂交制种的主要有青海、甘肃、新疆等省区，制种面积4万亩左右，但是制种基地主要集中在青海省和甘肃省。由于春油菜区种子播种量大（甘蓝型油菜用种量为0.3~0.6公斤/亩），春油菜区生产的种子仍不能满足该区油菜大田生产的需求。

近年来春油菜区成立了农业合作社，通过流转土地扩大种子生产规模，流转土地占企业制种50%左右。春油菜制种集中的青海省互助县开发了万亩杂交油菜集约化制繁种基地，打破以往以人工为主的制种模式，由技术人员全程跟踪，进行技术指导，杂交油菜种子生产队伍较稳定，具有丰富的种子生产经验，在油菜种子生产方面具备较高的技术水平，使制种基地经营管理更加规范化、科学化、标准化，初步走向专业化、规模化、集约化现代农业产业轨道。但春油菜区种子生产经营企业较少，具备500万公斤以上的年种子加工能力，但是加工和检测设备落后，自动化程度较低。

经过多年发展，在青海和甘肃等春油菜杂交制种优势地区，大部分的田块具有排灌条件，在旱涝等自然灾害出现时具有一定的风险抵御能力，但是存在灌溉设施陈旧、灌溉效率低、水资源有限不能及时灌溉等现象，对灾害天气抵御能力较弱。地块相对较小、不平整、田间道路水电管网建设等方面的基础设施薄弱，不利于机械化规模化操作。

2. 功能定位

研制并应用油菜高产高效机械化制种技术，在春油菜区规模化生产我国优质高产春油菜新品种和部分杂交冬油菜新品种，种子纯度达到国家标准的优质良种，满足春油菜区100%的杂交种和常规种需求，并为冬油菜区生产部分杂交种（占冬油菜区用种量的30%左右），作为冬油菜区种子生产的重要补充。

3. 发展目标

在青海省、甘肃省和内蒙古自治区建立3个春油菜种子生产基地。杂交油菜制种基地建设将围绕硬件条件、人才队伍、技术研发和管理制度等四个方面来开展，以建成标准化、规模化、集约化、机械化的制种基地为目标，到2025年，制种规模达到5万亩以上，种子纯度较“十三五”末提高3~5个百分点。

4. 主攻方向

通过机械覆膜播种、病虫草害高效防治、机械收获等技术的研制与应用，降低制种成本，提高制种效益。

5. 建设内容

重点建设内容主要包括4个方面。

（1）改善基地硬件条件。近年来，青壮年农民大量进城务工，农村劳动力大量流失，“公司+农户”的种子生产模式已经不能适应现代种业发展的需要，体现出制种产量低、种子纯度低、生产成本高等一系列问题。针对上述问题，种子企业应建立稳定的种子生产基地，采取租用等土地流转方式，构建种子企业与制种大户、专业合作组织、农民长期的契约合作关系，实现流转土地上提高机械化生产水平，进一步提高集约化油菜制繁种程度。近年来，通过土地流转方式建立了规模化的制种基地，在一定程度上解决了上述问题。规模化、机械化将是我国杂交油菜种子生产的发展趋势，因此，需要进一步完善制种基地田间道路和排灌系统，平整土地，在北方干旱区建设机电井及配套设施；改扩建种子晾晒、加工、质检、仓储等用房及设施，购置种子机械化生产农机具，种子质检相关仪器设备、加工设备。

（2）引进和培养各类种业人才。杂交油菜规模化制种需要多种专业人才，涉及制种技术研发、制种基地管理、病虫草害防治、农机设备维护维修、种子加工、质检和销售等方面，每个环节都是种子产业的重要部分，因此各环节的专业人才均应具备。目前我国油菜种业各类人才还比较缺乏，特别是春油菜区具有专业技术的人才比较缺乏。种子企业通过提高薪金和待遇吸引高校毕业生去企业工作，鼓励高校和科研院所具有丰富经验的科研人员去企业兼职，协助企业培养各类人才。种子企业鼓励科研、生产、检验、营销、管理等人员参加培训和进修，加强对制种农民技术培训，培养制种能手和制种大户。

（3）安全的标准化、机械化制种技术研究。研制安全的、标准化、机械化杂交油菜制种技术规程，进一步完善机械覆膜播种、病虫草害高效防治、机械收获等技术和机具设备，进行种子干燥、精选、仓储、质检、包装等种子加工体系设备的升级，提高机械化程度，降低种子生产成本，提高种子纯度。

（4）建立健全种业管理制度。健全品种市场准入和监管机制。建立国家级与省级品种登记协调机制，科学制定品种登记标准，规范品种登记行为，健全品种停止推广机制，加快不适宜种植品种退出。规范品种外包装和标注内容，种子执法部门应建立推广品种信息库，加强对种子市场的监管，建立长效监管机制，严厉打击未审先推、无证生产、抢购套购、套牌侵权和制售假劣种子等违法行为。为了提高油菜种业管理能力和手段，每个杂交油菜制种基地重点县应加强种业科技人员的培训工作，同时应建立种子生产、加工、销售信息平台和质量可追溯系统。

第四节　保护、建设和管理机制

一、建设机制

（1）我国油菜长江流域适宜制种区域主要集中在襄阳、汉中等少数地区，受气候影响、波里马细胞质不育微量花粉限制和隔离条件要求，在建设种子生产基地时应遵循以下3点：一是种子生产基地地区的光照、温度、空间隔离等应达到油菜杂交种子生产的要求；二是基地点的选择应注重其土地规模、灌溉排水、肥力状况、地势地貌以及交通状况等直接影响种子生产的重要因素；三是要合理布局，油菜种子生产基地的选择要尽量与主要销售区域距离较近，便于种子存储和运输，降低种子生产成本。

（2）不同油菜生态区的光、温等环境条件对细胞质雄性不育系、细胞核雄性不育系、自交不亲和系以及化学诱导雄性不育系育性稳定性差异很大，应根据不育系特性确定适合的制种区域。在保证油菜生产基地制种纯度的前提下，建立标准化、规模化的油菜制种基地，完善制种技术组织体系，提高油菜制种产量和种子纯度，建立相应的繁种技术规程，提高繁种的产量和质量。

（3）加强制种基地的基础条件和人才队伍建设，培训专业制种技术人员，制定油菜生产规范化技术规程，提高油菜的种子纯度。

二、运行机制

种子产业作为农业基础产业，需要国家和地方财政进一步加大扶持力度，对已经建成的油菜种子基地要给予稳定的财政支持和专业的技术服务。

1. 财政支持方面

（1）除国家项目资金投入用于繁种基地建设外，有条件的种业企业和单位可自筹配套资金，整合农业综合开发、水利、交通、国土资源等部门的涉农项目资金，集中投向繁种基地。

（2）认真落实中央、省、市各项强农惠农扶持油菜生产的各项政策，引导社会资本向繁种基地建设注入，形成多元化的投资渠道。

2. 技术服务方面

（1）进一步充实专业技术人员。加大新品种、新技术、新材料的引进、示范和推广力度，按照实用、快速、有序的原则，全方位、多层次开展繁种基地农民的技术培训，提高技术入户率，提高种植水平和效益。

（2）建立标准化生产园区，推广机械化操作、标准栽培、绿色有机栽培，提高经济效益。

（3）发挥基地的地理品牌效应，结合育种单位的技术力量，生产出高质量产品，提升产品市场竞争力。

三、管理机制

1. 为保证油菜生产基地种子的繁育顺利开展，成立专门领导小组和技术专家指导组，定期督办检查

领导小组由分管项目的县区领导担任，负责整个基地的组织实施，确定目标任务，落实工作责任；技术专家指导组由省级农业科学院、省农业技术推广总站及相关单位的技术专家组成，负责技术和培训，审定技术方案，处理可能出现的技术难题。工作领导小组定期对油菜生产基地的相关项目实施情况、资金使用情况、建设标准进行督办检查，对没有按照实施方案要求实施、降低标准、挪用建设资金的情况、按要求及时责令整改。

2. 实行合同管理制度

油菜生产基地建设项目由县级农业部门与项目实施单位签订合同，明确任务、质量，保证项目按时顺利完成。项目资金建立单独账户，资金使用实行报账制，加强资金的审计，确保专款专用。

3. 建立信息反馈制度

对基地建设、运行和管理过程中出现的问题定期及时地反馈给项目管理部门，通过上级管理部门和专家进行研究解决。

通过油菜种子生产基地建管机制，使项目区内灌排条件得到较大改善，水的有效利用率明显提高，基本上形成“旱能灌、涝能排”的灌排体系，油

菜种子生产的主要制约因素基本排除，单位面积产量提高。

第五节　保障措施

一、加大政策支持力度

种子产业作为农业基础产业，需要国家和地方财政进一步加大扶持力度，对已经建成的油菜种子生产基地给予稳定的财政支持。

（1）根据不同区域，编制国家级油菜种子生产基地规划和建设管理意见，完成重点项目可研编制和批复，落实年度项目投资计划。

（2）落实基地扶持政策，指导制种大县落实、用好油菜制种大县奖励资金等中央财政资金，加强制种基地建设和管理；落实中央财政制种保险保费补贴政策，扩大制种保险实施范围，通过建立如风险基金、保险基金等，增强油菜种子生产抵御风险的能力，确保油菜种子生产基地稳定，夯实种业发展基础。

二、建立基地属地管理机制

对制种大县实行一年一检查、两年一考核，检查、考核结果与大县认定及扶持政策、项目挂钩，落实地方政府属地管理主体责任。

三、完善良种推广补贴制度

逐步扩大补贴品种和补贴范围，解决育繁推脱节的问题，油菜籽收购实行优质优价，对冬闲田种植油菜给予经济奖励。

（写作组成员：梅德圣、付玲、沈金雄、吴山、徐亮、赵永国）

第九章　甘蔗种苗生产优势基地建设研究

甘蔗是我国主要的糖料作物，面积占我国常年糖料面积的85%以上，蔗糖量占食糖总产的90%以上。据国家统计局数据，2018年我国甘蔗种植面积2 108万亩，产蔗10 809万吨。蔗种是甘蔗生产的核心，是促进甘蔗稳定发展，保障国家食糖安全的根本，是提高蔗糖产业国际竞争力的重要手段。蔗种作为发展甘蔗产业的关键措施，它不但能增加亩产蔗量、产糖量、降低生产成本，还能提早开榨，延长榨期，提高糖厂设备利用率，获得最高的经济效益。发展历史表明，只有不断改良更新品种，使品种一代比一代好，产量一代比一代高，才能不断促进蔗糖产业的发展。

第一节　甘蔗种苗生产发展的基本情况

甘蔗蔗种在蔗糖产业发展中起着至关重要的作用，我国甘蔗产业的发展过程就是甘蔗品种不断改良更新的过程。新中国成立以来，我国蔗区先后经过4次大的品种改良更新，有力地促进了我国甘蔗产业的发展，使我国成为世界第三大甘蔗糖业生产国。

一、发展历程

新中国成立以前，我国蔗区主要以地方品种为主，如：竹蔗、芦蔗和罗汉蔗；同时有少量的国外引进种和我国台湾地方种等，主要通过扩大面积来提高总量。新中国成立后，从20世纪50年代中后期开始，我国广东、广西、四川、福建、云南等省（自治区）相继成立了专门的甘蔗科研机构，开始从事甘蔗新品种的引进、培育和推广工作，引进Co290、Co419、F108、F134和POJ3016等品种，在全国大面积推广，引进种的产量和糖分高于地方品种，在生产上快速推广应用，取代了地方品种，实现了甘蔗品种的第一次改良。20世纪60—70年代以来，我国甘蔗科研机构自力更生，为解决我国蔗区糖业发展品种需要，各甘蔗科研机构广泛开展了杂交育种研究，在海南甘蔗育种场进行甘蔗开花杂交，利用杂交组合花穗种籽，开展甘蔗有性杂交育种，各省（自治区）相继培育出了一批优良品种，并开始在生产上试验示范，如云蔗 64-24、川蔗 61-408、闽糖 70-611、桂糖 5 号、桂糖 11 号、华南 65-21、粤糖 57-423 等。这一时期甘蔗产业获得了平稳发展。我国第一次、第二次甘蔗品种改良更新，使我国甘蔗种植面积由 160 万亩发展到 1978 年的 830 万亩，甘蔗亩产从 1.5 吨提高到了 2.5 吨，甘蔗单产提高了 50%；甘蔗总产量由 264.2 万吨增长到 2111.6 万吨，增长了近 8 倍；蔗糖产量从 20 万吨增加到 227 万吨，增加了 11.35 倍。

20 世纪 80—90 年代，随着家庭联产承包责任制改革，实行包产到户后，农村生产关系发生了巨大变化，甘蔗产业不断发展，甘蔗种植面积不断扩大，农民对蔗种需求的数量和质量显著增加。同时广东、广西、四川、福建、台湾、云南等省（自治区）的甘蔗新品种的选育工作成效显著，自育的甘蔗新品种逐步替代了地方品种和老的引进品种，实现了甘蔗品种的第三次改良，成为新一代的甘蔗主推品种，如：桂糖 11 号、粤糖 63-237、闽糖 70-611、川糖 17 号、云蔗 71-388、云蔗 71-998 等。甘蔗品种数量和类型丰富，大批优势品种根据适应性进行了良好的区域化布局与推广，有力地促进我国甘蔗糖业的发展。第三次品种改良使我国的甘蔗种植面积由 1978 年的 800 万亩发展到 2001 年的 1 500余万亩，甘蔗亩产从 2.5 吨提高到了 3.5 吨，单产提高了 40%；总产量从 2 111.6万吨增加到了 5 670万吨，蔗糖产量由 227 万吨增加到了 550.6 万吨，基本实现自给。

20 世纪 90 年代以来，随着我国大陆与我国台湾地区交往的密切，特别是改革开放的促进，一批高产、高糖、适应性广的台糖品种从沿海地区进入大陆蔗区，新台糖 10 号、新台糖 16 号、新台糖 20 号、新台糖 22 号等一批品种，由于糖分高，产量高，备受我国制糖企业和蔗农的欢迎，以强劲态势，替代我国当家的自育品种。到 2007 年，据调查，全国糖料甘蔗播种面积约 2 200万亩，从我国台湾地区引进的“ROC” 3 个品种的年种植面积约 1 600万亩，新台糖品种有力地促进了我国蔗糖产业的发展，使我国甘蔗种植面积在基本保持不变的情况下，出糖率提高了 1.5 个百分比以上，全国蔗糖产量增加 20%以上。第四次以新台糖品种为主的改良，使甘蔗亩产从 3.5 吨提高到了 4.5 吨，甘蔗种植面积由 2001 年的 1 540万亩发展到了 2010 年的 2 300万亩，蔗糖产量达 1 013.83万吨，其中 2008 年蔗糖产量达 1 367.9万吨。

综观我国甘蔗种业的发展，可以看出，不断进行甘蔗品种改良更新是提高甘蔗生产水平，是促进甘蔗产业发展的根本保障。

目前，新台糖系列品种在我国蔗区应用20余年，占我国甘蔗种植面积的80%，为甘蔗产业实现跨越发展发挥了重要作用。但是近年来，新台糖品种单一、退化的负面影响已严重显现。病虫危害严重，“四病三虫”危害加剧，甘蔗黑穗病、宿根矮化病、花叶病等主要病害每年造成减产20%以上，螟虫和地下害虫平均发生率超过60%，造成蔗糖分损失0.3个百分点以上。同时新台糖品种造成的品种单一化，工艺成熟期过于集中，也不利于提高制糖效益。

为此，“十二五”以来，我国主产蔗区在农业部的支持下，加大甘蔗新品种选育力度和推广力度，大规模增加育种规模，以新台糖22号、16号等为对照种，选育全面超过新台糖、具有自主知识产权的新品种。近年来，我国甘蔗育种规模增加了近5倍，同时广泛采用了核心家系选育方法、经济遗传值评价等育种新技术，目前，云蔗、粤糖、福农、桂糖等已出现了一批超过新台糖22号的新材料。2017年开始，我国自育的一批新品种在全国蔗区大面积推广应用，特别以桂糖42号、桂柳05-136、云蔗05-51、海蔗22号为代表的第五代甘蔗新品种，在全国展现了良好的推广应用前景。以自主育种为主的、早中晚熟合理搭配的新一代当家品种正在不断形成，“十三五”期间有望实现我国第五代的品种更新，支撑现代甘蔗产业的发展。

二、产业基础

近年来，随着市场经济的不断深入发展，特别是在国家现代种业发展规划的指导下，我国的甘蔗种业基地得以快速发展。

1. 甘蔗品种逐步走向专业化、规模化繁育的道路

甘蔗是常规无性繁育作物，长期以来，主要以农民自留种进行种植生产。近年来，为尽快扩大甘蔗新品种应用规模，加大推广应用力度，我国主产蔗区依托科研单位和制糖龙头企业，相继成立了30余户甘蔗蔗种开发公司，建立了一批专业化、规模化的良种繁育基地，对科研单位育成的高产高糖新品种，采用知识产权交易的模式，进行甘蔗品种的扩大繁育，由制糖企业定购甘蔗新品种种苗，提供给甘蔗种植户进行种植发展，使我国的甘蔗新品种繁育开发走向了正规化、标准化道路。

2. 通过国家扶持，形成了覆盖主产蔗区的甘蔗良繁基地体系

从“十一五”开始，国家发改委、农业部在国家糖料基地建设中，明确提出支持各县蔗区建设甘蔗良种基地。通过10余年的建设，到2018年在全国主产区建成了60余个县级甘蔗良种繁育基地，配套建设了仓库、温室、大棚、种苗生产车间，以及水利和田间道路等基础设施，形成了良种基地、

品种筛选、试验示范和展示为一体的良繁体系。“十三五”期间，结合国家糖料蔗主产蔗区规划，农业部提出了改造建设良种繁育基地58万亩的计划(其中广西41.5万亩，云南16.5万亩)，建立健全能够覆盖主要蔗区的专业化良种扩繁体系，为今后我国1 500万亩糖料蔗保护区的建设与发展奠定了良好基础。

3. 制糖企业与甘蔗科技部门合作，促进了甘蔗良繁基地的发展

甘蔗良种是蔗糖产业发展的基础，各地制糖企业充分认识到甘蔗良种应用对企业发展的重要意义，纷纷与甘蔗研究科研院所等联合，建立企业的甘蔗良繁基地，据统计，我国目前已有35户制糖企业建立甘蔗良繁基地，初步形成了以市场为主导的引种筛选、展示示范、繁育推广格局。各地在推广应用甘蔗新品种过程中，制定了种植资金补助、农药化肥补助、农机补助等优惠政策，形成了品种加价收购的良好机制，有力地促进了良种繁育基地的发展。

4. 建立了甘蔗脱毒健康种苗生产体系，引导了我国主产蔗区甘蔗健康种苗的应用

“十二五”以来，我国积极在广西、云南等主产蔗区推广甘蔗脱毒健康种苗，先后在主产蔗区设立了30余个示范推广县，在广西蔗区建设了52个甘蔗良种繁育推广基地，可提供良种约30万吨，可供藤农大田种植近40万亩，在云南建设20座甘蔗温水脱毒车间，推广甘蔗健康种苗面积达到50万亩。甘蔗健康种苗分蘖率强、生长速度快、成茎率高、宿根发株率高、抗逆性能强等特点，可延长宿根年限2~3年，单产提高20%以上，每亩能增产1~2吨，深受主产蔗区制糖企业和蔗农的欢迎。

三、主要问题

多年来，在各级政府的关心支持下，我国蔗种基地由无到有，并向专业化、规模化方向发展，为我国甘蔗产业发展作出了重要贡献。但是，与我国现代甘蔗产业对蔗种的需求相比，还存在以下一些问题。

1. 突破性的品种培育跟不上蔗糖产业发展的需要

目前我国在糖料科技投入，育种基础平台建设，种质资源创新能力方面与主要粮经作物，如水稻、玉米、油料甚至甜菜作物相比差距仍很大，育种机构分散，育种规模小，且甘蔗资源创新、新型亲本培育滞后，新品种培育还跟不上产业发展的需要。目前正在或已经大面积推广应用的新品种，还存在抗病性不强、养分尤其是氮肥利用效率不高、适应性不广等问题。甘蔗品种改良均缺乏重大突破，育成的新品种产量和糖分提高幅度不大，改良型品

种研究多，突破性品种无，急需从种质到手段上，开创我国突破性品种改良的途径，才能适宜产业发展的需要。

2. 蔗种产业化程度低，品种技术推广难度大

我国甘蔗育种良种繁育推广应用均由公益类教学科研单位完成，生产用种都是科研单位、种苗公司、制糖企业及各级繁育基地一次性提供后，蔗农自留种苗进行生产，导致蔗种企业难于大规模介入，产业化程度低，甘蔗种苗企业微利，育种单位无利，在这种情况下，甘蔗脱毒健康种苗技术，组织培养技术，在蔗区推广难度较大。为此，针对甘蔗生产的实际，蔗种产业化必须提前到新品种开发阶段，同时研究开发新的种苗技术，才能适应甘蔗产业的发展。

3. 蔗种基地建设滞后，设施薄弱

要实现我国甘蔗品种快速地不断改良更新，在不断育成高产高糖突破性品种的基础上，关键是要有一批区域性的甘蔗制种基地，加大甘蔗新品种的繁育推广应用。多年来，国家在甘蔗糖料基地项目中，抽出了一部分经费，建设了一批甘蔗良繁基地，但由于安排经费少，至使各地良种繁育基地面积小，设施不完善，特别是与新品种配套的健康种苗生产设施缺乏，致使基地功能难于有效发挥。为此，加强各地甘蔗种苗基地建设，是甘蔗产业发展的重要措施。

四、发展趋势

根据我国甘蔗产业对种苗的需要，特别是现代甘蔗产业的发展需要，我国的蔗种基地将从四个方面进行发展。

1. 新品种蔗种向产业化发展

如何向更新种植的蔗区源源不断地提供甘蔗新品种种苗，是产业持续发展的根本保障。近年来，我国主产蔗区以甘蔗育种机构为依托，以民营资本为纽带，成立了一批专业化甘蔗新品种开发种业公司及良繁基地，采用组织培养、健康种苗、一年多繁等新技术，对科研单位育成的新品种进行产业化繁育推广。实践证明，甘蔗新品种种苗产业化繁育推广方式，不仅实现了新品种的大规模推广应用，又保证甘蔗育种者的利益，是我国甘蔗种业现代化的发展方向。

2. 蔗种向健康化方向发展

甘蔗是常规无性繁育作物，蔗茎作为繁育体和营养体，宿根矮化病、花叶病等种传病害在繁育过程中会不断累积，导致品种生产力下降，种性退化。推广应用脱毒健康种苗是解决甘蔗种性退化的有效途径。2011 年以来，

我国蔗区组织了甘蔗脱毒种苗技术繁育与大面积示范推广，取得了显著的效益，平均亩增产原料20%以上，延长宿根年限2年，脱毒健康种苗逐步获得经营主体和生产农户的认可。

3. 蔗种向适宜机械化生产发展

甘蔗生产用工多，劳动强度大，人力成本不断提高，推广甘蔗全程机械化是解决人力成本上涨的重要抓手。伴随着甘蔗全程机械化技术的成熟与推广，需要加紧繁育推广适宜全程机械化栽培的品种。适宜机械化栽培的蔗种要求分蘖力强，初期植株柔韧性好，后期植株直立抗倒，宿根蔗蔸耐碾压，不因机械收获而影响宿根。近年，我国育种单位已重点选育出一批适宜机械化生产的优良品种，推广面积不断扩大，推动甘蔗产业不断节本增效。

4. 蔗种向苗圃供种化方向发展

苗圃供种具有出苗快、出苗整齐的特点和定时供时的优势，随着我国蔗区土地的流转，甘蔗生产从单一的种植户向种植大户、种植农场、规模化，特别是机械化的发展，甘蔗专用苗圃供种可有效解决上述问题，是生产高质量种苗的最佳途径，因此，建设甘蔗种苗生产专用基地是蔗种生产的发展趋势。

第二节　甘蔗种苗生产优势基地建设思路、目标

一、基本思路

围绕我国糖料种业提升科技创新能力，实施高质量、绿色发展的理念，根据我国甘蔗产业的发展需要，强化品种选育，夯实种业基础，整合研究力量，促进联合攻关，挖掘种质资源潜力，利用现代生物技术与常规技术相结合，进一步加大品种选育力度，培育高产、高抗、广适的优良品种，尽快实现自主知识产权甘蔗品种的全面推广。加强蔗种基地建设，建立以国家级广西壮族自治区甘蔗良种繁育基地和区域级甘蔗良种生产基地县相结合的良种繁育机制，配套建设糖料蔗种苗质量检测体系，构建以产业为主导、企业为主体、基地为依托、产学研相结合、“育繁推一体化”的现代甘蔗种业体系，全面提升我国甘蔗种业发展水平。

二、发展目标

根据我国甘蔗产业对甘蔗种苗的需求，预计到2025年，在我国广西等主产蔗区建立完善的区域性与县级产区相结合的标准化、规模化、集约化的

甘蔗蔗种培育生产基地，打造能基本覆盖主产蔗区、育种能力强、生产技术先进、市场营销网络健全、技术服务到位的“育繁推一体化”现代蔗种基地，显著提高我国自育优良品种的覆盖率，确保甘蔗产业的持续发展。

三、发展任务

（1）通过5年努力，在广西、云南、广东、海南、福建建设9个一级蔗种培育基地，在全国主产蔗区县建设65个甘蔗种苗扩繁县区甘蔗良种扩繁生产基地。以甘蔗种业公司和制糖企业为龙头，建成我国主产蔗区的良繁推一体化的甘蔗种苗繁育推广应用体系。

（2）通过5年努力，推广应用以自主选育的第五代高产高糖新品种面积达800万亩，占我国蔗区面积的40%以上；全面建成完善的甘蔗种苗育繁推广体系，基本实现我国第五代甘蔗良种率达90%以上，基本实现我国甘蔗的健康种苗化。

第三节　甘蔗种苗生产优势基地布局方案和重点建设任务

根据我国甘蔗产业区域布局和发展，结合甘蔗作物种苗产业发展特点以及蔗区自然资源条件，在广西壮族自治区建立国家级甘蔗良种繁育基地，在华南蔗区、西南蔗区布局建设69个区域级良种繁育基地，包括9个一级（省级）蔗种基地和60个二级（县级）甘蔗蔗种扩繁生产基地，具体布局见表9-1。

表9-1　甘蔗蔗种基地布局

基地布局	主要省（区）	一级蔗种培育基地	二级（县区）蔗种生产基地布局
华南地区	广西	广西壮族自治区农业农村厅、广西农业科学院甘蔗研究所、广西农垦集团有限责任公司	武鸣区、江南区、宾阳县、横县、隆安县、合浦县、上思县、灵山县、钦南区、钦北区、覃塘区、田东县、平果县、田阳县、宜州市、罗城县、都安县、金城江区、环江县、兴宾区、武宣县、象州县、忻城县、扶绥县、江州区、宁明县、龙州县、大新县28个
	广东	广州甘蔗糖业研究所	遂溪县、雷州市、徐闻县、廉江市、麻章区5个
	海南	中国热带农业科学院	儋州市
	福建	福建农林大学	漳州市

（续表）

基地布局	主要省（区）	一级蔗种培育基地	二级（县区）蔗种生产基地布局
西南蔗区	云南	云南省农业科学院甘蔗研究所	新平县、元江县、龙陵县、昌宁县、施甸县、隆阳区、景谷县、澜沧县、孟连县、凤庆县、云县、镇康县、双江县、耿马县、沧源县、富宁县、广南县、勐海县、芒市、盈江县、陇川县、金平县、红河州、元阳县 24 个
	贵州	贵州省亚热带作物研究所	兴义市
合计		9 个	60 个

一、一级甘蔗良种繁育基地

（一）华南蔗区一级（省级）蔗种培育基地

1. 基本情况

华南蔗区包括广西、广东、海南的北纬 24°以南地区，是我国的甘蔗主产蔗区，拥有桂中南和粤西琼两大国家甘蔗优势区域。2018 年，该区甘蔗种植总面积约 1 500万亩，占我国蔗糖产量的 75%以上。其中广西是我国最大的甘蔗产区，根据我国糖料蔗主产区发展规划和糖料蔗生产保护区规划，广西蔗区甘蔗种植保护面积为 1 150万亩。

华南蔗区也是我国甘蔗育种实力较强，蔗种基地起步相对较早的地区。目前，该区域有甘蔗种业公司和专业的繁育基地 20 余个，主要分布在广西北海、南宁、崇左、来宾等地。2018 年，广西有 17 家蔗种供种机构，涉及良种繁育基地 2 万余亩，主要繁育品种包括桂糖系列、柳城系列、福农系列、粤糖系列及台糖等，年供种约 13 万吨。海南蔗区甘蔗脱毒种苗生产技术达到国内先进水平，技术依托单位为中国热带农业科学院热带生物技术研究所。

福建农林大学是我国甘蔗品种培育的牵头单位，建有“农业农村部福建甘蔗生物学与遗传育种重点实验室”“国家甘蔗产业技术体系研发中心”“国家甘蔗工程技术中心”等。依托国家甘蔗工程技术研究中心，福建省具有年产 100 万株脱毒种苗原原种的生产能力。同时，福建农林大学还与中国农业集团广西格霖农业技术有限公司合作，在广西南宁建有年产 1 000万株脱毒种苗原种的繁育车间，在广西来宾、武鸣合作建设甘蔗种苗和脱毒种苗生产基地 5 000亩，年产种苗 40 000吨，并作为该公司甘蔗种苗生产的技术依托单位和原原种供应单位。

2. 功能定位

华南蔗区蔗种基地，主要面对桂中南、粤西琼北两个国家甘蔗优势区域进行新品种蔗种供应。一级甘蔗良繁基地6个，主要功能是向35个县级甘蔗良种繁基地提供甘蔗新品种原料。

3. 发展目标

根据华南区蔗区的面积和发展，建设6个一级（省级）的蔗种培育基地，35个县级基地，可实现一年提供一级甘蔗新品种3.6万吨，满足35个县级甘蔗良种扩繁基地的需要。

4. 主攻方向

蔗区蔗种基地重点针对区域性海洋气候特点，构建脱毒甘蔗种茎三级良种繁育体系，重点生产推广高产高糖、抗倒伏（抗台风）、宿根性好、适宜机械化生产的甘蔗新品种。

5. 建设内容

根据华南蔗区蔗种需求，建设6个一级蔗种基地，其中广西建设3个，即广西农业农村厅一级甘蔗繁育基地，主要以引进省内外甘蔗品种选育繁育为主；广西农科院蔗种繁育基地，主要以繁育自育甘蔗新品种为主；广西农垦集团甘蔗良繁基地，以培育适宜甘蔗机械化蔗种为主。广东建设1个一级（省级）甘蔗良种基地，主要以繁育粤糖系列新品种为主；海南建设1个一级（省级）甘蔗良种基地，主要以繁育甘蔗脱毒健康种苗为主；福建设1个一级（省级）甘蔗良种基地，进行甘蔗基因工程选育种及其评价，以繁育福农系列新品种为主。

6个一级蔗种基地依托现有研发体系，依托4省区的甘蔗科研机构，拾遗补缺补充品种培育的研发仪器设备，建设标准的甘蔗种苗培育基地和配套的工作实验用房，使永久性的省一级甘蔗种苗基地平均规模达1 000亩以上。通过基地的建设，使每个省级甘蔗种苗基地具备每年培育育种材料1 000个组合的能力，具备提供2 000吨甘蔗一级原种的能力，其中福建省级基地具备提供可供商业应用的基因工程甘蔗品种培育能力。

（二）西南蔗区一级（省级）蔗种培育基地

1. 基本情况

西南蔗区包括云南的大部分、贵州西部及西南隅、四川西部高原南部，南起北纬23°，北至北纬29°。海拔大部分在400～1 600米，大部分属亚热带季风气候。2018年，西南蔗区甘蔗面积达500万亩，蔗糖产量占我国蔗糖约25%。

西南蔗区的蔗种基地目前主要在云南省，蔗种生产基地主要分布滇南（红河州）和滇西（德宏州）两地，主要依托云南省农业科学院甘蔗所、云南省农业科学院瑞丽杂交育种站和德宏州甘蔗科学研究所等科研育种机构进行种业开发，“十三五”期间，省内有6家蔗种供种机构，这6家甘蔗种业开发机构主要以自有良繁基地和当地蔗农相结合进行繁育生产，常年良种扩繁基地5 000亩，主要扩繁云蔗型甘蔗新品种，年提供新品种蔗种约2.5万吨。

2. 功能定位

西南蔗区蔗种基地主要面对滇西南国家甘蔗优势区域进行新品种蔗种供应。同时根据我国沿边沿境农业产业开发的需要，负责向缅甸、老挝、越南等周边国家进行部分甘蔗新品种供应。

根据西南蔗区的甘蔗产业发展，布局一级（省级）甘蔗良种培育基地3个，主要功能是向25个县级甘蔗良种繁基地提供甘蔗新品种原种。

3. 发展目标

根据西南蔗区的面积和发展，建设3个一级（省级）的蔗种培育基地，25个县级基地，可实现一年提供一级甘蔗新品种1.8万吨，以满足25个县级甘蔗良种扩繁基地的需要。

4. 主攻方向

西南蔗区蔗种基地重点针对区域性山地干旱的季风气候特点，繁育丰产高糖、抗逆（抗旱）、宿根性强的品种，同时兼顾适宜中小型山地甘蔗机械化作业的需要，进行相应品种繁育。

5. 建设内容

根据西南蔗区蔗种需求，建设3个一级（省级）蔗种基地，其中云南省建设2个一级甘蔗良种繁育基地，即云南省农业科学院甘蔗所一级良种基地，主要面对滇南、四川的二级扩繁基地供种；云南农业科学院瑞丽甘蔗育种站一级良种基地，主要面对滇西和沿边沿境的二级甘蔗良繁基地供种。贵州热带经济作物研究所一级甘蔗原种基地，主要面对贵州的二级甘蔗良种基地供种。

3个一级蔗种基地依托现有研发体系，依托云贵两省的甘蔗科研机构，拾遗补缺补充品种培育的研发仪器设备，建设标准的甘蔗种苗培育基地和配套的工作实验用房。

二、县场级（二级）基地

（一）华南蔗区二级（县级）甘蔗扩繁基地

华南蔗区二级甘蔗扩繁基地主要在一级蔗种的基础上进行扩大繁育，以甘蔗主产区为主进行建设，重点建设35个二级甘蔗良种扩繁基地。

1. 功能定位

华南蔗区蔗种基地，主要面对桂中南、粤西琼北两个国家甘蔗优势区域进行新品种蔗种供应。二级良种扩繁基地35个，主要向各县区提供甘蔗新品种种苗。

2. 发展目标

根据华南区蔗区的面积和发展，建设35个县级扩繁基地3.5万亩，按亩产蔗种8吨计，实现二级甘蔗良种扩繁28万吨的规模，按亩下种600公斤计，每年可提供46.6万亩的甘蔗蔗种。

3. 建设内容

在广西围绕28个甘蔗主产县建设28个甘蔗蔗种基地，即武鸣区、江南区、宾阳县、横县、隆安县、合浦县、上思县、灵山县、钦南区、钦北区、覃塘区、田东县、平果县、田阳县、宜州市、罗城县、都安县、金城江区、环江县、兴宾区、武宣县、象州县、忻城县、扶绥县、江州区、宁明县、龙州县、大新县。在广东建设5个县级甘蔗蔗种基地，布局于遂溪县、雷州市、徐闻县、廉江市、麻章区；福建建设1个县级甘蔗良繁基地，布局在漳州；海南省建设1个二级甘蔗扩繁基地，布局在儋州市。

县级蔗种生产基地是提供种苗的主体，根据我国甘蔗糖料基地县生产情况，特别是对新品种种苗的需要规模，在每个糖料基地县建设高标准的甘蔗种苗生产基地1 000亩，每年具备向当地县提供8 000吨以上新品种蔗种的能力，基地依托县级甘蔗技术推广站和制糖龙头企业建设。主要建设内容为水利、田间道路配套的标准化甘蔗种苗生产基地，健康种苗生产车间，购置种苗生产的全程机械。

（二）西南蔗区二级（县级）甘蔗扩繁基地

西南蔗区二级甘蔗扩繁基地主要在一级蔗种的基础上进行扩大繁育，以甘蔗主产区为主进行建设，重点建设25个二级甘蔗良种扩繁基地。

1. 功能定位

根据西南蔗区的甘蔗产业发展，布局二级（县级）良种扩繁基地25个，向主产县区提供甘蔗新品种种苗。

2. 发展目标

根据西南蔗区的面积和发展，建设25个县级基地，扩繁基地建设面积2.5万亩，按亩产蔗种6吨计，可每年提供15万吨的规模，按亩下种量600公斤计，可提供种植25万亩。

3. 建设内容

在云南省建设24个蔗种基地，主要建设在新平县、元江县、龙陵县、昌宁县、施甸县、隆阳区、景谷县、澜沧县、孟连县、凤庆县、云县、镇康县、双江县、耿马县、沧源县、富宁县、广南县、勐海县、芒市，盈江县，陇川县、金平县、元阳县和红河州；贵州省建设1个县级甘蔗良种生产基地，分布于兴义市，基地建设规模1 000亩。主要建设内容为水利、田间道路配套的标准化甘蔗种苗生产基地，健康种苗生产车间，购置种苗生产的全程机械。

第四节　保护、建设和管理机制

一、产学研相结合，形成蔗种研发培育与种苗产业开发相结合的应用体系

鉴于甘蔗育种周期长，种苗属常规无性繁育的特性，国家积极支持甘蔗种苗的基础研发工作，以国家甘蔗种质资源圃、海南甘蔗育种场、瑞丽甘蔗育种站为主，依托相关科研单位，大力开展甘蔗种质资源研究、种质创新，利用现代分子生物手段，创造特高产、特高糖极值育种材料，做实我国突破性甘蔗种苗培育的基础，形成基础扎实、创新有力的甘蔗种苗基础体系。

在此基础上，积极探索甘蔗新品种种苗和健康种苗的产业化途径，建立以制糖龙头企业为市场的种子种苗产业化繁育开发平台，积极支撑制糖龙头企业，涉足甘蔗种业产业化开发，逐步建立起以企业为主体的商业化育繁推机制，建立商业化育种体系，打造育种能力强、生产加工技术先进、市场营销网络健全、技术服务到位的“育繁推一体化”的现代甘蔗种苗主体。

二、实行以先建运行机制，建后科学考核管理的管理机制

鉴于我国蔗种产业（企业）发展起步晚、规模小，技术参差不齐的现实情况，在新一轮的国家甘蔗种苗基地建设中，要加强甘蔗种苗产业化发展道路的探索，在基地建设中，实行以先建运行机制，建后进行社会效益考核和

经济效益考核相结合的管理机制，逐步引导建立起以市场为导向、以科技为支撑、以效益为核心的甘蔗种苗产业化模式，逐步形成一批种苗质量高、信誉良好、运行效益好、能自我发展、自我经营的现代甘蔗种业公司。

三、探索建设甘蔗种苗基地后补助的建设管理模式

多年来，我国蔗糖产业发展受市场波动影响较大，部分新品种种苗经营者短期行为严重，时有“炒种”现象发生，对甘蔗产业的健康发展造成较大影响。为此，在国家甘蔗种苗基地的建设中，可根据多年来我国蔗区各种苗公司的运行情况和发展，选择性给予支持。

四、建立科学的甘蔗种苗育繁运行体系

在基地建设发展中，鼓励建设科学的运行体系，结合甘蔗种苗产业开发，探索良种选育、健康种苗生产、良种繁育基地及糖料科技社会化服务为一体的综合服务体系，形成良种繁育基地通过自育和引进高产高糖新良种到生产和繁育健康种苗，向主产蔗区供种，种苗售后服务为一体的格局。

五、积极引导当地制糖企业和农户参与甘蔗种苗的产业化开发

甘蔗良种产业化开发经济效益不高，但对促进产业发展和蔗农单产提高的社会效益显著，为此，甘蔗种苗龙头企业，要紧紧依靠当地制糖企业，积极引导农户参与到甘蔗种苗的繁育开发中来，使基地形成以产业需求为纽带，以基地为展示，农户种植为主体的利益联结运行模式。在蔗农自愿、平等、互利的前提下，签订中长期良种繁育应用和销售契约合同，以明确双方的经济关系；以糖厂为龙头，通过提供甘蔗新品种、实行标准化生产、社会化服务和优质种苗收购结成利益联结机制，将生产、加工、销售有机结合，实施一体化经营。

第五节　保障措施

一、建立多元化的投资和建设渠道

甘蔗育种周期长，花费大，蔗种又属常规无性繁育，种苗产业化效益不高，为此，建议国家加大甘蔗种苗的财政支持力度，在公益性科研单位重点支持种质资源研究利用、育种材料培育以及育种繁育关键技术研究开发。在

此基础上，国家支持、鼓励有条件的制糖龙头企业投资进行甘蔗品种选育和种苗繁育推广，重点支持“育繁推一体化”蔗种企业开展商业化育种和产业化繁育推广；支持制糖企业育种创新、种子生产加工等条件能力建设。

二、强化政策支持

甘蔗单位面积需种大，每亩高达800公斤，甘蔗种苗难于长距离大调运，决定甘蔗种苗基地和经营单位主要以服务本地为主，市场化程度难以提高，为此，建议国家降低无性繁育的甘蔗种苗繁育生产企业设立条件，在资格认证上进一步放宽条件，支持在制糖产业大县建立甘蔗种苗圃（基地），推行甘蔗脱毒健康种苗制度，加快形成公司+基地+农户的甘蔗种苗运用体系，逐步减少农民自留种的比例。

三、加快对甘蔗植物新品种保护权的认定速度和保护力度

甘蔗品种选育是甘蔗种苗产业的基础，一是甘蔗品种的育种周期长达10年以上，花费大，为此，甘蔗的植物新品种保护是我国甘蔗种苗健康发展的基础，但是，我国的甘蔗新品种申请保护需要的时间长，效益不高，严重影响甘蔗种苗的开发和利用。二是保护力度低，目前甘蔗新品种权申请保护后，各地蔗区无视品种保护权，任意繁育和推广，侵犯了品种权人的权益，影响了甘蔗新品种选育的积极性，建议国家加大无性繁育作物的品种保护权宣传力度，树立全面的品种保护权意识。

（写作组成员：张跃彬、许莉萍、吴才文、杨荣仲、杨本鹏、雷朝云）

第十章 蔬菜种子（苗）生产优势基地建设研究

蔬菜在我国农业生产、人民生活中占有重要地位。据国家统计局数据，2018 年我国蔬菜种植面积 3.06 亿亩，总产量 7.03 亿吨，总产值达 1.9 万亿元，已超过粮食总产值。通过系统收集和整理蔬菜种子生产发展历程、现状和问题，以提高蔬菜种子综合生产能力为基本任务，本着科学规划、合理布局的原则，提出蔬菜种子生产基地的布局方案、建设任务和政策建议。

第一节 蔬菜种子（苗）生产发展的基本情况

一、发展历程

我国蔬菜制种行业的发展与国家的农作物种子生产发展历程基本相同，大致可分为农家优良品种的提纯复壮阶段（1949—1957 年），“依靠农业生产合作社自繁、自选、自留、自用，辅之以调剂”的“四自一辅”阶段（1958—1977 年），“种子生产专业化、加工机械化、质量标准化和品种布局区域化，实现以县为单位统一供种”的“四化一供”阶段（1978—1988 年），国家规划、政策引导的专业化种子基地发展时期（1996—2010 年）以及种子生产基地全面优化布局阶段（2011 年至今）5 个历史时期。

蔬菜种子生产发展总体呈现以下规律。

1. 种子生产基地逐步实现区域化

为了解决蔬菜种子稳定供应和提高质量等问题，1989 年，农业部在规划建设专业化种子基地时，了解到甘肃、宁夏等西部灌溉农业地区居于中国内陆，大陆性气候明显，无霜期为 150~187.5 天，日照时数 2 000~3 200小时，日照充足，昼夜温差大，空气干燥，河南省济源市位于河南省西北部，黄河北岸，与山西省为邻，属暖热带季风气候，四季分明，气候温和，光、热、水资源丰富，均有蔬菜种子生产的天然有利条件，江苏、山东、安徽、河南等省的种子公司纷纷到甘肃、宁夏等地制种。随着西北种子生产基地的快速发展，加速了种子生产规模的不断扩大，使甘肃等区域成为了全国主要的蔬菜种子生产基地。甘肃省酒泉市、张掖市、武威市的蔬菜制种面积约16万亩，可繁育瓜类、茄果类、叶菜类等多种蔬菜。济源市的蔬菜制种面积约6万亩，可划分多个自然隔离区，适于白菜、甘蓝、萝卜等制种。

2. 种子生产基地专业化水平日益提高

专业化种子基地的蓬勃发展是随着各类杂交种子的选育成功而发展起来的，杂交种子使得种子生产具有很大的技术性、专业性和区域性，过去的家家种地，户户留种已不可能实现，为专业化种子生产基地奠定了基础。懂技术、有责任心的技术人员成为蔬菜制种的主体，集约化、规模化、基地化的种子生产使得专业技术得以施用，有些专业化制种公司逐渐开始探索新的制种方法，都使制种基地专业化水平日益提高。

3. 蔬菜种子生产技术操作规程的标准化

北京市质量技术监督局2003年发布了北京市地方标准——蔬菜种子生产技术操作规程（DB11/T 198. 1—2003），包括大白菜、甘蓝、花椰菜、萝卜、番茄、甜辣椒、黄瓜、西瓜、豆类九种蔬菜生产技术操作规程。一些省市也出台了蔬菜种子生产技术操作规程，如广东省的苦瓜种子生产技术操作规程，为种子生产基地蔬菜种子标准化生产提供了技术保障。

4. 种子产业化水平不断提升

为适应市场化、全球化发展和现代企业制度建设的要求，1996年国家启动了旨在推动种子产业化发展的“种子工程”，使蔬菜种子质量、商品率和良种普及率都有了很大提高，加速了蔬菜种子产业化进程。多类型种子精选机、烘干机、包装机和包衣技术的运用，提高了种子加工和生产能力，增强了蔬菜种子的竞争力。种子丸粒化加工技术，提高了种子的发芽率、发芽势，提升了蔬菜种子质量。通过国家项目引导、地方政府政策吸引，聚集优势企业，企业加大投入，建设现代种子加工设施，打造制种及相关产业集群，推动了蔬菜种子产业化发展。

二、产业基础

1. 种子生产规模和布局情况

目前，我国蔬菜种子（苗）生产基地每年生产种子约5万吨，其中制种大省（自治区）主要包括甘肃、新疆、河南、宁夏、山东、山西、四川、云南等，其中甘肃酒泉、新疆昌吉、河南济源、宁夏石嘴山、四川绵阳、山东潍坊等地种子生产基地都在 2 万亩以上。总的来说，“四化一供”时期蔬菜种子生产基地开始区域化发展，目前已形成了若干个大规模蔬菜种子（苗）生产基地，主要分布在我国甘肃、新疆、河南、山东等省份，这些基地已基本覆盖我国主要蔬菜作物的种子（苗）生产。

2. 种子生产基地的基础设施情况

经过几十年的发展，我国蔬菜种子（苗）生产基地朝着规模化的方向发展，规模较大的种子生产基地逐步形成，如甘肃酒泉、新疆昌吉、河南济源等，部分基地面积可达 10 万亩。甘肃、新疆、河南、山东等省（自治区）的种子生产基地地势比较平坦，通往基地的主干道路布局基本合理，能够满足制种生产所需的农资运输需要。但这些蔬菜种子生产基地也存在一定的基础设施不完善的问题，如道路系统不够完善和配套、农田基础设施薄弱等。

3. 种子生产加工能力水平

当前，蔬菜种子生产基地的种子收获后，大多数依赖于传统经验进行晾晒、脱粒及粗加工（预清选、干燥、风选、重力选），加工设备大多使用的是单机清洗、计量包装机，经过粗加工后一般能达到国标要求，在一定程度上为我国蔬菜种业的发展做出了重要贡献。

4. 蔬菜种子生产的企业主体情况

我国蔬菜种子生产主要采取企业自繁或委托专业繁种公司繁制两种形式。企业自繁的优点是企业可自行控制种子生产基地，保密性好，但缺点是投入精力大。委托专业繁种公司的优点是可以让育种公司专注于品种的选育，而不必为品种的种子生产投入过多精力，实现了分工明确、各有侧重。委托繁种的发展产生了越来越多的专业制种企业，并且与品种选育单位一起致力于高产稳产优质的种子生产目标，实现了优势互补和资源有效整合。近年来种子生产基地基本以委托专业繁种公司为主，企业自繁的形式趋于减少。

5. 种子生产基地组织模式

近年来农村经济发展格局发生了一系列变化，如农村劳动力流失、土地经营制度改革、农业种植与制种在风险和收益比较上的差异等，种子生产基地生产模式日益多样化，已不再局限于“公司+基地+农户”模式，许多新型生产模式在尝试和推广中不断涌现，比如“公司+农户”（即公司直接对农户制种）、“公司+承包户”（即公司生产外包给承包户）、“公司+劳工”（即公司自己租地生产）等。这些新的组织模式为适应不同区域、不同人文条件、不同蔬菜种子生产提供了组织结构上的保障。

三、主要问题

1. 种子生产基地基础设施不完善，制种田相关建设滞后

目前我国蔬菜种子（苗）生产基地基础建设仍然滞后、各种设施不健全，农田水利与基础设施已无法满足种业发展需求。具体存在以下问题。

（1）目前种子生产基地农田建设规模小、布局分散。同时，种苗生产场地（大棚、温室等）设施条件较为落后，育苗条件较差，仍有较大一部分基地不具备工厂化育苗条件。

（2）农田水利基础设施缺乏，大多数基地水利设施落后，靠天吃饭情况十分突出，无法有效保证制种高产稳产。

（3）部分基地的机耕路桥不完善，有的甚至是土路或山路，机械化设备无法通行或进行农事操作。

2. 种子生产基地配套设施差，机械化程度低

蔬菜制种技术要求严格、精细，生产管理较为复杂，需要大量劳动力参与其中。随着经济的迅速发展，近年来，工业化、城镇化步伐加快，农村原有劳动力资源优势逐渐丧失，劳动力成本的迅速上升直接增加了制种成本。同时，种子生产基地机械化操作程度较低，已成为制约蔬菜制种发展的重要因素，整个生产过程基本靠大量劳动力进行，如杂交、采收、脱粒等环节仍依赖于人工。

3. 种子生产基地技术创新能力弱，种子质量不稳定

目前种子生产基地基本仍以公司代繁为主，在制种技术方面的储备弱，组织管理水平较低，加工精选设备相对落后，造成生产出的蔬菜种子质量不稳定，种子纯度、净度、水分含量不达标、种子带病毒及种传病害等问题时有发生。种子质量的不稳定，直接使订单减少或消失，制种企业经常遭受重大经济损失。

4. 种子生产基地缺乏统一有效的规范管理，制种环境亟待优化

目前蔬菜种业的知识产权保护意识和行业信用建设亟待加强。知识产权保护不够，造成部分小公司、夫妻店采取偷亲本、套购良种、仿制包装等不法手段，或明或暗发生假冒侵权行为，然而维权成本又居高不下，往往给企业造成严重损失。由于缺乏知识产权保护，企业只能通过封闭试验农场和不断更换生产基地的手段进行自我保护，这样既提高了科研育种成本，又延迟了新品种的推广时间。

四、发展趋势

种业是国家战略性、基础性核心产业，要加强政策扶持、加大蔬菜种业投入，全面提高蔬菜种业发展水平。

1. 良种繁育基地建设稳步推进，实现标准化管理

蔬菜生产对种子（苗）质量的要求不断提高，进一步推进种子（苗）生产基地建设，提升种子（苗）质量。虽然当前大规模种子生产基地的基础设施、加工设备等配套设施的建设相对滞后，但随着国家投入增加、企业积极参与、种子生产基地建设的稳步推进，其田间标准化管理、种子仓储、加工水平将得到大幅度提升。

2. 制种技术的创新与推广应用，提升专业化水平

随着蔬菜种子（苗）生产各个环节的细化，对专业技术的要求越来越高，蔬菜制种包括了播种、育苗、定植、病虫害防治、花期调节、授粉、结实、种子收获、加工等多个环节，其中某一个环节出问题，对整个生产季的种子产量和质量都有重要影响。因此，随着工厂化育苗、花期调节、种子精选加工等新技术的创新与推广应用，各种子（苗）生产基地的专业化水平将不断提升，那些率先进行技术革新、拥有新技术的企业将在市场竞争中占据有利地位。

3. 新型农机具的研发和普及，提高机械化水平

蔬菜制种行业属于劳动密集型行业，从育苗定植到种子采收，仍需要大量的劳动力。随着今后劳动力成本的逐步上升，这种大量劳动力投入的发展模式难以为继。因此，今后各制种企业将加大投入贯穿制种全过程的新型农机具的研发、购置和升级，全面提高种子生产基地的机械化水平。

4. 种业信息服务平台逐步完善，提高信息化水平

当前，很多种子生产基地的信息化程度很低，距离制种全过程的信息化管理还有很大差距。随着种子生产基地规模的扩大、过程管理要素的多样化，种业信息网络平台的建设将更显其重要性。通过配套网络设备、存储设备，进行种业信息数据采集与分析，实现种子生产及加工的全过程监管，将会大幅度提升制种企业的综合实力。

第二节 蔬菜优势种子（苗）生产基地建设思路、目标

一、基本思路

根据我国蔬菜种类多、覆盖面广、生产区域自然条件差异大的特点，以提高种子综合生产能力为基本任务，科学规划、合理布局，重点加强县（场）级种子生产基地布局和建设，并在甘肃、新疆、河南三大蔬菜制种区的集中连片区域推进区域级蔬菜种子生产基地建设，扭转蔬菜制种长期以来“小、乱、散”的不利局面；通过加强基地基础设施建设、推进制种全程机械化、加快加工技术装备升级、构建基地信息化平台、强化基地监管与服务等措施，不断提高蔬菜种子生产基地的标准化、规模化、机械化、集约化水平，促进我国蔬菜制种产业全面发展。

二、发展目标

根据我国蔬菜产业对良种的需求，到 2025 年，在我国主要蔬菜种子产区建立完善的区域级与县级相结合的蔬菜种子培育体系，实现种子生产基地种子标准化、规模化、机械化、集约化生产，打造涵盖主要蔬菜作物、技术支撑能力强、信息化程度高的蔬菜良种繁育基地，显著提升优良品种的种子生产能力，确保蔬菜产业的可持续发展。具体目标详见表 10-1。

表 10-1 2025 年蔬菜种子生产基地发展目标

目标内容	具体指标
数量目标	在甘肃、新疆、河南、宁夏、云南、山东、辽宁等省（自治区）建设 3 个区域级蔬菜种子生产基地，50 个县（场）级良种扩繁生产基地，面积达到 50 万亩以上。通过区域、县（场）级相结合，构建我国主要蔬菜作物的种子繁育体系。这些基地的种子繁育能力达到全国的 60%以上
质量目标	主要蔬菜种子生产的平均亩产量在现有基础上提高 10%，平均芽率提高 5%以上，其他检测指标符合国家标准
建设条件目标	建设育苗温室 240 栋，种子仓库 120 个，检测室 60 个，加工车间 60 个；研发装备种子质量检测、种子加工设备 360 台，机械化操作农机具 540 台；良种繁育基地实现水网、路网、电网等基础设施配套，水利设施完备，基地管理信息化
加工目标	收获、烘干、精选、分装、包衣基本实现自动化

（续表）

目标内容	具体指标
机械化目标	育苗、定植、打药、除草等种株管理实现机械化，节省劳动力40%以上

第三节　蔬菜优势种子（苗）生产基地布局方案

蔬菜作物种类多，种子生产基地分布范围广。根据主要蔬菜作物的种子生产特点、种子生产基地独特的自然条件以及基地所生产种子在全国同类基地中占的比重，将蔬菜种子生产基地规划成区域级种子生产基地和县（场）级种子生产基地。

一、区域级基地

（一）甘肃省酒泉张掖蔬菜种子生产基地

1. 基本情况

主要包括酒泉市肃州区、金塔县，张掖市的高台县、民乐县、临泽县，武威市凉州区等。当地光热资源丰富，降水稀少，气候干燥，昼夜温差大，并且有广阔的沙漠、戈壁与绿洲相间的良好天然隔离条件。该基地目前是茄果类蔬菜的主要生产基地。

2. 功能定位

主要进行西甜瓜、番茄、甜椒、西葫芦、南瓜等瓜果类蔬菜的制种，以及生菜、菠菜、芫荽、芥蓝等绿叶蔬菜的制种。

3. 发展目标

制种面积稳定在16万亩左右，年生产种子能力提高10%以上，种子芽率提升5%以上，节省用工成本30%以上。

4. 主攻方向

以瓜果类蔬菜为重点，进行机械化操作、种子高效精选加工、种子存储等技术的研发和推广应用。

（二）新疆昌吉瓜果类蔬菜种子生产基地

1. 基本情况

主要包括昌吉回族自治州的阜康市、奇台县、玛纳斯县、吉木萨尔县等。当地气候干燥，无霜期长，种子贮藏期不易发生胚芽萌动、霉烂，当地生产的种子籽粒饱满、发芽率高。该基地目前是全国西甜瓜种子生产的主要基地。

2. 功能定位

主要进行西瓜、甜瓜、加工番茄、豇豆等蔬菜作物的制种。

3. 发展目标

制种面积稳定在8.5万亩左右，年生产种子能力提高10%以上，种子芽率提升5%以上，节省用工成本30%以上。

4. 主攻方向

以西甜瓜、加工番茄、豇豆为重点，进行机械化操作、种子高效精选加工、种子存储等技术的研发和推广应用。

（三）河南济源十字花科蔬菜种子生产基地

1. 基本情况

位于河南省济源市，基地多为红、黄黏壤土，昼夜温差大，病害轻，生产的种子光泽好。济源市有小浪底水库等水利设施，王屋山区众多河流，密布山区供水网，为蔬菜制种提供充足水源。济源市山区丘陵占88%以上，形成了良好的自然隔离带。目前济源市已发展成为全国最大的十字花科蔬菜种子生产基地。

2. 功能定位

主要进行白菜、甘蓝、萝卜等十字花科蔬菜作物的制种。

3. 发展目标

制种面积稳定在6.5万亩左右，年生产种子能力提高10%以上，种子芽率提升5%以上，节省用工成本50%以上。

4. 主攻方向

以白菜、甘蓝、萝卜等十字花科蔬菜为重点，进行机械化操作、种子高效精选加工、种子存储等技术的研发和推广应用。

区域级蔬菜种子生产基地布局见表10-2。

表10-2 区域级蔬菜种子生产基地布局

制种区域		制种县	制种面积（万亩）	制种的蔬菜种类
区域1：甘肃省蔬菜种子生产基地	甘肃省酒泉市	肃州区、金塔县	12.6	甜椒、番茄、西瓜、甜瓜、西葫芦、南瓜、砧木、青花菜、芥蓝、生菜等

（续表）

制种区域		制种县	制种面积（万亩）	制种的蔬菜种类
区域 1：甘肃省蔬菜种子生产基地	甘肃省张掖市	高台县、民乐县、临泽县	2.1	西瓜、菜心、生菜、孜然、芫荽、萝卜、菠菜、番茄、甜椒、辣椒等
	甘肃省武威市	凉州区、民勤县	2.0	西瓜等
区域 2：新疆瓜果类蔬菜种子生产基地	新疆维吾尔自治区昌吉回族自治州、巴音郭楞蒙古自治州	阜康市、奇台县、玛纳斯县、吉木萨尔县、焉耆县、和静县	8.5	西甜瓜、加工番茄、豇豆等
区域 3：河南省十字花科蔬菜种子生产基地	河南省济源市	王屋镇、大峪镇、下冶镇、邵原镇、轵城镇、坡头镇、承留镇	6.5	白菜、甘蓝、萝卜等
合计		20 个	31.7	

二、县场级基地

本着具有一定规模、影响力较大的原则，选择 30 个县级种子生产基地进行布局和建设（表 10-3）。

表 10-3　县级蔬菜种子生产基地布局

所属区域	制种县	制种面积（万亩）	制种的蔬菜种类
宁夏回族自治区石嘴山市	平罗县	12.5	豆角、番茄、苋菜、茼蒿、菠菜、南瓜、西葫芦、冬瓜等
山东省泰安市	宁阳县	1.8	黄瓜、豆角、大葱、芹菜等
山东省潍坊市	临朐县	3.0	大白菜
山东省潍坊市	青州市	0.3	西葫芦
山东省临沂市	沂南县	0.4	大白菜、小白菜、萝卜等
山东省济宁市	金乡县	0.3	甘蓝、白菜
青海省海东市	民和县	0.5	叶菜、根茎类、豆类、葱类
河北省邢台市	邢台市	0.3	甘蓝
河北省张家口市	赤城县	0.3	甘蓝、白菜、芹菜等
河北省定州市	定州市	0.3	黄瓜

（续表）

所属区域	制种县	制种面积（万亩）	制种的蔬菜种类
山西省忻州市	忻府区、原平市	0.8	甜（辣）椒、西葫芦、白菜等
山西省朔州市	朔州区	0.3	西葫芦、白菜、甜（辣）椒
山西省运城市	临猗县	0.3	甘蓝、西瓜
安徽省宿州市	萧县	0.5	辣椒
安徽省马鞍山市	和县、含山县	1.0	小青菜、乌塌菜等
安徽省淮南市	潘集区	0.3	乌塌菜，小青菜
陕西省西安市	临潼区	0.5	茄果类蔬菜
辽宁省朝阳市	喀左县、凌源县	0.5	茄果类蔬菜
辽宁省	盖州市、锦州市	0.5	番茄、黄瓜
内蒙古自治区	敖汉旗	0.5	豆类、茄果类
四川省绵阳市	涪城区、游仙区	0.7	芹菜、胡萝卜、豇豆等
云南楚雄彝族自治州	元谋县、武定县、永仁县	0.5	花椰菜、青花菜等
海南省	三亚市	0.2	瓜果类蔬菜南繁基地
合计	30个	26.3	

（一）宁夏回族自治区平罗县种子生产基地

1. 基本情况

该基地位于宁夏回族自治区石嘴山市平罗县，地处引黄灌区，受日照气候因素的影响，繁育的种子籽粒饱满，色泽光亮。

2. 功能定位

主要进行豆角、菠菜、芹菜、苋菜、茼蒿等作物的制种。

3. 发展目标

制种面积稳定在12.5万亩左右，年生产种子能力提高10%以上，种子芽率提升5%以上，节省劳动力成本50%以上。

4. 主攻方向

叶菜类蔬菜常规品种的提纯复壮技术、高效繁育技术，菠菜雌性系种子生产技术等。

（二）山东省宁阳县种子生产基地

1. 基本情况

该基地位于山东省泰安市宁阳县，属暖温带湿润季节性气候区，4 月下旬至 7 月中旬的温度、光照等气候条件很适合黄瓜、豆角、大葱等作物的生长发育、开花结实。

2. 功能定位

主要进行黄瓜、豆角、大葱等蔬菜作物的制种。

3. 发展目标

制种面积稳定在 1.8 万亩左右，年生产种子能力提高 10%以上，种子芽率提升 5%以上，节省劳动力成本 30%以上。

4. 主攻方向

黄瓜雌性系种子生产技术，豆角、大葱等蔬菜常规品种的提纯复壮技术、高效繁育技术等。

（三）山东临朐县蔬菜种子生产基地

1. 基本情况

该基地位于山东省潍坊市临朐县，地处沂山北麓，6 月种子收获期降水少，有利于种子的收获晾晒，独特的地形、土质、气候等自然条件为白菜制种提供了优越的条件。

2. 功能定位

主要进行白菜的制种。

3. 发展目标

制种面积稳定在 3.0 万亩左右，年生产种子能力提高 10%以上，种子芽率提升 5%以上，节省劳动力成本 50%以上。

4. 主攻方向

白菜制种花期调节、自交不亲和系杂交率提升技术。

第四节　重点建设任务和建设项目

一、重点建设任务

1. 土建工程建设

针对现有蔬菜种子基地仓库、加工车间容量有限、储存条件差，种子质量检测室配备不齐或没有配备等问题，新建或扩建一批种子仓库、加工车间、检测室，全面提升种子仓储、加工、检测能力。

2. 田间工程建设

建设蔬菜种苗基地育苗用温网室，完善农田水利设施、机耕路桥、田埂硬化，建设规模化、标准化、集约化和机械化的种子（苗）生产基地，全面提高种子（苗）生产能力和抵御自然灾害能力，保障种子供应数量和质量安全。建设制种废弃物处理系统。

3. 机械化水平提升及加工设备建设

围绕蔬菜制种机械化程度低、成本高等问题，开展适合规模化播种、田间管理、收获等机械化操作设备的研发及推广应用，提升制种基地机械化水平。针对种子精选效果差、加工效率低的问题，开展适合不同种类蔬菜种子加工的设备研发及推广应用，提升种子加工能力和水平。

4. 种业信息服务平台

建设省级、区域级、县级三级种业信息网络平台，配套网络设备、种业信息数据采集、数据处理与存储设备等。通过该平台监管种子生产及加工的全过程，采集大田环境、生产、加工、运输信息，实现从种子生产、加工、流通全过程的信息数据化，建立覆盖种子生产全过程的监管体系。

二、重点建设项目

1. 区域级国家种子生产基地建设重大工程

以三大蔬菜区域种子生产基地（覆盖 20 个县、区）为核心，加强田间基础设施建设，包括农田排灌设施、机耕路桥、田埂硬化、土壤改良等；在这 3 大区域配备种子加工检验设备，包括种子脱粒、精选、质量检测、包衣丸粒化等设备；研发并装备育苗、定植、打药、除草用等相关机具，全面提升种子生产基地机械化水平。建设区域种业信息网络平台。

2. 县（场）级国家种子生产基地建设重大工程

以 30 个县（区）级种子生产基地为核心，加强蔬菜作物种子生产基地的田间基础设施建设，包括农田排灌设施、机耕路桥、田埂硬化、土壤改良等；配备种子加工检验设备，包括种子脱粒、精选、质量检测、包衣丸粒化等设备；添置育苗、定植、打药、除草用等相关机具，全面提升种子生产基地的机械化水平。建设县级种业信息网络平台。

第五节　建设、运行和管理机制

一、规划实施管理机制

为保证基地建成后能有效发挥作用，要按照科学、合理布局，国家有意向、地方有积极性、企业有需求的原则进行基地选址、筹建工作；要发挥企业的主体作用，鼓励有实力的种子企业通过土地流转，与国家、地方签订协议、联合投资的方式参与基地建设。

二、建设期管理机制

强化落实“四制”管理，有条件的地方开展“代建制”，加强项目建设信息管理和数据库建设，建立项目奖惩机制，健全项目培训机制，切实提高项目管理水平和实施能力。成立专门领导小组和技术专家指导组，定期督办检查。领导小组由分管项目的县区领导担任，负责整个基地的组织实施，确定目标任务，落实工作责任；技术专家指导组由省级农业科学院、省农业技术推广总站及相关单位的技术专家组成，负责技术和培训，审定技术方案，处理可能出现的技术难题。工作领导小组定期对生产基地的相关项目实施情况、资金使用情况、建设标准进行督办检查，对不按要求、降低标准、挪用建设资金等情况、按要求及时责令整改。

三、建成后运行管理机制

建成后基地采取“突出公益属性，企业有偿使用”的原则运行，加强对基地监管和评估，原则上每 4 年对基地建设内容实施情况进行一次全面评估；加强基地日常管理，特别要加强种子的安全和保密工作；建立基地投诉解决和退出机制，由农业农村部、基地所在省（自治区、直辖市）建立基地管理办公室，负责企业对基地的投诉、申诉和争议解决，并根据情节轻重对基地实施整改、警告、摘牌等处置。

第六节　保障措施

一、发挥企业主体地位，加快育种创新与市场对接

引导企业在项目和政策的支持下，加大基础设施建设投入，完善基地和企业间利益联结机制，建立企业参与管理、长期投入、布局集中的基地建设运行模式，解决基地和企业关系不稳定的问题；培育一批蔬菜“育繁推”一体化蔬菜骨干种业企业，提高育种企业的制种水平，加快育种创新与市场对接。

二、加强知识产权保护与蔬菜种子生产基地管理

积极引导蔬菜种子企业申请植物新品种权，加大植物新品种保护宣传力度，加强对生产、市场环节的管理和行政执法，严厉打击撬抢基地、抢购套购、无证生产、套牌侵权等违法行为，净化蔬菜种子市场；对种子生产基地的侵权行为采取“一票否决”，解除蔬菜种子企业对品种被随意侵权的担忧，促进种子生产基地的良性发展。

三、加大对蔬菜种子生产基地支持力度，鼓励各方力量支持基地发展

在政策上支持蔬菜种子（苗）生产基地建设，实施现代种业提升工程等奖励政策，完善良种推广补贴制度，将蔬菜制种作为“菜篮子”工程中的考核指标；整合各类农业项目向种子生产基地倾斜，引导相关金融机构特别是政策性银行强化对种子生产的信贷支持；鼓励有条件的优势基地开展制种生产保险试点。

（写作组成员：唐浩、邓超、孙日飞、张扬勇、王怀松、徐东辉、朱晋宇、郑铮）

第十一章 柑橘种苗生产优势基地建设研究

柑橘是世界第一大果树种类，也是我国南方最重要的栽培水果。据国家统计局数据，2018 年我国柑橘栽培面积接近 4 000万亩，总产量达 4 584万吨。每年老果园更新和新建果园所需的柑橘种苗数量巨大，柑橘的种苗生产在柑橘产业可持续和稳定发展中具有举足轻重的作用。

第一节 柑橘种苗生产发展的基本情况

一、发展历程

我国的柑橘栽培史上，早有南宋韩彦直编著的《橘录》，记载了柑橘的嫁接繁育技术。由于柑橘的多胚性，比起苹果、梨等其他树种更能保持后代的相对一致性，所以柑橘的嫁接繁育技术的发展较梨、桃滞后。

我国柑橘繁育经历了两次技术革命。第一次革命性进步发生在 20 世纪 50 年代末 60 年代初，是尼龙薄膜在嫁接上的应用。它克服了由于箬皮等包扎不紧、容易渗水等带来的嫁接成活率低下等问题，使露地苗圃的嫁接成活率可以达到 90%以上。我国柑橘繁育的第二次革命发生在 20 世纪 80 年代，是无病毒容器育苗。茎尖微芽嫁接技术体系逐渐成熟，为无病毒容器育苗技术奠定了基础。无病毒容器育苗技术有效地解决了苗木健康问题，显著地延长嫁接和栽植时间，提高了苗木质量和成园率，并具有早结丰产的明显效果。

柑橘繁育的第二次革命之后，各柑橘主产省大规模建设标准化无病毒苗圃（即母本园、采穗圃、繁育圃），逐步推广防虫设施和育苗技术，对提高我国柑橘育苗质量起到了重要推动作用，也使我国柑橘产区育苗向规范化、集约化和高质量方向发展，提高了产业发展水平。通过多年的努力，我国已初步构建了全国柑橘无病毒三级良种繁育体系框架，包括由国家级的脱毒柑橘和无病毒原原种母树的保存，省级无病毒原种母树的保存与扩繁，以及市县级无病毒种苗繁育形成的三级良繁体系。

二、产业基础

20 世纪 80 年代中期，华中农业大学开始引进、建立与推广茎尖微芽嫁接技术，从而使无病毒母本成为现实。之后，我国陆续在湖南、四川和重庆开始进行无病毒苗木繁育基地建设。2003 年农业部开始实施柑橘优势区域规划布局后，全国 12 个主栽省（自治区、直辖市）利用国家各部委、地方各级政府及企业的资金支持，建立了一批采穗圃和无病毒苗木繁育圃。其中，建立一级采穗圃 5 个，承建单位都具有较成熟的病毒检测、脱毒、无病毒苗繁育技术体系、较完善的设施设备及较完备的人才队伍，年供一级原种接穗能力可达 100 万芽左右；建立标准化无病毒苗圃 97 个，主要分布在赣南、宜昌、湘南、湘西、重庆忠县、广西桂林、北海等地，总占地面积 1.6 万亩，育苗能力达到 7400 万株/年，年出圃苗木约 3000 万株，其中约 50%是容器苗，50%是露地苗。

三、主要问题

尽管我国柑橘良种繁育体系建设成效显著，但总体上我国柑橘种苗繁育的无毒化、规范化管理等方面发展水平仍很不平衡。无病毒苗的繁育与应用比例偏低、品种布局散仍然是制约我国柑橘产业可持续发展的主要因素。

（1）苗圃建设投资较大，育苗成本较高，缺少经费支持。

（2）部分苗圃没有可靠的无病毒树来源，甚至直接从生产果园采接穗繁育，这样生产的苗木多有感染危害性病害的现象。

（3）大多数产区还是以农户和普通育苗场的自繁自育销售为主，育苗技术和苗木市场不规范。

（4）育苗单位建管机制不明晰，苗木管理、质量监控和病害检疫尚不严格，缺少认证标准，缺乏法律法规支撑。

（5）砧木种子处于自然收集状态，未建立生产性、规模性的砧木种子母本园。

四、发展趋势

当前，我国柑橘产业正处于“调整、稳定与提高”阶段，育苗规模化、专业化、信息化已经成为今后柑橘种苗产业发展的主要趋势，主要表现在以下几个方面。

（1）种苗需求比较稳定，按现有面积5%更新率计算，每年柑橘苗木的需求量约为8 000万株。

（2）体系建设上日趋完善，通过柑橘优势区域规划实施，高质量的柑橘良繁育种体系逐步建立和完善，温室、大棚、防虫网等设施逐步建设。

（3）良繁技术方面更加科学，无病毒育苗和多种砧穗组合育苗逐步科学化推广应用。

（4）布局趋于优化，要分区域建设标准化育苗基地。

第二节　柑橘种苗生产优势基地建设思路、目标

一、发展思路

以农业农村部柑橘优势区域布局为指导，以产业特色化、差异化发展为目标，以地方特色及优新品种推广为核心，以培育无病优质大苗为突破口，在全国各主产区建立无病毒良种繁育体系和技术规范，建设一批稳定的专业苗圃、砧木优系生产基地，培养一支稳定、技术精良的育苗专业技术队伍，推动我国优势柑橘产区形成与壮大，促进我国柑橘产业健康发展、稳定发展，促进果农增收致富。

二、发展目标

经过5~10年的努力，在我国所有柑橘产区构建起无病毒苗木繁育体系，普及推广无病毒苗木技术，实现区域化、良种化的柑橘品种布局，使品种结构、熟期结构与市场需求相适应。柑橘种苗生产能力达到全面提高，达到年生产无病毒苗木5 000万株、接穗5 500亿芽、优质砧木纯系种子5 000公斤，满足年改造180万~200万亩柑橘种植的种苗需求。

三、主要任务

1. 建立现代柑橘无病毒良种繁育结构体系

以现有国家柑橘育种中心和分中心为核心，以省级或优势区域大型综合无病毒育苗基地及优势产区县域无病毒良种繁育基地为依托，以优势产区、特色产区为重点，建立健全三级无病毒良种苗木繁育体系，引导优良品种的区域化布局及建园水平的提高，缩短投产期。

2. 建立成熟的无病毒良种繁育技术体系

加强品种鉴定、病毒检测及脱毒技术应用，重视无病毒原原种保存与更新，强化无病毒原种采穗圃、繁育圃和纯系砧木母本园的建设，做好容器育苗基质的选配，制定各项技术标准，达到无病毒良种繁育体系各个环节齐头并进、完善配套，切实提高无病毒良种繁育能力。

3. 建设现代无病毒苗圃的标准化、科学化建管机制

要抓好无病毒苗木繁育体系中必备的防虫网建设，实施标准化的苗圃运行机制，建立繁苗资格认证制度，制定出圃苗木质量的强制性标准，要实现标准化科学化管理，确保产出的苗木无病毒。

第三节　柑橘种苗生产优势基地布局方案

根据不同产区产业现状、产业定位、产业发展前景、产业基础与产业规模，按照差异化、特色化发展思路及产业绿色健康可持续发展的理念，制定基地布局。

一、长江上中游柑橘带

1. 基本情况

长江上中游柑橘带位于湖北秭归以西、四川宜宾以东，以重庆三峡库区为核心的长江上中游沿江区域。该区域年均温度 17.5~18.5℃，最冷月均温度5.5℃，年降水1 300毫米左右。该区域老橘园面积大，老果园更新改造任务重，但由于土地资源缺乏，新建园量不大。该区域对品种及接穗质量要求高，需求量大。现有依托西南大学柑橘研究所建设的国家柑橘育种中心1个及依托秭归、忠县及江津等地建设的国家级与省级育苗中心5个，地方自主建立的育苗基地10处。年供苗能力约2 000万株，容器苗占50%以上，主要以露天育苗为主，防虫网内育苗约占15%，散户育苗量所占比重不到15%。

2. 主要优势与劣势

（1）该区域主要优势表现在以下几个方面。

①该区域是我国鲜食与加工甜橙优势区，晚熟品种可以安全越冬，适合各类柑橘生长。

②该区域技术力量雄厚，柑橘种植历史久，无黄龙病危害，劳动力成本相对较低。

③柑橘产业是当地农业重要支撑产业，受到地方政府高度重视。

④区域内无病毒育苗技术相对比较成熟，设施育苗有一定基础，果农对新品种需求强烈，对容器苗接受度高，三级育苗体系初具雏形，且容器苗栽培效果明显，部分产区育苗有政府补贴。

（2）该区域劣势主要表现在园区交通不便，果园分散，容器育苗基质缺乏。

3. 目标定位

加强国家柑橘育种中心基础设施建设，完善功能配置，提高病毒检测、脱毒及原种保存能力，提高品种创新与评价水平。改造完善现有的5个国家或省级无病毒苗圃及10个产区县无病毒育苗圃功能，基本实现区域内柑橘苗容器育苗（杜绝露地育苗）、防虫网内建设采穗圃和采集接穗，基本取缔无证育苗或散户育苗建设管理目标，达到年出圃优质无病毒苗木2 000万株、提供接穗3 000万芽的规模目标。

4. 主攻方向

技术上主攻方向是以完善高效的无病毒原原种创制技术、快速生长与保存技术、接穗高效生产技术及选筛适宜的基质配方，生产上主攻方向是无病毒苗木和接穗生产。

二、赣南—湘南—桂北柑橘带

1. 基本情况

该带位于北纬25°~26°，东经110°~115°，主要包括江西赣州、湖南郴州、永州、邵阳和广西桂林、贺州等地。该区域属于亚热带气候，气候温和，光照充足，雨量充沛。年均温度18℃左右，最低温度为-5℃左右，基本上没有大的冻害天气。建有国家脐橙工程技术中心，以种植早中熟甜橙（主要为脐橙）为主，现建有省部级无病毒良种繁育中心多达10个，以防虫网内育苗为主，设计育苗能力超过2 000万株，实际育苗远超过3 000万株。

2. 主要优势与劣势

（1）该区域的主要优势包括3个方面。

①无病毒苗木需求旺盛。该区域病虫害、自然灾害严重，果农种植无病毒苗观念已普及，普遍使用无病毒苗木及接穗，每年需求量超过1 000万株、1 000万芽。

②无病毒苗木供给基本有保障，已建有一定量有育苗能力的省部级无病毒苗圃。

③柑橘业在当地已形成支柱产业，面积比较稳定，主栽品种确定（主要

为纽荷尔脐橙及冰糖橙等）。

（2）该区域劣势主要表现在已有的无病毒苗圃建管不规范、标准化容器育苗技术力量弱等方面。

3. 目标定位

依托当地科研院所技术力量，建立健全病毒检测、脱毒、原原种创制、保存与扩繁技术体系。在赣南和桂林各建设一个大型综合无病毒苗木区域繁育中心。对已建设的15个省部级无病毒良种苗木繁育中心和产区已有苗繁中心进行升级改造、完善功能，改善母本园及采穗圃隔离条件，提高隔离效果，基本实现区域内柑橘苗防虫网内育苗和采集接穗。年繁育超过2 000万株无病毒容器苗，提供1 000万品种纯正的无病毒接芽。

4. 主攻方向

强化标准化苗圃建管，提高主栽品种原原种母本树的创制与保存能力，建设标准化采穗圃，构建形成无病毒育苗体系。

三、浙—闽—粤柑橘带

1. 基本情况

该带位于北纬21°~30°，东经110°~122°的东南沿海地区，属亚热带季风气候，年均温度在17~21℃，≥10℃的年积温达5 000~8 000℃，年降水量1 200~2 000毫米，年平均日照时数1 800~2 100小时，是我国传统柑橘产区，以柚、宽皮柑橘栽培为主，杂柑为辅。由于受黄龙病、溃疡病危害，近年来种植面积下滑严重。已建及自主建设的苗圃5个，无病毒容器育苗能力每年约100万株，散户与露天育苗超过40%。

2. 主要优势与劣势

（1）该区域主要优势是气候条件优越，柑橘种植历史久，有较好的柑橘栽培技术基础，是我国优质宽皮柑橘与柚生产基地，柑橘产业经济效益较其他产区高。

（2）该区域的柑橘生产方面的劣势在于劳动力成本高，直接后果是很多果农弃树打工，废弃老园、老树多，种植规模呈下滑趋势。

（3）种苗方面的劣势在于无病毒原原种生产能力与无病毒接穗供应能力弱，已建的苗圃运行规范度有待提高。

3. 目标定位

完善依托浙江柑橘研究所建设的国家柑橘育种分中心的功能，加强技术队伍培养，提高无病毒原原种的创制与保存、扩繁能力；完善已有的5个苗圃，达到标准化无病毒种苗繁育标准，建立无病毒良种繁育技术体系。选择辐射功能强的良繁中心扩建为一个集原种保存、采穗圃与繁育圃建设及培训功能于一体的大型良繁中心；新建一个柚子无病毒种苗繁育基地。最终基本实现区域内防虫网内容器育苗，达到年繁育无病毒苗木 500 万株、无病毒接穗 500 万芽的规模目标。

4. 主攻方向

提高原原种创制效率，加快标准化无病毒苗圃的建设；构建运行良好的无病毒苗木三级繁育体系，培养一批无病毒良种苗木繁育队伍；研究推广高效的病毒检测技术。

四、鄂西—湘西柑橘带

1. 基本情况

该带位于东经 111°左右，北纬 27°~31°，海拔 60~300 米。该区域有效积温在 5 000~5 600℃，年均温度为 16.8℃，1 月平均温度 5~8℃，绝对最低温度在-8~-3℃。该带栽培柑橘历史悠久，栽培面积大，以栽培宽皮柑橘为主，省部级或地方自主投资建设的苗圃超过 10 个，设计育苗能力超过 1 000万株，实际育苗 200 万株左右，有的苗圃已废弃，非黄龙病、溃疡病疫区，容器育苗能力弱，散户育苗人数多，以露天育苗为主，数量超过 1 500 万株，接穗乱采现象突出。

2. 主要优势与劣势

（1）该区域的主要优势有 5 个方面。

①劳动力成本相较其他产区为低。

②以宽皮柑橘为主，种植品种类型多，品种更新速度快。

③产业规模化特征明显，老果园更新改造对苗木与接穗需求量大。

④技术支撑力量强，鄂西有国家柑橘育种中心，湘西有国家柑橘育种中心长沙分中心。

⑤作为非黄龙病、溃疡病疫区，可露天育苗与防虫网内育苗相结合。

（2）该区域的主要劣势在于容器育苗及苗木带土定植观念淡薄，现代产业意识不同产区间参差不齐，散户育苗比例大。

3. 目标定位

与国家柑橘育种中心和分中心紧密结合，建立无病毒良种苗木三级良繁体系。建立严格的苗木繁育认证制度和苗木质量标准，培养一支技术精湛的无病毒良种繁育技术队伍。完善已建苗圃的基础设施，新建 1~2 个标准化小型（50万~100万株）育苗基地。基本实现区域内杜绝散户育苗、接穗基本来自防虫网内采穗圃。达到年繁500万株无病毒苗木及提供500万无病毒接芽的繁育能力目标。

4. 主攻方向

（1）建立宽皮柑橘无病毒原种综合保存与扩繁基地；

（2）建立无病毒良种繁育技术体系，完善无病毒良种标准化基地基础设施建设，特别是无病毒原原种的创制及无病毒采穗圃的建设；

（3）实施苗木繁育认证制度，加强苗木质量体系建设。

五、特色柑橘生产基地

1. 基本情况

南丰蜜橘基地、岭南晚熟宽皮橘基地、云南特早熟柑橘基地、丹江库区和汉中北缘柑橘基地和柠檬基地、江西广丰马家柚基地、井冈山老区柑橘基地等，因其品种与生态条件独特，成为我国柑橘产业中极具特色、不可或缺的柑橘特色基地。这些产区通过国家投资或自筹资金，建了4个苗圃基地，但标准化程度不高，来自防虫网内的苗木不超过60万株，散户露天培育的苗木超过80%，而且有些产区株系混杂现象突出。如南丰蜜橘基地，虽然种植柑橘的历史悠久，但还没有一个标准化柑橘苗木良繁基地。这些产区对品种纯正的无病毒苗木需求量大，年约需400万苗木、500万接芽。

2. 主要优势与劣势

（1）北缘的丹江与汉中产区，有冬季冻害，为非黄龙病等病害的疫区，病虫害相对较少，适宜种植的品种类型有限，以早熟宽皮柑橘为主，是合适的砧木优系母本园生产基地。育苗以散户露天为主，没有标准化的采穗基地。

（2）柠檬基地、岭南晚熟柑橘产区种植类型特异，早熟基地气候特异，柑橘种植效益极高，政府支持，农民积极性高。岭南基地近年由于黄龙病为害，产区面积明显减少。柠檬基地、岭南基地及早熟蜜橘基地都有国家投资建设的苗圃，但目前建管体制不顺，育苗程序也不十分规范，培育的苗木远远满足不了生产需求。

（3）南丰蜜橘基地是我国古老的产区，南丰蜜橘产业在当地影响大、政府支持，是农民传统种植作物。南丰蜜橘基地还没有一个像样的育苗基地，基本为散户露天育苗。广丰马家柚基地、井冈山老区基地是新产区，育苗与栽培方式都很落后。

3. 目标定位

建立标准化无病毒育苗技术体系，特别是提高容器育苗基质配方和肥水管理技术推广能力。培育一支技术精熟的无病毒苗繁育技术队伍。实行育苗认证制度及苗木质量标准。依各基地发展规模、发展前景，每个基地建设一个年繁50万~100万株无病毒苗、年供50万~200万无病毒接芽的标准化无病毒繁育中心。汉中、丹江及马家柚基地等北缘产区可露天与防虫网育苗相结合，其他基地基本实现防虫网内育苗，建立高标准的采穗圃。

4. 主攻方向

建立标准化无病毒育苗技术体系，加强标准化采穗圃建设，强化原种母本树的保存，培养无病毒育苗技术队伍。强化北缘产区如丹江、汉中的砧木母本园建设，提高砧木优系或纯系种子的生产能力。

第四节　重点建设任务和建设项目

一、改造完善现有的4个国家柑橘育种中心和分中心

重点建设项目包括鉴定、检测设备的更新，育种、原原种生产与保存基地建设，培养稳定的病毒检测与脱毒原原种生产的技术人员。

二、建设无病毒原原种培育与保存基地

选择在无柑橘黄龙病的区域建设，根据不同区域的柑橘品种和砧木需求，在西南和华南再建设2个国家级原原种培育基地。

三、改造完善柑橘无病毒育苗基地

根据我国柑橘产业现状，在湖北宜昌、广西桂林、江西赣南、湖南怀化等地建设4个大型柑橘无病毒育苗基地，对重庆较大的育苗基地进行改造完善。

四、建设技术示范培育中心

依托大型柑橘无病毒苗圃基地或国家柑橘品种改良中心或分中心，建设2个柑橘无病毒良种苗木繁育的技术示范与培训中心，对全国的柑橘种业从业人员进行长期的培训和技术推广。

五、建设纯系砧木母本园和种子生产园

在柑橘产区无检疫性病虫害的北缘产区，湖北丹江已建枳砧木母本园，还可选择陕西汉中等产区建设3~4个优良砧木纯系母本园和纯系砧木种子生产园。

六、改造已有或新建良种繁育场

县域苗木繁育基地拟在面积超过30万亩以上、技术底蕴深、辐射能力强的柑橘大县改造已有或新建良种繁育场，以新建、改造不超过50个为宜，每个苗圃年出圃能力达到苗木50万株/年、接芽100芽/年，为该县和周围县提供无病毒苗木。

七、建立专家系统与交易网络

以国家柑橘育种中心或分中心为平台，建立无病毒苗木繁育专家系统与市场信息和交易网络。

第五节　保护、建设和管理机制

一、建设机制

柑橘不同于其他果树，对虫传病害的防控要求非常严格，因此在建设基地时要求具备很好的隔离防疫条件。建议在柑橘基地建设立项审批时，应该要对选址进行现场勘查，保证良好的隔离条件，同时在规划设计方面应注重审查防虫防疫设计建设的完整性。另外，柑橘无病毒育苗技术要求高，对我国品种布局要有引领作用，建设单位特别是大型育苗基地需要有可靠稳定的技术队伍和技术支撑。

二、管理和运行机制

柑橘无病毒良种繁育包括多个技术要求高的环节，其中无病毒母树的获得和保存、危险性病害的检测、无病毒苗木的繁育等都需要专门的技术，因此，良种繁育基地的运行应该包括管理和技术两个层面。

1. 管理层面

柑橘良种繁育基地应该实行企业化管理，主管部门指导生产，企业参与

自主经营。由于柑橘无病毒良种繁育技术复杂，要求高，利润空间小，建议各级政府对无病毒母树、危险性病害的检测和种苗生产给予一定补贴。

2. 技术层面

无病毒母树的获得和危险性病害的检测有技术机构承担，进行非盈利的有偿服务。

第六节　保障措施

根据检疫法规，强制控制可能传播检疫性病虫害的植株或苗木。建议有关部门建立柑橘种苗繁育基金，将无病毒母树、危险性病害检测作为公益项目给予资金支持，给予无病毒苗木生产一定的资金补贴。建立柑橘苗木市场准入和认证制度，解决种苗繁育流通中的无序状态。柑橘无病毒原原种生产及保存列入公益性、周期性支持项目。强制柑橘苗木质量标准与流通质量标准，保证苗木质量。

（写作组成员：伊华林、邓子牛、徐建国、李大志、秦学敏）

第十二章 苹果种苗生产优势基地建设研究

中国是世界上最大的苹果生产国和消费国，苹果种植面积和产量均占世界总量的50%以上，在世界苹果产业中占有重要地位。据国家统计局数据，2018 年我国苹果总产量 4 243万吨。为推动我国苹果种苗生产，提高种苗质量和对产业的支撑能力，不断增强我国苹果产业实力和国际竞争力，现提出我国苹果种苗生产基地布局和建设研究报告。

第一节 苹果种苗生产发展的基本情况

一、发展历程

我国苹果苗木生产大致经历了三个阶段。

第一阶段，改革开放之前，苹果苗木生产主要是由国营农场和科研单位育苗，计划分配。此阶段主要是乔砧常规苗木，后期出现少量矮化砧木苗木，但基本没有脱毒苗木。

第二阶段，改革开放至 20 世纪末，种苗生产出现多元化，主要有苗木企业、国营农场、科研单位、个体户，此阶段苗木生产比较混乱，苗木质量参差不齐，市场极不规范。此阶段仍以乔砧常规苗木为主，并繁育了部分矮砧苗木，但由于气候条件及果园管理水平等因素制约，矮砧苗木没有得到大面积发展，此期有极少部分为脱毒苗木。

第三阶段，21 世纪开始，国家通过种子工程初步建立了苹果果树良种繁育体系，但由于缺乏相关政策的扶持，多数种苗繁育场未能发挥其功能，苗木生产格局仍以苗木企业生产为主、苗木繁育基地为辅，此阶段虽然仍以乔砧苗木为主，但发展矮化砧苗木已成为今后发展的趋势，且脱毒苗木应用仍不足 2%。

二、产业基础

1. 我国苹果苗木的繁育体系

经过30多年的发展，我国已成为世界苹果生产大国，作为“种子工程”的种苗业也得到了长足发展，由国家投资的国家、省、市（县）级苗木脱毒繁育中心、三级种苗产业工程初步建成，并在苹果生产中发挥了显著作用。

我国现有4个部级苗木质检中心（农业农村部果品及苗木质量监督检验测试中心，分别位于辽宁兴城、河南郑州、北京和山东烟台），3个国家级苹果苗木脱毒中心：国家落叶果树脱毒中心（兴城）、山东无病毒苗木繁育基地——脱毒检测中心（烟台）和农业农村部植物脱毒种苗质量监督检验测试中心（济南），15个与苹果相关的农业农村部农产品质量安全监督检验测试中心（分别位于兴城、北京、烟台、郑州、天津、石家庄、呼和浩特、南京、合肥、南昌、长沙、大连、青岛、宁波、厦门），1个农业农村部与山东省联建国家级果树无病毒苗木繁育基地（莱州市小草沟园艺场）。

同时，2001年至今，由国家财政投资近1.3亿元，在北方苹果产区的山东、陕西、河北、山西等8个省建立了24个省级苹果苗木繁育中心。2019年，农业农村部认定陕西省咸阳市杨凌区、山西省临猗县、陕西省延川县3个国家级苹果区域性良种繁育基地。

我国进行苹果苗木繁育工作的单位形式多种多样，专业化水平层次不一。目前具体承担育苗工作的主体包括：具备较高科研能力和生产能力的科研院所（包括政府直属和公司直属）、负责科技推广工作的市县级农业局（林业局或果业局）、苹果重点发展省市成立的专业化苗木基地、水平稍低的县级苗圃基地、果业公司成立的大中型专业苗木基地、市县乡镇各级果农合作社或个人专业水平较低中小苗圃等。

2. 苹果苗木有关标准和规范

目前我国关于苹果苗木管理的各项标准和规范较为完善，现行有关苹果苗木的国家标准和行业标准共有7个，包括苹果苗木繁育技术规程（NY/T 1085—2006），苹果苗木（GB 9847—2003），苹果无病毒母本树和苗木检疫规程（GB/T 12943—2007），苹果无病毒母本树和苗木（NY 329—2006），苹果苗木产地检疫规程（GB 8370—2009），苹果无病毒苗木繁育规程（NY/T 328—1997），进出境苹果属种苗检疫规程（SN-T 1585—2005）。此外还有多个苹果重点发展地区地方标准、规程和管理条例，如河北省地方标准优质苹果生产管理综合标准（苗木 DB13/T432.1—2000）、陕西省果树种子苗木管理办法、北京市地方标准果树苗木生产技术（DB11/T560—2008）、黄土高原苹果生产技术规程（NY-T 1082—2006）、渤海湾地区苹果生产技术规程（NY-T 1083—2006）等。

3. 我国苹果苗木的生产区域与能力

我国共有25个省（自治区、直辖市）生产苹果，面积和总产量较大的主要集中在沿渤海湾、西北黄土高原、黄河故道和西南冷凉高地4大产区，其中西北黄土高原产区和沿渤海湾产区是我国优质苹果生产的两大主要产区。我国苹果苗木有就地繁育的特点，陕西、山东、河北、山西、河南、辽宁、甘肃7省是我国苹果生产的主要省份，也是苹果苗木生产的主要区域。

据估计，全国苹果苗木生产总量约为4.5亿株，其中山东0.8亿株；陕西、山西和辽宁各0.6亿株；河北、河南和甘肃共计1.2亿株，其他地区0.7亿株。苗木生产量比较大的省份为山东、山西、陕西、辽宁省，并具有向外输出的能力。我国苹果苗木发展具有规模集中的特点，多个省份的苗木生产都是集中在少数几个地区，如山东省集中在临沂、栖霞、泰安等，山西省集中在运城，陕西省集中在杨凌、千阳、扶风等，河北集中在秦皇岛等。

4. 目前我国苹果苗木繁育主要类型

（1）二年生实生砧苗（乔砧苗）。繁育上是以种子播种繁育，一般当年春季播种，秋季7、8月就可嫁接（芽接），次年春季等到嫁接芽发芽后剪砧，到秋后就可成苗。成苗一般要用2年时间。

（2）矮化中间砧苗。这类苗木的繁育一般需3年，当年播种乔化砧木种子后，秋季嫁接矮化砧，次年剪砧，秋季在矮化砧25~30厘米处嫁接品种，第3年春季剪砧，秋季出苗，这类苗木其他标准与乔化苗相似，但要求矮化中间砧砧段在25~30厘米，粗度达0.8厘米以上。

（3）矮化自根砧苗。自根砧苗繁育以压条和组织培养为主，其中陕西以压条为主，山东则以组培为主。近年来，在大企业的带动下，以T337为主的自根砧苗发展迅猛，此外还有少量M26、B9等砧木，形成年产1500万株自根砧的生产能力。此类苗木一般来说须根（侧根）要在7条以上，粗度3毫米以上，长度15厘米以上，茎干高度1.2厘米以上。嫁接口以上5厘米处粗度达1厘米即为壮苗。

（4）无病毒苗木。无病毒苗是未被病毒感染，或通过一定的手段去除植株所带的特定病毒而生产出的苗木。无病毒苗木具有抗瘠薄、生长健壮、易结果等优点。目前，国内外广为推广无病毒苗木。生产无病毒苗木，必须严格建立专业化的“三圃一园”，即：无病毒原种保存圃、采（砧）穗圃、商品苗生产圃和示范园。

三、主要问题

1. 砧木育种处于起步阶段，尚未建立起符合我国实际的砧木育种和自根苗繁育技术体系

我国苹果砧木一直沿用种子繁育实生苗，虽然其有抗性较强、适应性广等优点，但种子繁育后代分离导致苗木间差异较大。据统计，实生苗作砧木建立的果园，株间变异系数大，约30%为低产树；一些砧木种子病毒携带率超过20%；另外，矮砧集约栽培是世界苹果发展方向，近年各苹果生产先进国大都利用矮化砧木，但我国矮化果园不到13%，主要原因是没有适宜的砧木。我国近年有一些单位开始砧木育种，且育成了SH系、青砧系、GM256、辽砧2号等砧木，但尚未真正建立起符合我国实际的砧木育种技术体系。同时，我国传统育苗砧木均为实生苗，自根砧木繁育体系尚未建立。

2. 尚未建立起无病毒优质大苗繁育技术体系

目前我国苹果苗木生产中脱毒苗木的比例在2%以下，与发达国家100%用脱毒苗差距巨大。虽然建立了国家苗木脱毒中心和检测中心，但未能有效运行。苗木质量与发达国家差距较大，苗木弱小、根系差，甚至带有根部病害（如根瘤、线虫等），育苗密度大，重茬育苗很普遍，生产中多为一二年生速生苗木，缺乏三年生的优质分枝大苗，品种和砧木混杂以及新品种繁育不规范。亟须建立起适应我国国情的无病毒优质大苗繁育技术体系。

3. 苗木生产亟待立法

虽然我国制订了多项关于苹果苗木的国家标准和地方标准，并建立了果树良种苗木繁育场，但由于没有强制执行的苗木法规，导致市场不规范、监管缺乏执法依据。生产许可证管理制度并未起到应有的管理作用，使得当前苗木生产以个体农户自由分散经营为主的格局并没有得到大的改变。从砧木种子采集、嫁接品种选择及田间生产管理、苗木销售经营等重要技术环节缺乏有效的指导和质量监督管理机制。自由放任发展的结果严重影响了苹果苗木质量，而劣质或伪劣苗木对苹果生产的影响少则3~5年，多则十几乃至20年，因此，亟待立法并建立严格的追溯制度。

四、发展趋势

1. 苗木生产类型和技术发展趋势

（1）自根砧苗木是今后苗木发展的重要方向。我国传统育苗，砧木均为

实生苗，相比营养系砧木，实生苗建立的果园30%树为低产树，树体大小不一，适应性、抗性差异较大。自根砧木树体一致性好，须根发达，容易成花结果，是今后发展方向。但由于我国生态条件的多样性，一些不能进行篱架栽培的山地或缺水及冬季低温干旱区域（华北地区）仍将利用矮化中间砧作为主要类型，甚至个别区域尚需利用实生砧苗木。

（2）无病毒苗木是苹果发展的重要基础。国际通常指定的6种病毒，其中5种病毒病在我国现有成龄苹果园中的带毒率在75%以上，对生产危害较大，发达国家苗木基本做到了无病毒化，因此，建立砧木、品种无病毒检测、快繁、采穗体系刻不容缓。

（3）带分枝大苗成为苹果苗木发展方向。近年来，世界苹果生产制度发生了根本转变，要求苗木建园后，第二年开花结果，第三年要有1 500公斤以上产量，这样就要求培育带有6~9个有效分枝的大苗建园。

总之，从苗木生产类型和技术来看，培育自根无毒分枝大苗是苹果苗木发展的主要方向。

2. 加强苗木生产和监管体系建设

建立砧木、品种专用采穗圃是苗木繁育质量、品种纯度的保障。建立大型专业苗圃，建立省市县合作密切的3级苗木繁育体系，是保证苗木质量的基础。严格按照国家和行业标准繁育苗木，是保证高质量苗木出圃的前提。

政府部门从源头抓起，合理规划，建立健全良种苗木繁育监管体系是世界苹果先进国家的共同做法。培育苗木生产龙头企业，规范个体育苗户行为，健全并落实种苗生产经营法规，净化苗木市场。实施苗木生产和经营许可证制度，杜绝劣质苗木流入市场。同时，加强对苗木生产的信息服务和技术指导。重视一些危险性病虫害的流入和传播。

第二节　苹果优势种苗生产基地建设思路、目标

一、基本思路

制定颁布相关法律，在法治轨道下发挥市场主导作用。建立健全苹果良种苗木繁育体系，出台无病毒苹果分枝大苗补贴政策，引导发展无毒优质分枝大苗和自根砧木苗木；加强政府相关部门对苹果果树苗木生产和销售的监督管理，完善和落实果树苗木生产和经营许可证制度，建立起苗木追溯系统；以现有机构为基础，补充完善或加大投入，建设符合苹果种苗生产发展

要求的高效运转体系；健全并落实种苗生产经营法规，净化苗木市场。

二、发展目标

到2025年，建立布局合理、设施先进的部省级苗木脱毒、检测、繁育中心和苗木质量检测中心，地市级脱毒采穗圃和繁育场，县级繁育基地相配套的三级苹果良种繁育体系，优质苗率达到85%以上，机械化辅助作业率达到70%，初步实现苹果苗木生产无病毒化、标准化、规范化和专业化。建立起我国苹果苗木市场高效运行的监管体系，全面实行果树苗木生产和经营许可证制度，建立起苗木追溯系统。

三、主要任务

（1）用3~5年时间，建立苹果无毒优质分枝大苗繁育技术体系，包括苗木技术标准和技术规范。根据产业新的需求，研究提出自根砧木繁育、分枝大苗繁育、品种砧木的脱毒、检测、快繁等技术体系，形成符合实际的技术规范；同时，修改完善相关的标准。

（2）用5年时间，建立系统完备的苹果无毒优质大苗生产体系和监管体系。在现有的基础上，苹果主产区每个省份都要建立起一个标准化的苗木脱毒、检测、繁育中心；每个市都要有相应的脱毒品种采穗圃和繁育场，负责向所属苹果基地县提供脱毒接穗；各个苹果基地县设置苗木管理监督站，负责相关的技术指导和重点技术的培训，同时负责审批苗木繁育经营许可证，规范苗圃的生产和销售。

（3）用3~5年时间，建立和完善优质苗木补贴制度，对符合标准的苗木进行补贴，引导高质量的苗木生产，不断提高苗木生产水平。

（4）用5~10年，建立起一整套苹果品种选育、产区区试和种苗生产有机联系的运作制度，解决生产中品种、砧木混乱，育种者产权得不到保护的问题。

第三节　苹果优势种苗生产基地布局方案

在我国四大苹果产区分别选择部分县（市）进行县（场）级苹果种苗生产基地。

一、渤海湾—燕山山脉及太行山浅山丘陵区

1. 基本情况

该区域主要包括沿渤海湾的辽南地区、辽西地区、鲁东和鲁北地区、河北环渤海地区、燕山南部及太行山中北部浅山丘陵区，是我国苹果栽培历史长、单位面积产量较高、果树分布较为集中的地区。该地区产量和面积约占全国35%。由于栽培历史长，目前亟待更新的果树比例较高（树龄大于20年生的树占70%以上）。由于该区域种苗需求数量大、生态类型存在一定差异性，既有沿海地区，也有浅山丘陵土壤瘠薄地区，因此对种苗类型有不同需求。

2. 功能定位

建立资源保存、砧木和品种长期定位区试、无病毒检测和无毒原种培育的基地，构建包括“三圃一园（原种保存圃、砧木压条或品种采穗圃、种苗繁育圃和新砧穗组合示范园）”的完备种苗生产体系，满足该区域苹果产业技术升级和果园更新的种苗供应。

3. 发展目标

3年内完成基地建设，5年内完成三圃一园建设，实现年生产8 000万株苗木的目标，基本满足该区域苗木需求。

4. 主攻方向

在主产区三省9县（山东：蓬莱、沂源、平度；河北：昌黎、保定、深州；辽宁：绥中、瓦房店、盖县）建立县（场）级种苗生产基地，生产包括砧木为GM256、SH优系、M优系等砧木和富士优系、国光、寒富、嘎啦优系、金冠优系以及适量近期培育或引进的新品种。

二、西北黄土高原产区

1. 基本情况

该区域主要包括陕西大部、甘肃、宁夏部分适宜地区，是近年来我国苹果西移发展迅速的地区。该地区产量和面积约占全国40%。由于土地资源和光热资源较好，但生产基础条件比较落后。目前企业化经营与农民自建脱贫同步发展，对高端和价廉苗木均需求旺盛。

2. 功能定位

建立资源保存、砧木和品种长期定位区试、无病毒检测和无毒原种培育的基地，构建包括“三圃一园”的完备种苗生产体系，满足该区域苹果产业

技术升级和果园更新的种苗供应。

3. 发展目标

3 年内完成基地建设，5 年内基本完成三圃一园建设，实现年生产 8 000 万株苗木的目标，基本满足该区域苗木需求。

4. 主攻方向

在主产区两省 7 县（陕西：杨凌、千阳、洛川、白水、旬邑；甘肃：泾川、西峰区、麦积区）建立县（场）级种苗生产基地，主要生产枕木，包括 M 优系、B 系等砧木和富士优系、红星、嘎啦优系、金冠优系以及适量近期培育或引进的优质新品种。尤其是在目前企业介入的基础上，加快 M9-T337 等自根砧繁育。

三、黄河故道产区

1. 基本情况

该区域主要包括河南、山西、鲁南及苏北地区，是我国苹果早期重要生产基地。近年来，由于结构调整和优势区规划的政策引导，苏北、鲁南及沿黄豫东地区栽培面积减少，而黄河三角洲地区，尤其是山西运城市、河南三门峡市、灵宝市等地区发展迅速，该地区产量和面积约占全国 20%，老龄果树比例偏高，果树种植效益高，种苗需求量大。目前，该地区中早熟品种在国内有一定市场优势。

2. 功能定位

建立资源保存、砧木和品种长期定位区试、无病毒检测和无毒原种培育的基地，构建包括“三圃一园”的完备种苗生产体系，满足该区域苹果产业技术升级和果园更新的种苗供应。

3. 发展目标

3 年内完成基地建设，5 年内基本完成三圃一园建设，实现年生产 0.8 亿~1.0 亿株苗木的目标，基本满足该区域苗木需求。

4. 主攻方向

在主产区两省 4 县（山西：临猗县、万荣县；河南：灵宝市、洛宁县）建立县（场）级种苗生产基地，生产包括砧木为 M 优系、SH 优系等砧木和富士优系、红星、嘎啦优系、金冠优系以及中早熟新品种。

四、西南冷凉高地产区

1. 基本情况

该区域主要包括云南昭通、贵州威宁和四川彝良等海拔大于1 800米的高原地区，昼夜温差大，日照充足，是我国苹果高档果品生产区，产量和面积约占全国5%。近年来，随着果园基础设施改善和投资农业热情高涨，苹果规模化种植以及产业升级势头强劲。由于苹果成熟期较北方早10~15天，出口东南亚具有得天独厚的条件，当地中早熟品种在国内外市场具有明显优势。

2. 功能定位

构建包括“三圃一园”的完备种苗生产体系，满足该区域苹果产业技术升级和果园更新的种苗供应。

3. 发展目标

5年内完成三圃一园建设，实现年生产0.2亿~0.5亿株苗木的目标，基本满足该区域苗木需求。

4. 主攻方向

在主产区云南昭通、贵州威宁建立县（场）级种苗生产基地，生产包括砧木为M优系、SH优系等砧木和富士优系、王林、乔纳金优系、嘎啦优系、金冠优系以及中早熟新品种。

第四节　重点建设任务和建设项目

主要是田间土建工程建设和机械化水平提升。配备统一的灌溉和肥水一体化系统、果园树体支架系统、果园管理必备的机械、品种砧木测试必要的设备（如冷库、温室等）和仪器、试验站信息化办公设施等基本条件。在山西、河北、陕西和甘肃主产省建立病毒检测及脱毒中心，培育该区域无病毒砧木和品种的原种。

第五节　保护、建设和管理机制

一、建设机制

做好全国苹果种业发展的顶层设计，重点扶持建立国家苹果种苗繁育中心、苹果新品种（系）、新砧木区域试验站，建立省级落叶果树苗木质量监督检测中心和脱毒中心，支撑产业健康发展。按照区域分布，利用大专院校和科研院所的工作基础和人才优势，建成符合国际规范的脱毒及检测中心，为苹果苗木生产提供原种和质量监控保障。

二、管理和运行机制

先期启动优质无毒大苗后补贴政策，引导优质无毒大苗的生产，示范高规格建园的实效。后期主要依靠市场配置资源，逐步实现苗木生产的专业化，对进入苗木生产的企业进行规范，其中包括：技术支撑、资源保有量、资金实力（风险赔付）以及是否有不良记录等，提升苗木生产档次。最终目标是：苗木生产企业严格按照苗木生产标准及法律法规，有偿使用砧木、品种资源和购买技术服务，接受国家授权检测部门的监督，向市场提供质量可追溯的苗木，确保苹果苗木产业健康可持续发展。

第六节　保障措施

（1）加速立法，加大苹果种苗执法力度，为苹果种苗产业化发展创造良好的环境。

（2）制定研究检测中心运行管理办法，建立长期稳定的经费支持体制和机制。

（3）出台苹果良种优质无毒大苗中长期补贴政策。

（4）制定果树苗木生产管理办法，推行苗木生产许可证制度和苗木追溯制度。为全面实现苗木生产与国际接轨提供政策支撑。

（写作组成员：韩明玉、丛佩华、孙建设、郭晓盼）

第十三章　梨种苗生产优势基地建设研究

梨是我国仅次于苹果、柑橘的第三大水果。我国是世界第一产梨大国，栽培面积和产量均占70%以上，在世界梨产业发展中有举足轻重的位置。据国家统计局数据，2018 年我国梨总产量 1 949. 9万吨。但近年来，由于梨种植面积的饱和、总产量过剩和梨果价格的下降，导致种苗繁育单位逐渐减少。梨种苗生产面临着基础设施不完善、机械化水平低、良种繁育体系不健全、技术力量薄弱、生产成本走高以及种苗质量不达标、监管不到位等问题亟待解决。为推动我国梨种苗生产，提高种苗质量和对产业的支撑能力，不断增强我国梨产业实力和国际竞争力，提出梨种苗生产优势基地的布局方案、建设任务和政策建议。

第一节　梨种苗生产发展的基本情况

一、发展历程

新中国成立以来，我国梨种苗繁育大致分为三个阶段。

第一阶段自新中国成立至 20 世纪 80 年代末，主要为生产单位对苗木的“自繁自用”。

第二阶段从 20 世纪九十年代初到 20 世纪末，是梨种苗繁育大发展时期，但同时也是我国梨种苗产业滥繁滥推的无序时期。多种种苗繁育主体并存，除品种培育单位对自己选育出的新品种进行繁育和推广，梨果生产单位为了扩大生产所进行自繁自用之外，还有大量个体户从事梨苗繁育和推广工作。据统计，这一时期的育苗单位有 1 000个之多。

第三阶段从 21 世纪初至今，由于梨种植面积饱和、梨果价格下降，导致梨种苗繁育单位迅速减少，但仍然保持多种形式并存。

目前我国除 3 个国家级梨种苗繁育基地之外，主要有苗木公司、农民育苗合作社或个体育苗户等。

二、产业基础

“十二五”以来，全国梨面积稳定在108万公顷左右，品种结构调整加速，晚熟梨比例逐渐下降，早熟梨比例逐年上升；新品种培育成果丰硕，“十二五”以来，全国共审（认）定推广梨品种60多个，促进了我国梨品种更新换代及新技术的推广应用。

制定并颁布一系列梨种苗质量标准，现行的行业标准有：梨苗木繁育技术规程（NY/T 2681—2015），梨无病毒母本树和苗木（NY/T 2282—2012），梨苗木（NY 475—2002），无公害黄花梨苗木培育技术规程（DB33/T 271.2—2005（2015））和苗木（DB33/T 271.1—2005），砂梨苗木繁育技术规程（DB42/T 957—2014），库尔勒香梨苗木（DB65/T 2046—2011）酥梨苗木（DB61/T 523.3—2011）等。

“十二五”以来，我国先后在不同梨主产区建立了3个国家级苗木生产基地，部分主产市县也启动了一批梨苗工程项目和种苗工程示范基地建设，梨产业技术体系相关岗位建立了采穗圃与苗圃基地等。2019年，农业农村部认定湖北省老河口市为国家级梨区域性良种繁育基地。通过梨苗木生产基地和种苗工程项目建设，改善了梨种苗生产条件，提升了苗木质量和生产管理技术水平。

经过多方努力，初步形成了以市场为导向，国家、集体、个人等多种所有制共同发展的苗木生产供应体系。全国年均可提供合格梨苗300多万株，良种接穗1 000余公斤，保证了梨产业发展对种苗的需求。

三、主要问题

目前，部分梨种苗生产基地仍存在以下主要问题。

（1）基础设施不够完善，育苗地排灌设施、温室、苗木贮藏冷库等设施不配套。机械化水平低，缺乏相应的机械设备，如嫁接机、栽苗机、起苗机及苗木分级包装、病虫害检疫等。

（2）育苗手段落后，大部分育苗单位仍然采用传统育苗技术，苗木基地管理人员及技术人员专业技术知识较弱，难以满足现代梨产业发展对高标准、高质量、无病毒种苗需求。且由于人工成本增加，导致种苗生产成本偏高。按目前技术水平和每亩苗木生产数量8 000株计算，苗木成本在2元/株左右。

（3）良种繁育体系不健全。规范化的梨苗木繁育基地或龙头企业尚不足，苗木繁育许可制度不健全，准入门槛过低，呈现多而杂、分而散的苗木生产格局。单位与个人可随意繁苗，苗木不按标准生产，缺乏有效管理，苗木广告混乱，植物检疫较为薄弱

（4）苗木调运混乱，缺乏有效监督。一些未经区域比较试验、不适宜大面积推广的品种也被生产推广，销售的苗木同名异物或同物异名现象仍存在，苗木质量良莠不齐。

四、发展趋势

梨种苗行业要快速、健康发展，首先要遵从市场规律和植物新品种保护条例，理顺育种者、苗木繁育企业和果农三者的利益关系，建立和健全完善的行业准入机制。

遵从资本扩张的属性，随着种苗市场逐渐成熟，从事梨种苗生产企业必将呈现规模化、规范化经营趋势，并伴随梨产业布局特点呈现区域集中趋势；同时，种苗企业的科技水平和科研能力将会大幅度提升，随着梨脱毒苗繁育体系、自根砧苗繁育体系以及砧木苗的提前播种等研究成果的开发应用，将助推传统的梨种苗生产企业逐渐成长为新的科技型企业。

构建以产业为主导、企业为主体、基地为依托、产学研相结合、“育繁推一体化”的现代梨产业种苗繁育体系，有利于全面提升我国梨种苗产业发展水平。

第二节　梨优势种苗生产基地建设思路、目标

一、基本思路

根据我国梨产业覆盖面广、生产区域自然条件差异大和种类多样的特点，结合梨优势产区划分，进行梨种苗生产基地多点布局。针对我国梨苗木生产缺少标准化、规模化和无病毒专业化的企业现状，设立专项资金，依托梨产业体系有条件的岗、站及果树科学观测实验站，在相应区域建立国家级规范化、高标准的梨新品种区域试验评价中心和种苗生产基地。同时针对梨苗木无性繁育特性，在完善新品种权保护和加强执法基础上，鼓励民间投资、扶持有能力的果品生产营销公司发展梨种苗产业，在相应区域建立以公司为主体的规模化、工厂化、标准化梨种苗生产企业，使其逐渐成为我国果树种业主力军。

二、发展目标

1. 总体目标

至2025年，建成国家级梨区试评价和种苗繁育中心7~8个、分中心5~6个；扶持发展私营规模化梨种苗生产企业15~20个。全面建成后，年产梨标准苗木300万~500万株，无病毒标准苗木50万~100万株，满足我国不同生态区域梨产业结构优化、产业升级需求。

2. 建设标准

每个种苗生产基地面积不低于5公顷，用于砧木苗和品种苗繁育；组织培养工厂化育苗车间（包括温室）和无病毒苗木检验室，面积2 000米^2；种苗贮藏库1座，面积500米^2；配备田间整地、病虫害防治、起苗、运输等机械，提高苗木生产管理机械化水平。

第三节　梨优势种苗生产基地布局方案

在我国梨栽培面积较大，产业发展水平较高的地区，种苗生产队伍和技术水平较高、基础设施较完善的华北白梨主产区的河北、河南、山东，在西部黄土高原白梨区的陕西、甘肃，在长江中下游砂梨主产区的浙江、江苏，在秋子梨主产区的辽宁建立国家级梨新品种区域比较试验评价和种苗繁育基地各1~2个。在云南、四川、甘肃、新疆、吉林设立国家级梨区域比较试验评价和种苗繁育分中心各1个。

第四节　保护、建设和管理机制

一、建设机制

以市场和产业需求为导向，以梨品种结构调整为依据，以科技创新为支撑，以繁育优良梨苗木为目标，结合区域客观条件和产业发展需要，运用市场经济的手段，采用较高的技术和质量标准，规划建设科技示范性强、成本合理、高标准、效益显著的梨种苗基地。

二、管理和运行机制

1. 组织保障

成立专门的领导小组，分工负责梨苗木需求调研、梨苗木基地财务管理、技术管理、生产管理和质量监督、销售与宣传等，不断完善基地组织协调、政策制定、任务分解、资金调度、考核验收和督促检查等工作。

2. 资金管理

严格按照国家相关法律进行生产经营活动，在梨苗木基地领导小组的统筹领导下，建立梨苗木基地的财务管理制度。

3. 奖惩管理

建立详细的奖惩管理措施，按岗位设置任务指标，对考核优秀的个人和部门进行奖励，对考核较差的个人和部门进行惩罚，以激励良好的工作氛围和提高工作积极性。

4. 督促检查

由督查工作组，分阶段对苗木基地建设和运行工作进行全面督促检查，并作为年终考核的重要依据。在整个苗木基地的建设和运行中，领导小组将定期和不定期地对苗木基地建设和运行的各个环节进行检查、指导、考核。

5. 技术培训

为提高苗木基地的生产技术水平和示范效应，定期开展相关的学习培训、技术示范和参观交流，提高行业管理人员和技术人员的水平。

6. 扩大宣传

通过广告、培训和技术服务等形式，积极宣传良种苗木的品种特性，同时做到实事求是、不夸大宣传，以良种苗木示范基地为样本，提高果农对优良苗木的认识，促进优良苗木的繁育和销售。

第五节　保障措施

（1）认真落实梨苗木生产经营法律法规和《植物新品种保护条例》，规范苗木市场。苗木生产、经营严格按照《中华人民共和国种子法》及各省出台的管理办法，实行许可证制度。苗木调运必须按规定获得相关行政主管部门的同意，并按照《中华人民共和国植物检疫条例》规定办理。负责果树种苗管理的各级政府部门应切实加强生产和市场监督检查，避免假冒伪劣梨苗木流入市场。

（2）政府相关部门应尽快建立梨苗木信息网络系统，对苗木生产销售公司或个人、产地、品种、数量、检疫等信息实行备案和可追溯管理，销售的苗木必须悬挂条码信息标签，以便对苗木生产进行计划指导和市场监管。

（3）加强梨苗木生产销售现状调研和监管，把好繁育品种、来源及质量关。对管理方面存在的问题提出针对性的监管措施或制定修改相关管理办法；对梨苗木繁育技术、品种、质量、检疫等方面问题，组织相关专家研究论证，制定或修订相关标准。

（4）实施新一轮种苗工程。加大梨苗种业基础设施投入，加强育种创新、知识产权保护，完善品种测试和试验、种苗检验、测试和检疫等基础设施建设。鼓励“育繁推一体化”种苗企业建设商业化育种基地，购置先进的种苗生产、包装、检验、仓储和运输设备，改善品种试验和应用推广条件。

（写作组成员：李秀根、吴俊、施泽彬、张茂君）

第十四章　茶树种苗生产优势基地建设研究

我国是茶的原产地，是最早发现和利用茶的国家，自神农尝百草发现茶，至今已有四五千年的历史，茶树已成为我国重要的经济作物。茶叶不仅是我国人民喜爱的传统饮料，也是我国重要的出口创汇农产品之一。据国家统计局数据，2018 年我国茶园种植面积 4 395. 8万亩，茶叶总产量达 261. 6 万吨。良种是茶叶生产最基础、最重要的生产资料，按照科学布局、突出重点、统筹兼顾、企业主体的原则，建设优势茶树种苗生产基地，是确保茶叶生产供种保障能力、推进茶叶生产方式转变、提高我国茶叶市场竞争力的重要举措。

第一节　茶树种苗生产发展的基本情况

一、产业基础

1. 茶树良种繁育基地

农业农村部在全国建立了 12 个部、省共建的茶树良种繁育场，与各省建立的 150 余个县级茶树良种繁育示范场共同形成了以农业科研院所及有关大专院校作为新品种选育主体，部省共建茶树良种繁育场作为新品种栽培示范和种穗供应主体，县级茶树良种场和茶苗专业合作社为育苗主体的茶树新品种选育、示范和推广网络。2017—2019 年，农业农村部认定四川省名山区、湖北省孝南区、贵州省湄潭县、福建省福安市、湖北省巴东县、云南省普洱市思茅区 6 个国家级茶良种繁育基地。

2. 茶树无性系繁育技术

以工厂化和标准化育苗技术为主的茶树无性系良种繁育技术日趋完善。中国农业科学院茶叶研究所通过“组培+温室培育”或“直接温室扦插”开发的茶树快速繁育和工厂化育苗技术，实现了一年双季育苗；“二段法”快繁育苗水培生根技术广泛运用；浙江大学与浙东茶树良种繁育场开发的无新土覆盖的茶树扦插技术大幅度降低茶树无性系育苗成本；湖北五峰等地已实现穴盆基质育苗技术产业化应用；浙江大学等单位研发的轻型基质快速育苗技术使茶树扦插繁育育苗周期由原来的13~16个月缩短至3~6个月；嫁接已经成为浙江、广东和云南等地部分茶区老茶园换种改植和野生型古茶树繁育的重要措施。

3. 茶树品种审定与登记

品种审定（认定、鉴定）与登记制度是茶树良种繁育推广的基础。我国一直十分重视茶树品种审定工作，1981年成立了“全国茶树良种审定委员会”（后改为“全国茶树品种鉴定委员会”），累计审（认）定了茶树品种96个，其中无性系茶树品种79个。自2003年，茶树品种不再强制审定。在全国农技推广中心的组织下，成立了全国茶树品种鉴定委员会，对茶树品种进行自愿鉴定，先后鉴定了38个品种（全部为新育成无性系品种），为茶树种苗生产提供了品种保证。目前我国茶树品种实行登记制度。

4. 茶产业特点

我国茶产业具有产区分布广、生产茶类多的特点。全国20个省（直辖市、自治区）产茶，按气候条件划分为西南、华南、江南和江北等四大茶区。我国传统茶叶产品包括绿茶、红茶、青茶（乌龙茶）、黑茶、白茶、黄茶六大类。绿茶是我国生产区域最广、产量最大的茶类，各个产茶区省份均有生产。红茶是我国生产区域面积第二大的茶类，其中红碎茶主要产于华南茶区，工夫红茶在各茶区均有生产。黑茶、青茶、白茶和黄茶是我国特有的茶类，黑茶主要在湖南、湖北、四川、云南等省生产；青茶主要在福建、广东和台湾等省生产；白茶产量较少，主要集中在福建省；黄茶生产量很少，浙江、湖南、安徽、四川、山东等省有少量生产。

二、主要问题

1. 新品种选育难度大

茶树是多年生作物，又是一个高度杂合体，遗传基础研究薄弱，育种手段落后，主要还是依靠常规手段，育种周期长，育成一个品种至少需要3~4年。而且茶树良种是无性繁育，知识产权保护非常困难，缺少稳定的财政经费支持。

2. 茶树育苗市场风险大

茶树是多年生木本植物，经济年龄30年以上，我国茶园发展规模逐步趋于稳定，新茶园扩展数量有限，种苗的需求量很难精准预测。而且茶树育苗周期又比较长，常规茶树无性育苗需要13~16个月，茶树育苗风险大。

3. 缺乏规模化龙头企业

鉴于茶树无性系品种知识产权保护困难以及种苗市场风险大等问题，迄今茶树种苗领域还没有规模化龙头企业，茶树育苗主要依靠个体户和部分农民专业合作社，标准化、规模化和产业化程度低，经济效益差。

三、发展趋势

21世纪以来，我国茶产业规模快速扩张，2018年茶园面积和产量分别是2000年的2.66倍和3.8倍。在快速发展的同时，也面临着产能增长过快、劳动力短缺、成本上涨等问题以及质量安全和生态安全压力。茶产业发展正在从数量扩张向质量和效益提升转变，更加注重满足消费者对产品优质化和个性化的需求，更加注重绿色发展理念，进一步减少农药化肥使用并保证消费者饮用安全，更加注重机械化，提高劳动生产率并降低生产成本。在茶树种业发展上，将更加重视优质、特色、高抗（特别是抗病、抗虫）、高肥料利用率以及适合机械化作业品种的选育与推广。

第二节　茶树优势种苗生产基地建设思路、目标

一、发展思路

紧紧围绕我国茶产业需求，整合育种资源，完善品种评价机制，强化品种创新，夯实种业基础；优化种苗繁育基地布局，建立区域级和县级良种繁育基地为主体，群众性自繁自育为补充的良种繁育机制，研究推广现代繁育技术，提升种苗繁育科技水平。逐步构建以产业需求为主导、企业为主体、基地为依托、产学研相结合、育繁推一体化的现代茶树种业体系。

二、发展目标

到2025年，全国建立25个区域级繁育基地和45个县场级繁育基地，国家和县场级良种繁育能力约占全国50%，全国茶树种苗繁育能力维持在年出圃种苗36亿株左右，加强科研、技术推广和企业等育种单位的协作，重点开展优质、高抗、低碳和适宜机械化采摘新品种及特异品种选，审（认、鉴）定15~20个国家级和省级新品种，完善育种设施，大力推进设施育苗技术，国家和县场级良种场基本普及设施育苗，基本实现育苗现代化，并在

有条件的县级良种场推广应用。

第三节　茶树优势种苗生产基地布局方案

茶树是多年生常绿阔叶植物，良种扩繁采用营养体无性繁育方式，种苗不适宜大规模远距离运输。因此根据区域产业特色、产业规模和现有种苗繁育工作基础对良种繁育基地进行合理布局对产业健康发展具有重要意义。国家和省级良种繁育基地作为区域性茶树良种扩繁的龙头，对区域性的良种推广应用具有引领作用，是茶树良种繁育体系建设的重中之重。一般茶园面积超过100万亩的主产省按每80万~100万亩建立1个区域级繁育基地。茶园面积少于100万亩的省（自治区、直辖市）根据当地的产业特点及周边区域产业状况建立专业或跨区辐射的国家级良种繁育基地。县场级良繁基地原则上以每50万亩左右建立1个县场级繁育基地。到2025年，全国建成25个国家级繁育基地和45个县场级繁育基地，具体布局见表14-1。

表14-1　茶树良种繁育基地布局

序号	省（自治区、直辖市）	区域级良繁基地		县场级良繁基地		繁育品种类型
		数量	县（区）	数量	县（区）	
1	浙江	3	新昌、宁波、淳安	4	松阳、安昌、嵊州、富阳	绿茶品种
2	江苏	1	金坛	1	无锡	绿茶品种
3	江西	1	南昌	3	婺源、九江、上犹	绿茶品种
4	安徽	2	东至、金寨	3	舒城、岳西、祁门	绿茶品种
5	福建	2	安溪、福鼎	3	福安、武夷山、福清	绿茶品种、青茶
6	广东	1	英德	1	潮洲	红茶、青茶
7	广西	1	桂林	1	百色	绿茶、红茶
8	湖北	3	孝感、恩施、英山	4	大悟、五峰、咸宁、鹤峰	绿茶
9	湖南	2	长沙、安化	4	保靖、桃江、益阳、永顺	绿茶
10	四川	3	名山、五通桥、平昌	5	沐川、翠屏、南江、旺苍、蒲江、纳溪	绿茶
11	重庆市			1	永川	绿茶

（续表）

序号	省（自治区、直辖市）	区域级良繁基地		县场级良繁基地		繁育品种类型
		数量	县（区）	数量	县（区）	
12	贵州	3	湄潭、晴隆、铜仁	6	黎平、道真、普定、纳雍、凤岗、石阡	绿茶
13	云南	1	普洱	3	勐海、双江、景洪	红茶、绿茶
14	陕西	1	紫阳	3	西乡、汉滨、平利	绿茶
15	河南	1	桐柏	2	蛳河区	绿茶
16	山东			1	日照	绿茶
	合计	25		45		

一、国家级良种繁育基地

1. 功能定位

国家级良种繁育基地主要承担6个方面功能。

（1）区域内地方茶树种质资源的收集、保存、鉴定与发掘；

（2）参与茶树新品种选育，承担国家与省级茶树新品种区试工作和引种试验工作，评价筛选适宜本区域推广的新品种；

（3）开展新品种及配套的中试试验示范工作，推动良种良法配套；

（4）建立新品种原种母本园，为本区域内良种繁育基地或个人扩繁提供优质种穗；

（5）育苗新技术的研发、引进、中试示范；

（6）繁育种苗为各级用种单位提供合格的种苗。

2. 发展目标

到2025年，在原有基地基础上，建成25个区域级良种繁育基地。

3. 主攻方向

通过技术改造，提升繁育基地设施水平的现代化程度；研究完善设施育苗技术，在全国省级以上良种繁育基地全面推广设施育苗技术，提高茶树繁育工作的机械化和智能化管理水平。

4. 重点建设内容

根据功能定位和产业发展对原有12家良种场进行扩建和改造提升。依托原有的省或县级良种场新建13家良种场。国家级良种繁育基地建设重点需要开展5个方面的工作。

（1）建立或完善资源保存圃、区试和引种试验圃；

（2）扩建原种母本园，使其达到与功能定位相适应的规模；

（3）完善提升场区内部和外联道路、园区水利、灌溉及苗圃等农田基础设施；

（4）建立设施育苗所需的温室、温棚、环境调控设施、配套用房及种苗检验设施。

二、县场级良种繁育基地

1. 功能定位

县场级良种繁育基地主要承担5个方面功能。

（1）参与茶树新品种选育，承担省级茶树新品种区试工作，鉴定评价新品种在该区域内的适应性；

（2）新品种及配套高效生产技术的中试示范；

（3）建立新品种母本园，为本区域内良种繁育基地或个人扩繁提供种穗；

（4）育苗新技术的研发、引进、中试示范；

（5）繁育种苗为用种单位提供合格的种苗。

2. 发展目标

到2025年达到45个县场级良种繁育基地。

3. 主攻方向

通过加强制种基地的基础条件和人才队伍建设，培训专业种苗繁育技术人员、不断研究完善茶树种苗设施育苗技术，增强茶树种苗繁育综合实力，满足茶产业升级的品种需求。

4. 重点建设内容

县场级良种场依托现有的县级以上良种场进行扩建。重点建设内容包括4个方面。

（1）建立或完善区试和引种试验圃；

（2）适度扩建原种母本园；

（3）完善提升场区内部和外联道路、园区水利、灌溉及苗圃等农田基础设施；

（4）建立设施育苗所需的温室、温棚、环境调控设施、配套用房及种苗检验设施。

第四节　保护、建设和管理机制

一、建立以财政资助为主的公益性育种体系，确保茶产业发展的品种来源

茶树育种周期长（15~20 年），种苗繁育依赖无性繁育从而使品种权保护难，新品种选育工作主要还是在科研院所开展，企业投入少。因此，应建立以财政资助为引导，科研院所为骨干，鼓励企业参与的产学研结合育种体系，开展茶树种质资源、茶树遗传和育种技术、茶树新品种选育研究，为我国茶产业的发展提供品种保障。

在此基础上，积极探索茶树新品种种苗的产业化途径，改变新品种育成后科研机构自身无力推广的局面，建立以茶树良种繁育基地为开发推广平台，由茶树良种繁育基地率先进行科研机构育成新品种推广工作，同时茶树良种繁育基地以自身良好的信誉积极向广大茶企、茶区推广，逐步建立起以茶树良种繁育基地为主体的商业化育繁推机制。

二、加大对茶树新品种权保护力度

茶树新品种权保护虽然已经实施，但保护力度低，使用者品种权意识薄弱，品种权人的权益得不到保障，影响茶树新品种选育积极性。因此，一方面要加大品种权保护宣传力度，提高使用品种权保护意识；另一方面健全侵权处罚制度。只有严格实施品种权保护，才能有效保护品种权人的权益，也有利于调动企业参与的积极性。

三、在推行茶树品种登记制度基础上，规范茶树种苗生产和经营体系

目前茶树种苗市场尚不规范、品种比较混乱、苗木质量参差不齐，急需规范。

（1）要进一步完善茶树品种登记制度。

（2）检测与监督机构要建立健全茶树良种苗木生产许可证、茶苗准运证、质量合格证的“三证”管理制度，规范茶树种苗生产与市场经营管理，以法制化手段保证种苗质量，促进茶树良种繁育与推广。

四、建立布局合理的茶树种苗繁育体系

茶树种苗长距离大调大运、移栽死亡率高，因此，茶树种苗基地和经营单位主要以服务本地为主，市场化程度难于提高。为此，建议在建立规模大的茶树良种繁育基地基础上，鼓励和规范中小型茶苗繁育企业，支持在产茶大县建立茶树种苗圃（基地），加快形成“公司+基地+农户”的茶树种苗繁育体系。

第五节　保障措施

一、加大茶树新品种选育的财政支持力度

茶树新品种选育是茶产业发展的基础，更是种业发展的基础。茶树新品种选育周期长、投入大，且品种权难以保护等决定了茶树育种具有很强的公益性，建议设立国家茶树育种财政支持专项，加大茶树新品种的选育推广力度。

二、建立健全种苗质量监管体系

在完善茶树良种苗木生产许可证、茶苗准运证、质量合格证的“三证”管理制度的基础上，建立茶树种苗质量检测与监督机构，加强茶树种苗质量监管，保证种苗质量，促进茶树种业健康发展。

三、制定茶树良种应用鼓励政策

茶园建设用苗量大（一般要 5 000株左右），茶苗价格又比较高，而且需要 3~4 年才能投产，新建和换种投入较大，茶企、茶农不太愿意换种改植，制约茶树品种更新，不仅影响茶树种业发展，也不利于茶产业转型升级。建议对茶树苗木经营实行税收减免，对茶企、茶农应用良种给予一定补贴。

四、加强市场服务

加强对茶叶市场需求和产业发展整体规模研究，指导育苗工作开展，防止盲目性，控制和降低市场风险。建立茶树种业信息服务平台，定期、不定期发布供需信息，及时提出市场变化预测，畅通市场渠道，促进种苗平衡调剂。

（写作组成员：杨亚军、王金环、成浩、梁月荣、曾建明、韦康）

第十五章　蚕桑种（苗）生产优势基地建设研究

我国是世界蚕桑产业的发源地，养蚕缫丝已有五千多年的悠久历史。数千年来“农桑并重”，蚕桑生产演绎了厚重的农业发展史，更架起了东西方商贸往来和文化交流的“丝绸之路”。据国家茧丝办数据，2018 年我国蚕茧总产量达 67.9 万吨，较上年增加 2.1 万吨，上升 3.2%，桑蚕茧年产量占全球 75%左右，柞蚕茧年产量占全世界 90%以上，蚕业生产中心地位近半个世纪未被动摇，随着“一带一路”建设的深入推进，“丝绸之路”沿线国际桑蚕生产呈现抬头趋势，我国桑蚕产业需种量将逐步增大，未来我国也将长期占据桑蚕种业国际主阵营。种子生产基地是保障蚕桑生产用种需求的国家重要战略，保护和建设优势蚕桑种子生产基地，是推进种业生产方式转变、提高我国种业市场竞争力、确保农业生产供种保障能力的重要举措。

第一节　蚕桑种（苗）生产发展的基本情况

一、历史演进

历史上，蚕种制造都以地方品种、自繁自养为主要方式。由此也在多年的选择和进化过程中，形成了我国丰富多彩的地方桑（柞）蚕品种体系和种质资源。1897 年，杭州蚕学馆创立，改良种生产兴起。1928 年，成立蚕业改良场，桑蚕种业基地以江、浙为主，以行政手段监督改良蚕种的大规模生产。1936 年，四川设立蚕种改良场，开始生产推广杂交种。桑树苗木生产最初由各地农家自行繁育，互通有无，后在主要蚕区出现了商品性桑苗的集中产地，从而产生桑苗市场。随着桑苗繁育技术普及，各蚕区又以自行繁育桑苗为主。

抗日战争期间，江浙蚕桑生产衰退，四川成为蚕桑生产的主要产地，带动云南、贵州蚕桑产业发展，成为抗战大后方物资生产供应基地，川丝成为重要战略物资。大批蚕桑专家在四川从事蚕桑产业研究和技术推广，制种基地布局在我国云贵川地区。

新中国成立后，蚕桑产业作为国家出口创汇的战略性产业得到快速发展，建立了严密的蚕种繁育制度，1970 年，我国取代日本成为蚕茧产量最大的国家。20 世纪 70 年代末至 90 年代初，大量的外汇需求刺激蚕桑产业快速发展，蚕种发种量由 1979 年的 896.43 万张跃升到 1995 年的 2 791.74万张，蚕丝出口创汇成为我国第二大创汇产业，支撑了我国改革开放和经济快速发展。此时，蚕种制造分布于全国各个宜桑（柞）产区，尤以川、浙、苏、鲁、粤、辽为主要产地。

随着我国改革开放的深入和市场经济体制的建立，国家经济结构逐步调整，蚕桑产业服务于出口创汇的战略地位也随之变化，产业进入转型调整期。2000 年以来，随着国家“东桑西移”政策的实施，我国蚕桑主要产区和蚕桑种（苗）生产发生了巨大变化。在全国各地出现了较大规模的蚕桑种（苗）基地。目前，我国桑蚕种生产基本稳定在每年 1 600 万张左右、柞蚕种茧 10 万千粒左右。

二、产业基础

1. 桑（柞）种生产规模和布局概况

目前，我国桑蚕生产区遍布除天津、西藏、青海、台湾、香港、澳门外的 28 个省（自治区、直辖市）的 1 000多个县（市、区），桑、柞蚕茧产量均位居世界第一。2018 年，全国桑园面积 1 184.91万亩，蚕种发种量 1 643.3万张，蚕茧产量 67.9 万吨，柞园面积 1 340万亩。

桑蚕种生产主要集中在广西、四川、山东、江苏、浙江、广东和云南 7 省（自治区），这 7 个省（自治区）的桑蚕种生产量占全国的桑蚕种生产量 90%。进入 21 世纪后，随着“东桑西移”的推进，广西、云南省（自治区）的桑蚕种生产量大幅度上升。广西桑蚕种生产量从 2000 年的 80 万张上升到 2018 年的 462 万张。云南桑蚕种生产量从 2000 年的 21 万张上升到 2018 年 125 万张。柞蚕种生产规模已经稳定在目前的 10 万千粒左右。二化性柞蚕种的生产集中在辽宁、吉林、黑龙江，一化性柞蚕种的生产主要集中在河南。

我国现有桑蚕种场 202 家，实际生产蚕种的蚕种场为 155 家，其中少量蚕种场建于 20 世纪 20—30 年代，大多数建于 20 世纪 50—60 年代，2000 年以后建场的不到 15%。辽、吉、黑、豫、鲁、内蒙古 6 个柞蚕主产省区现有柞蚕种场 82 家，柞蚕种生产用种繁制种点 150 余处。除几家种场经营状况较好外，大多数处于亏损的艰难维持状态。

蚕种生产方式有种场生产和原蚕区生产两种。全国 18 个蚕种生产省（自治区、直辖市）中有 16 个采用原蚕区方式制种，只有贵州和甘肃 2 省一直采用种场生产方式。其他以原蚕种区方式生产为主的省份有浙江、山东、四川、云南、重庆、陕西、安徽和山西等，以种场方式为主的省份有江苏、湖北、湖南和河南。近几年，原蚕区生产比例稳定在77%左右。

2. 桑（柞）种子种苗生产情况

桑树优良苗木繁育可分为有性繁育和无性繁育两种。有性繁育是用种子繁育；无性繁育有嫁接、扦插和压条等。我国蚕区广大，自然条件差异巨大，两种桑苗繁育方法在我国都有较广泛应用。

在两广（广东、广西）地区，新种或扩种桑园习惯用杂交种子繁育桑苗。特别是广西蚕桑产业的高速发展及生态桑、饲料桑产业的发展，杂交桑种子生产和销售基地得到了快速发展和巩固。

在长江、黄河流域产区，历史上一直对良桑嫁接苗木需求量较大，形成了以江浙为代表的规模化桑嫁接苗木生产基地，其桑苗不仅供应全国还出口到国外。此外，四川、山东、重庆等地也有桑树苗木生产，但都以供应本地为主。

3. 蚕种质资源概况

我国是世界蚕品种资源最丰富的国家。统计表明，江苏、浙江、四川、重庆、云南、贵州等 16 个省（自治区、直辖市）的 26 家单位共保存蚕种质资源 3 492份，其中家蚕种质资源 3 442份，蓖麻蚕种质资源 50 份。辽宁、吉林、黑龙江、河南、山东、内蒙古 6 个柞蚕主产省（自治区）现保存柞蚕种质资源（不包括育种材料）136 份。

三、主要问题

1. 规模化程度低

生产规模普遍较小，平均每个蚕种场年制种能力为 7 万~8 万张，实际上一半以上的场仅能勉强达到年产 5 万张的要求，年产值多数达不到 500 万元；每个柞蚕种场制种量也多数在 3 000~5 000千粒，且效益不稳定。杂交桑种子生产要求土地面积较大，还需要相关的设备，因此杂交桑种子生产场都具有一定规模，相对比较集中，质量比较有保证。但相对其他粮食作物，桑树杂交种子的生产规模较小，苗木生产比较分散，基本都是小规模生产，多由桑苗经纪人或是培苗大户来组织销售。

2. 原蚕基地建设严重滞后

目前，蚕种场普遍缺少稳定和标准化原蚕（柞蚕母种、原种）基地，基本采取在蚕桑产区选择基地饲养原蚕，质量很难保持稳定、疫病风险大。蚕种场生产房主要是20世纪80年代建设，部分生产用房是六七十年代甚至二三十年代建设，由于疫病防治而大量使用有效氯等高腐蚀性化学物质，使生产房锈蚀严重，且由于经营困难，导致生产设施设备长期带病作业。

3. 蚕种生产机械化水平落后

由于缺少研发投入和企业自主投入，蚕桑制造机械化水平很低，目前蚕种生产依旧还是传统方法，例如削茧、鉴蛹等制种环境都需要依靠人力，从而造成蚕种生产依旧是劳动密集型产业，生产效率低下。

4. 蚕种场生产成本逐年增高

蚕桑种子苗木生产属于劳动密集型产业，机械化程度低。随着物价和工资上涨，加之用工越来越难，蚕桑种子苗木生产成本越来越高，而蚕桑种子苗木的销售价格并不高，使得利润空间越来越小。生产成本不断上升的“地板”与市场价格维持较低水平的“天花板”双重挤压，使蚕桑种场生产经营处于极度困难。

5. 监督管理不到位

蚕种管理和质检机构不健全，难以有效监管蚕种生产经营。目前，除广西、四川、江苏、浙江、广东、重庆、山东外，云南等其他省（自治区）尚未建立通过资质认定的桑蚕种质量检验检疫机构，难于有效监管蚕种质量。吉林、内蒙古等少数省（自治区）缺少蚕种管理机构，造成蚕种生产经营乱象严重。柞蚕种也一直没有全国性权威质量监督检验测试机构，对全国的柞蚕种质量进行抽查检验，各地柞蚕种质量检验执行标准不规范、不统一，各市、县蚕业管理、执法部门对种子质量的监督缺乏充分科学依据而无法正确裁决，常常由于柞蚕种质量问题引发经济纠纷并造成重大经济损失。

四、发展趋势

1. 蚕种生产基地向优势区域转移

随着我国“东桑西移”战略的实施，传统蚕桑产业主要产区向西部和亚热带地区转移和集中，最近几年广西已成为我国传统蚕桑生产第一大产区，产茧量达到全国的50%，四川和云南分别成为我国第二、三大产区，而且有更加集中的趋势。蚕种生产跟随产业向西部集中，近10年，我国东部地区蚕种产量、蚕种发种量逐年下降，西部地区则逐年上升，2018年西部地区蚕种产量达到全国蚕种产量的63%以上。西部地区如广西的蚕种生产经营主体进一步向企业，尤其是民营企业集中，国有事业单位的蚕种场蚕种生产量和发种量进一步减少。

2. 蚕品种需求的多元化发展趋势

传统的“种桑、养蚕、缫丝、织绸”产业链单一，随着蚕桑资源开发利用能力提高，以多元需求为导向，充分利用产业各环节的物质与文化资源，拓展高端纺织、药食、新材料、文化和生态用途等新功能，提高了蚕桑的综合效益和产业竞争力。从蚕桑产业现状与发展趋势看，不同环节的生产主体对蚕品种有不同的需求，蚕农需要省力、效益高的蚕品种，如适于粗放饲养的抗核型多角体病毒的强健性蚕品种，适于小蚕高密度饲养、大蚕简易化饲养、连续滚动式养蚕、全龄人工饲料工厂化高效养蚕的新品种。蚕种生产单位需要易繁、高效蚕品种，如免雌雄鉴别或雌雄鉴别容易、繁育系数高的蚕品种。茧丝绸企业需求可生产高档原料茧的蚕品种，如适于6A级以上高品位生丝生产的雄蚕品种、蚕特色品种等。

3、桑品种需求的多元化发展趋势

随着我国蚕桑产业升级转型的加速，蚕桑产业必将回归到以桑树为基础的种植业上，通过多元利用和提质增效以提高蚕桑产业在农业中的竞争力。

(1) 西部主产区需要适宜西部地区自然条件的优良桑树种子苗木以维持产业的可持续发展，需要耐干旱和高温的桑树种子苗木推动南方石漠化地区的生态修复。

(2) 我国大西北“一带一路”生态文明建设需要适宜耐干旱、贫瘠和盐碱的桑树种子苗木。

(3) 为了推动我国蚕桑产业升级转型，提高蚕桑产业在农业中的竞争力，蚕用桑、果用桑、果叶兼用桑、菜用桑、茶用桑、饲料用桑等一系列不同用途的桑树种子苗木的多元化程度需求加大。

4. 蚕种生产经营区域规模化

蚕种生产与经营向优势企业集中和民营资本集中，逐步形成一批生产规模较大、生产条件先进、技术实力较强的蚕种生产企业，蚕种生产集团化、规模化趋势逐渐显现。目前，我国最大的桑蚕种生产企业广通集团年生产蚕种能力已经达到每年200万张，是目前国际上最大的蚕种生产企业。

第二节　蚕桑优势种（苗）生产基地建设思路、目标

一、发展思路

以习近平新时代中国特色社会主义思想为指导，以促进蚕桑产业持续健康稳定发展和农民增收为目标，以体制改革和机制创新为动力，加强政策扶持、加大蚕桑种业投入、整合蚕桑种业资源、强化基础性公益性研究，推进品种选育、完善法律法规、严格市场监管，提升我国蚕桑种业科技创新能力、企业竞争能力、供种保障能力和市场监管能力，努力构建与蚕桑生产大国地位相适应、具有国际先进水平的现代蚕桑种业体系，全面提高我国蚕桑种业发展水平。

二、发展目标

到 2025 年发展目标主要表现在以下几个方面。

1. 规模方面

建设桑蚕原种场标准化桑园 5 000亩，一代杂交种标准化桑蚕种基地 8 万亩，形成 50 万张原种、2 000万张一代杂交种生产能力；柞蚕母种场标准化柞园 5 000亩、原种场标准化蚕种基地 2 万亩，形成 1 500千粒柞蚕母种、20 000千粒柞蚕原种生产能力；广西、四川、云南和陕西等主产区的种子苗木生产基地的年生产杂交桑种规模超过 15 吨或年生产各种嫁接桑苗 4 亿株以上。

2. 质量方面

蚕种疫病检测不合格率 2%以内，其他检测指标符合国家标准，无重大疫病等质量事故；桑树种子苗木质量指标达到国家标准要求，有效支撑我国主要产区产业的发展需求。

3. 建设条件方面

原蚕（柞蚕母种、原种）基地水网、路网、电网等基础设施配套，桑（柞）园规模化、标准化、机械化，原蚕（柞蚕母种、原种）养殖轻简化、技术队伍专业化；基地管理信息化；质量标准健全、设施设备配套、检测手段先进。

4. 机械化方面

原蚕（柞蚕母种、原种）养殖消毒防病专业化、机械化；小蚕专业化饲

养温湿度自动调控；大蚕省力化、上蔟自动化；桑（柞）园耕整机械化、运输机械化、排灌机械化，桑树枝条采收机械化。

第三节　蚕桑种（苗）生产基地布局方案和重点建设内容

根据我国蚕桑产业布局现状与发展趋势，特别是多元化发展的需求，在华南、西南、西北、华东、东北 5 个生态区建设 20 个县（场）级桑树种子苗木生产基地，面积约 17 万亩，以满足蚕桑产业以及多元化利用桑种植业对良种苗木的需求。具体布局见表 15-1。

表 15-1　桑树种子苗木繁育基地布局

序号	基地名称	规模（万亩）	建设地点	备注
1	广西杂交桑制种基地	0.2	南宁市西乡塘区、武鸣县，崇左市扶绥县	华南地区
2	广西桂西北桑树种苗繁育基地	0.4	河池市环江县、宜州市、罗城县，百色市平果县、靖西县、凌云县	
3	广西桂中桑树种苗繁育基地	0.3	来宾市象州县、忻城县，柳州市柳城县、鹿寨县	
4	广西桂南桑树种苗繁育基地	0.3	南宁市宾阳县、上林县、隆安县，贵港市港南区	
5	广东省多倍体杂交桑亲本苗繁育基地	0.2	广州市增城区	
6	广东省多倍体杂交一代制种基地	0.5	广州市增城区、韶关市翁源县	
7	广东省多倍体杂交一代育苗基地	1	韶关市	
8	广东省果桑苗木繁育基地	1	广州市增城区，茂名化州市，韶关市曲江区	
9	川北桑树苗木繁育基地	0.3	四川省南充、阆中、三台蚕种场	西南地区
10	攀西桑树种子苗木繁育基地	1	盐边县、宁南县、德昌县	
11	重庆桑树种子苗木繁育基地	1	合川、涪陵	
12	云南高原桑树苗木繁育基地	1	陆良县、巧家县、蒙自市	
13	陕西省陕北生态桑繁育基地	2	子长县、榆阳区、绥德县、吴堡县、横山县	西北地区
14	陕西省关中果桑、饲料桑繁育基地	2	周至县、千阳县、临潼区、杨凌示范区	
15	新疆桑树种子苗木繁育基地	0.5	和田市、洛浦县、墨玉县、策勒县	

（续表）

序号	基地名称	规模（万亩）	建设地点	备注
16	浙江省桑树种子苗木生产基地	2.8	海宁市、桐乡市、萧山区	华东地区
17	江苏省桑树种子苗木生产基地	1.7	射阳县、东台市、海安市	
18	黑龙江省蚕业研究所寒地桑树种子苗木繁育中心	0.2	哈尔滨市双城区	东北地区
19	辽宁省北方抗寒丰产桑树品种生产基地	0.2	辽宁省丹东市凤城市	
20	吉林白城果桑新品种和饲料桑新品种繁育基地	0.2	吉林省白城市	
21	河北果桑和饲料桑新品种繁育基地	0.2	河北省承德市	华北地区
	合计	17		

一、华南地区

1. 基本情况

该区主要包括广西壮族自治区和广东省的中国南方亚热带产区，是我国目前最大的蚕桑优势产区。2018 年，广西壮族自治区桑园面积 328.71 万亩，占全国 27.7%；发种 820 万张，占全国 49.9%；产茧 33.8 万吨，占全国 50%。同时，该区也是目前我国杂交桑种子及苗木的主要产区，现有桑苗生产基地 1 000亩左右，年产杂交桑种子约 2 万公斤。广东是目前我国蚕桑产业多元利用开发最成功的省份之一，形成一批果桑等多元化专业品种，并通过桑树种子苗木基地销往全国。

2. 功能定位

创建标准化、系统化、规模化的亚热带杂交蚕桑种生产、加工、销售产业化体系，促进我国蚕桑产业发展，重点支撑华南传统蚕桑产业发展和我国南方石漠化地区生态治理与经济建设。

3. 基地布局

选择蚕桑生产规模较大、承担单位实力较强的种子生产优势县（场），建设种子生产基地，建成 2 个国家级桑蚕原种生产基地，其中广东和广西各 1 个；建成 8 个县（场）级种子苗木生产基地，其中广东和广西各 4 个。

4. 发展目标

通过改善制种基地的基础条件、加强人才队伍建设、培训专业制种技术人员、探索杂交桑高产高效机械化繁制种技术等手段，增强杂交蚕桑繁制种综合实力，杂交桑种子生产纯度、蚕种疫病检测合格率达到国家标准，满足本生态区 90%的杂交种需求和我国南方石漠化生态治理 100%的常规种需求。

5. 主攻方向

研制蚕桑杂交种规模化、机械化杂交制种技术，在降低制种成本的同时提高制种质量。生产适合两广地区使用的杂交一代优良桑品种苗木、一代杂交桑蚕种和我国南方石漠化地区生态治理的杂交桑种子。

二、西南地区

1. 功能定位

建立西南地区规模化优质蚕桑种生产基地，支撑西南传统产业、长江上游水土流失屏障发展和桑树多元化产业建设的需求。创建标准化、系统化、规模化的杂交蚕种和桑树嫁接苗木生产、加工、销售产业化体系，促进我国蚕桑产业的升级转型。

2. 基地布局

各省选择蚕桑生产规模较大、承担单位实力较强的种子苗木生产优势县（场），建设种子苗木生产基地。建成 3 个国家级桑蚕原种生产基地，其中重庆市、四川省和云南省各 1 个。建成 4 个县场级种子苗木生产基地，其中重庆市 1 个、四川省 2 个、云南省 1 个。

3. 发展目标

通过改善种子苗木生产基地基础条件、加强人才队伍建设、培训专业制种技术人员、探索桑树嫁接苗高产高效的生产技术等手段，增强杂交蚕种和桑树嫁接苗苗木生产综合实力，杂交蚕种和桑树嫁接苗达到国家标准，满足本生态区 100%的杂交蚕种、嫁接苗木生产砧木需求和 90%的嫁接苗木需求。

4. 主攻方向

研制桑树嫁接苗规模化、生产线流水作业技术，在降低制种成本的同时提高苗木质量。生产适合西南蚕区的优质高产一代杂交蚕种、优良桑品种一代杂交苗木和高产优质的嫁接叶用苗木、饲料用桑、果桑、果叶兼用桑、食用桑、药用桑等多元化的优质嫁接苗木。

三、西北地区

1. 基本情况

该区主要包括陕西省和新疆等西北地区，是我国特色优质茧产区。2018

年，陕西省桑园面积 83 万亩，占全国 6.7%；发种 30 万张，占全国 1.9%；产茧 1.15 万吨，占全国 1.9%。该区域已发展为我国目前最大的生态桑地区，仅在 1999 年，该区实施的退耕还林工程，大面积栽植实生桑就形成了 60 万亩的生态桑树区域，主要分布在榆林南部的 6 县区和延安子长、延川等县，大部分是以水平沟栽植和桑草间作桑园为主。新疆具有大量桑树和特有桑树资源，如药桑和沙漠桑。目前，新疆利用大量桑树开展盐碱地、戈壁和沙漠治理，取得了显著的生态和经济效益。西北地区作为我国“一带一路”建设主要地区，桑树有潜力在生态经济文明建设中发挥重要作用。但是，目前该区还没有规模化的桑树种子苗木生产企业，其种苗基本依靠引进。由于运输路途遥远和苗木立地条件较差，严重影响苗木成活率。

2. 功能定位

建设西北地区优质蚕桑种子苗木生产基地，支撑陕西及大西北“一带一路”干旱半干旱地区、沙漠化治理和桑树多元化产业建设。创建标准化、系统化、规模化的优质高产蚕桑树种子苗木新品种和生产、加工、销售产业化体系，促进我国蚕桑产业发展及产业的升级转型和拓展。

3. 基地布局

建成 2 个国家级桑蚕原种生产基地，其中陕西和新疆各 1 个；建成 3 个县场级种子苗木生产基地，其中陕西 2 个、新疆 1 个。

4. 发展目标

生产适合西北地区气候恶劣条件下的蚕桑品种及用于生态建设的桑树品种苗木。通过改善制种基地的基础条件、加强人才队伍建设、培训专业制种技术人员、探索高产高效的蚕桑品种种子苗木生产技术等手段，杂交蚕种和嫁接桑树苗达到国家标准，满足本生态区生态桑和多元化利用 80% 的苗木需求。

5. 主攻方向

研制桑树杂交种规模化、机械化杂交制种技术，在降低制种成本的同时提高制种质量。生产适合西北地区气候恶劣条件下的桑树品种苗木及用于生态建设的桑树品种苗木。研制桑树嫁接苗规模化、生产线流水作业技术，在降低制种成本的同时提高苗木质量。主要是生产适合西北蚕区的优质一代杂交桑蚕种、一代杂交种苗木和高产优质的嫁接叶用苗木、饲料用桑、果桑、果叶兼用桑、食用桑、药用桑等多元化的优质嫁接苗木。

四、华东地区

1. 基本情况

该区主要包括江苏、浙江、安徽、山东、江西5省，是我国蚕桑传统优势产区。2018年，桑园面积203.38万亩，占全国15.30%；发种214.87万张，占全国13.07%；产茧8.97万吨，占全国13.21%。同时，该区也是目前我国商品桑苗的主要产区，现有桑苗生产基地40 000亩左右，其嫁接桑苗占全国商品嫁接桑苗的大半以上，还有相当数量的杂交苗和实生苗。但随着"东桑西移"的实施和蚕业的升级转型，这些地区产业出现严重下滑，但近两年该地区桑园面积基本维持稳中有升，仍然对该地区生态环境具有重要作用。

2. 功能定位

建立长江中下游及黄河中下游蚕桑种子苗木生产基地，支撑这些地区传统产业、建设长江中下游水土流失屏障的发展需求。创建标准化、系统化、规模化的杂交蚕种和桑树嫁接苗木生产产业化体系。

3. 基地布局

建成2个国家级桑蚕原种生产基地，其中江苏、浙江各1个；建成2个种子苗木生产基地，其中江苏、浙江各1个。

4. 发展目标

通过加强苗木生产基地的基础条件和人才队伍建设、培训专业制种技术人员、不断探索桑树嫁接苗高产高效的生产线苗木生产技术等手段，增强桑树嫁接苗苗木生产综合实力，为生产桑树嫁接苗达到国家标准的优质苗木，满足本生态区100%的嫁接苗木生产砧木需求和90%的嫁接苗木需求。

5. 主攻方向

研制桑树嫁接苗规模化、生产线流水作业技术，在降低制种成本的同时提高苗木质量。主要是生产适合长江中下游及黄河中下游区的优质一代杂交桑蚕种、高产桑品种一代杂交种苗木和高产优质的嫁接叶用苗木等优质嫁接苗木。

五、东北地区

1. 基本情况

包括辽宁、吉林、黑龙江三个省，是我国柞蚕生产主产区，占全国柞蚕茧产量的90%以上，占世界柞蚕茧总产量的80%，为保障我国柞蚕产业世界领先地位发挥着不可替代的作用。柞蚕茧不但是缫丝原料，还是优质蛋白食物原料。该地区同时是我国寒冷地区（含河北承德市）桑树育苗基地。拟在辽宁省建成1个国家级柞蚕母种（原种）生产基地；建成4个县场级柞蚕母钟（原种）生产基地，其中黑龙江1个、吉林1个、辽宁2个；建成4个县场级种子苗木生产基地，其中黑龙江、吉林、辽宁、河北各1个。

2. 功能定位

建设东北寒冷及高寒地区的桑树种子苗木生产基地，支撑东北寒冷及高寒地区蚕桑产业的建设。创建标准化、系统化、规模化的桑树种子苗木生产产业化体系，规模化、标准化生产国产、优质、高产桑树种子苗木新品种，创建系统化、规模化的桑树种子苗木产、加、销产业化体系，促进我国蚕桑产业发展及产业的升级转型和拓展。

通过与柞蚕育种科研单位的密切合作，及时有效地将柞蚕育种新成果转化为生产力，增强柞蚕种市场竞争力，保护育种成果拥有者的知识产权和合法权益。通过基础设施改造和技术升级，加强技术研发投入，提高柞蚕种生产水平和降低生产成本，推进柞蚕种生产的省力化和自动化水平。通过技术规程的编制和技术培训，提高柞蚕种生产从业者的水平，规范柞蚕种生产格局。

3. 发展目标

生产适合东北寒冷及高寒地区寒冷气候条件下的桑树品种苗木及用于生态建设的桑树品种苗木。通过加强苗木生产基地的基础条件和人才队伍建设、培训专业制种技术人员、不断探索桑树高产高效的苗木生产技术等手段，生产达到国家标准的优质桑树嫁接苗木，满足80%本生态区生态桑和多元化利用的苗木需求。

通过资源优化配置和加强内部管理，提高柞蚕种质量。通过加强柞蚕种市场预判，调节柞蚕种市场供求关系，稳定我国柞蚕种市场，为80%的优势区域良种保障。

4. 主攻方向

研制规模化、机械化杂交制种技术，在降低制种成本的同时提高制种质量。生产适合东北及高原地带寒冷气候的抗逆品种桑树苗木及用于生态建设的桑树品种苗木。稳定现有柞蚕生产面积，提高蚕茧单产和质量，优化区域布局，加快柞蚕产业化进程，实现柞蚕生产经济、生态、社会效益同步增长。

第四节　重点建设内容

一、是田间基础设施建设

针对全球气候变暖、极端天气日益频繁的问题，加强基地防灾减灾等水利基础设施建设，提高灌溉保证率和水资源利用率；加大基础设施建设力度，包括机耕路桥、土地平整、田埂硬化等田间设施，提升基地规模化水平；桑树属于常异花授粉作物，亲本繁育需要严格隔离，建立繁育亲本用隔离网室。

二、推进种子生产全程机械化

开展杂交桑种子繁育专用机械装备研制，重点开发能调整行比的制种专用播种机、淘洗、烘干机等试验设备，改造和开发全自动精包装分装设备，建立上料、倒料、送料、计量分斗、入袋、封口、喷码、入箱一次性成型的杂交桑种子精包装分装技术；配套原蚕（柞蚕母种、原种）小蚕专业化共育设施设备，实现消毒防病、温湿度控制自动化。加快试验示范，逐步推广杂交桑种子机械化生产技术，减少种子生产对劳动力的依赖。

三、升级种子加工体系

针对杂交桑种子储藏加工技术落后的现状，研究在种子处理不同时期，包括种子分装前种子处理方法，建立分级精选技术，提高小杂质粒、霉种、坏种、芽种、弱势种的排出率，全面提升种子质量。增加晾晒和烘干设施，使收获的种子及时降低水分保证安全。系统研究桑种子老化机理，制定相应的储藏环境条件标准和技术。研究种子发芽化学调控技术，提高种子的有害生物抗性、逆境抗性，提高田间和野外不利环境出苗率。

四、构建种子质量检测体系

通过优化播期、优化施肥、优化密度、优化父母本行比、优化母本套袋方法、对不同品种选择不同制种方案等技术措施，不断完善杂交桑制繁种的各技术环节，分别制定杂交桑生产基地规范化技术规程，提高杂交桑制繁种的种子纯度。增加与转基因成分、DNA 指纹检测相关的仪器设备，包括 PCR 仪、荧光定量 PCR 仪、电泳仪、凝胶成像仪、低温冰箱等；蚕种生产单位质检设施设备，包括检验室、样品室、储存室，磨蛾机、离心机、显微镜、人工气候箱等；蚕种检验检疫单位质检设施设备，包括检验室、样品室、试剂药品储存室、样品处置室、天平室、档案室、抽风除尘设施、实验室操作台，以及磨蛾机、离心机、显微镜、人工气候箱、电子天平、低温恒温储存柜、蚕卵自动计数检测仪、数码显微照相仪等。

五、病虫害防控

通过筛选抗性品种、病虫害生物防控、无人遥控直升飞机喷洒农药等方法高效防控病虫。建立专业的无病毒桑树良种嫁接肥条繁育技术队伍与病毒检测队伍，扩大无病毒良种肥条接穗及生产接穗的供应，防止桑树日益严重的青枯病等毁灭性病害的蔓延。

六、建设优良桑（柞）种子母本园

实现对优系的利用，彻底杜绝目前的混合采种现象。调查我国不同产区砧穗组合表现情况，根据不同产区气候、土壤及主推品种，选择适当的砧木类型。建设优良砧木种子母本园，实现砧木优系的利用，彻底杜绝目前的混合采种现象。

第五节　保护、建设和管理机制

一、建设机制

为保证基地建成后，制种用途不改变，要引入竞争机制，引导信誉好、实力强的种子企业通过流转土地、签订长期制种协议、投入配套资金等方式参与建设，形成用途稳定的种子生产基地。同时，制种基地分布具有极强的区域性分布特征，往往与企业注册地在不同省区，应允许企业在本省区申报基地建设项目，在本省区以外的优势区域建设种子生产基地项目。支持外省区企业在本省区申报项目，在本省区的优势区域建设种子生产基地项目。

二、管理机制

为充分发挥体系的整体优势与协同管理，建议进一步完善分层管理机制。一方面，作为体系的微观单元，单个基地的基地建设单位负责自身基地建设，履行自身职能；另一方面，国家和省级业务主管部门作为两级管理部门，分别负责全国和各省基地建设和业务指导工作，实现串点成线、成面，充分发挥整个体系作用。探索和建立国家种子生产基地监管平台，提高管理服务水平。

第六节　保障措施

一、完善法律法规，加大贯彻力度

学习国内外其他物种良种体系建设、质量控制、环境保护、市场准入等方面的经验，修订、完善与执行《蚕桑种管理办法》，明确蚕桑种市场上各利益相关者的权利、义务、责任。出台相关的配套法规，完善地方蚕种业法规，强化蚕种生产经营法制化建设，加快市场准入机制的形成，严格实行生产者准入制度。建立统一的蚕种质量标准体系，并使其成为国际标准。

二、突破区域制约，推动体制改革与机制创新

各级政府主管部门应深化蚕种生产经营管理体制改革，在全国范围内打破区域分割格局，放松种子苗木价格管制，促进蚕桑种生产经营市场化，构建以市场供求为基础的蚕桑种价格形成机制，发挥行业组织在价格协商、生产计划制定、行业自律等方面的积极作用。同时，加大种子苗木生产企业产权改革力度，通过改制、兼并、重组、联合等方式，积极引导各地蚕桑种场的民营化改革和规模化发展，让产权明晰、技术和生产实力雄厚的蚕桑种场成为蚕种市场主体的主要组成部分。

三、维护公平竞争，规范种业市场监管

在推进种子苗木生产企业民营化和规模化的同时，应规范蚕种企业的生产经营行为，维护公平竞争，避免市场过度竞争或垄断产生的低效率，促进形成竞争有序、管理规范、保障有力的市场环境。改革和完善种业监管体制，规范对种子苗木生产企业和市场的监管，建立类似 ISO900 质量认证的蚕种质量安全的认证标志和蚕种质量问题追溯制度，严格执行种子苗木质量安全进入规制，建立质量安全信息制度，强化对种子苗木质量安全、品种审定与保护的监督管理。

四、明确种业公益性质，建立财政扶持政策

鉴于种子苗木在蚕桑及茧丝绸产业中的基础地位，及保护种质资源的公益性，政府应给予蚕种企业优惠扶持政策。

（1）对种子苗木生产进行政策性补贴。

（2）明确种子苗木生产经营税收减免政策，如企业所得税、制种场所工业用地占用和使用税费的免除等。

（3）设立国家种子苗木储备及余缺调剂专项资金，建立国家种子苗木储备及余缺调剂机制，在全国选择2~3家大型优势企业主导建立全国种子苗木储备基地，承担调剂产销余缺的任务，以增强全国种子苗木稳定供应和抗风险能力，确保全国蚕桑生产所需的蚕种数量和质量。

五、提高组织化水平，发挥中间组织的监督作用

充分发挥蚕桑种业协会在行业代表、行业自律、行业服务和行业协调方面的功能与作用，避免恶性价格竞争，规范市场秩序。充分发挥蚕桑农组织在蚕种购买前、饲养中和发现蚕种质量问题后的服务功能，督促种子苗木供给者的产销行为和蚕桑农的生产行为，实施安全生产和管理，保障种子苗木的质量安全。协调政府部门和蚕农的关系，妥善解决蚕种质量问题引发的矛盾与纠纷。

六、加快推进蚕桑种业“产、学、研，育、繁、推”一体化建设

实现蚕桑产业现代化，必须有现代种业做基础，而现代种业建设，必须依靠科技支撑。科技成果只有通过应用，才能发挥其作用，体现其价值。科技研究也只有密切联系生产并结合实际，才能成为真正有用的成果。因此，产、学、研紧密结合，建立育、繁、推体制，妥善处理成果研究与成果应用各主体间的知识产权和经济利益关系，充分调动科技研发者与新成果应用者“两个积极性”，使科技成果尽快转化为现实生产力，促进蚕桑产业技术进步。

（写作组成员：李龙、王金环、赵爱春、杨彪、祁广军、李建琴、李喜升、任永利）

第三编　基地建设案例

第十六章　国家三大育制种基地建设案例

自2009年《全国新增1 000亿斤粮食生产能力规划》提出建设海南、四川、甘肃三大国家种子基地以来，国家先后印发《国务院关于加快推进现代农作物种业发展的意见》（国发〔2011〕8号）和《全国现代农作物种业发展规划（2012—2020年）》，对三大国家种子基地建设提出了明确要求。农业农村部规划设计研究院全程参与了《国家南繁科研育种基地（海南）建设规划（2015—2025年）》编制工作，主持编制了《甘肃省国家级玉米制种基地建设规划（2012—2020年）》《四川省国家级杂交水稻制种基地建设规划（2012—2020年）》，并及时跟踪国家三大种子基地建设情况。

第一节　甘肃省国家级杂交玉米制种基地

2011年，甘肃省农牧厅委托农业部规划设计研究院编制《甘肃省国家级玉米制种基地建设规划（2012—2020年）》，2012年5月规划通过专家评审后上报国家农业部。2015年5月，国家发改委会同农业部正式批复甘肃国家级玉米制种基地建设项目，并安排中央投资支持基地基础设施建设。

一、基本情况

甘肃省是我国最大的玉米杂交种生产基地，制种面积超百万亩，制种产量一度占到全国70%以上，狭长的生态绿洲贯穿全省，为种业发展提供了肥沃的土地资源，气候干燥少雨、昼夜温差大，有利于作物营养物质积累，更为难得的是，夏季无致命高温，秋季无连绵降水，这就最大程度保证了制种生产最敏感的授粉期和收获期不会出现风险。凭借得天独厚的地理位置和自然资源条件，甘肃省生产的杂交玉米种子商品性远高于其他地区，制种成功率远高于其他地区，凭借多年纯熟的制种经验，种子质量也远高于其他地区。

2011年，甘肃省年玉米制种面积150万亩以上，年产种量约5.8亿公斤，分别占全国玉米制种总面积、大田玉米用种量的37%和53%左右，成为全国最具优势的玉米制种基地。当年中国种业54家骨干企业中，已有41家企业分别在张掖、酒泉和武威建立了生产基地或加工中心，初步形成了制种优势产业集群，建成玉米种子加工中心达到147个，种子烘干线170多条，年加工能力达到了6亿公斤以上。

二、建设方案

1. 在总体思路上

规划提出以保障玉米供种数量和质量安全为主要目标，以提高玉米种子综合生产能力为基本任务，推进土地有序流转，加强建设，规范管理，严格保护，不断提高基地规模化、标准化、机械化、集约化水平，推进现代农作物种业发展。

2. 在发展目标上

规划提出到2015年，建设40万亩核心玉米制种基地，率先实现规模化、标准化、机械化和集约化。到2020年，初步建成“四化”玉米种子生产基地120万亩，保证70%全国玉米用种需求，综合机械化率达到80%以上，加工能力和水平达到国际水平，种子质量达到单粒播种要求，

3. 在功能定位上

规划提出要建成“确保国家粮食生产安全的国家级战略性、基础性核心基地”。

4. 在规划布局上

以张掖、酒泉、武威、白银、陇南5地市的7个县区、51个乡镇为重点区域，按照品种类型进行布局，分为早熟玉米制种区、中熟玉米制种区和晚熟极晚熟制种区三大区域。

5. 在主要任务和工程上

要围绕建设规模化、标准化、集约化和机械化种子生产基地的要求，规划提出了以强化管理推进基地关系稳定、以土地流转推进规模化、以配套建设推进标准化、以机械研发和推广推进机械化、以完善生产经营机制实现基地集约化等重点任务。规划按照“四化”基地要求，提出了标准化制种田改造工程、种子加工工程，以及农田机械体系、监管体系和基地服务体系三大配套体系建设工程。

三、建设成效

经过多年的建设，甘肃省国家玉米制种已经成为全省重要的特色优势产业，通过完善法规规章、健全管理体系、加强市场监管、优化发展环境，制种产业得到了快速健康发展，为保障全国粮食生产用种安全、提高农业综合生产能力、促进农业增效和农民增收作出了重要贡献。通过规划实施，截至2018年，在张掖市甘州区、临泽县、高台县、酒泉市肃州区、武威市凉州区、陇南市徽县6县（区）落实国家基地项目三年建设任务，共完成制种田改造26.97万亩，其中，完成土地平整18.15万亩，新建、衬砌渠道773千米，配套滴灌面积5.06万亩，新建、整修田间和生产道路446千米，栽植新疆杨等11万株，营造防护林574亩，建设晒场600亩。购置各类检测仪器688台（件），完成了国家玉米制种基地种子质量检测中心、耕地质量监测站、病虫害防控中心和基地信息服务设施建设，规划一期目标基本完成。

1. 种子生产全过程管理水平显著提升

建设完成了玉米种子质量检测、耕地质量检测、病虫害防控中心及基地信息监管服务平台，提升了种子执法监管服务能力，实现了种子生产全过程监管。

2. 种子质量进一步提高

企业通过对基地统一规划、统一管理，开展标准化生产，提升了种子生产控制水平，加强了生产过程质量管理，玉米种子质量各项指标全部达到或高于国家标准。

3. 节本增效明显

改造玉米制种田，配套渠、林、路，提高了土地率和机械化水平，采用节水灌溉等技术，降低了制种人工成本。

4. 生态和社会效益显现

通过完善基地灌溉渠系，实现了水资源合理利用，减小化肥投入量，减少了对地下水污染。

第二节　四川省国家级杂交水稻制种基地

2012年6月，四川省农业厅委托农业部规划设计研究院编制《四川省国家级杂交水稻制种基地建设规划（2012—2020年）》。

一、基本情况

四川省杂交水稻的研究和应用处于全国先进行列，是全国水稻种子生产大省。2011 年，全省年杂交水稻制种面积达 40.5 万～48 万亩，占全国杂交水稻制种面积的 25%～30%，制种单产平均在 200 公斤/亩以上，制种面积和制种单产居全国第一。常年生产杂交稻种子 8 000万公斤以上，占全国杂交稻种子产量的 30%以上。

2011 年，四川省有国内 110 家杂交水稻种子生产和加工企业，其中省外 7 家，省内 103 家。共计拥有农业部颁发经营许可证的杂交水稻“育繁推一体化”企业 14 家，占国家育繁推一体化企业总数的 14.7%。省内已建成并运行的中型水稻加工中心 5 座，在建加工中心 1 座，拥有各种加工设备 1 000台套。年清选加工能力 5 000万公斤，精加工能力 2 000万公斤。

二、基地建设方案

根据四川省杂交水稻制种的现实基础和发展条件，规划以促进杂交水稻制种产业发展为导向，以稳定制种基地利益关系为基础，以种子企业和制种专业合作社为主体，创新制种基地运行模式，着力打造以川西平原为核心，川南、川中、川东北为辅助的四川省国家级杂交水稻优势制种基地，提出了到 2020 年建成国家级杂交水稻种子生产基地 40 万亩的总体目标。

为实现总体目标，四川省针对基地基础设施薄弱、劳动力短缺严重、制种比较效益降低、监管服务能力不足等问题，从问题导向出发，提出了建立杂交水稻制种优势保护区、建设标准化种子生产田、完善种子加工配套设施等六大任务，以及基地田间生产能力提升工程、基地生产种子质量提升工程、基地机械化生产能力提升工程等四大工程，带动全省产业体系不断升级。

三、建设成效

自规划实施以来，四川省杂交水稻种子基地建设取得显著进展。2017 年，四川省杂交水稻制种面积 29.1 万亩，产量达 5 701万公斤。绵阳市、邛崃市、彭山区、东坡区、罗江区、安州区、江油市、梓潼县、泸县共 1 市 8 县（市、区）被农业农村部认定为国家级杂交水稻种子生产基地县。

1. 财政资金支持力度不断增强

2015—2017 年，9 个国家级杂交水稻、杂交玉米制种大县均先后荣获制种基地大县奖励。2016 年，四川省《国家杂交水稻制种基地（四川）建设项目》获国家发改委批复，获中央投资支持，在 8 个国家级水稻制种基地县及大邑县、游仙区、射洪县共 11 个县建设现代化制种基地 27 万亩。2019 年，邛崃市、东坡区、罗江区、梓潼县、安州区通过制种大县奖励实施情况绩效评价，荣获新一轮制种基地大县奖励，为建设“五化”农作物种子生产基地，巩固提升了“川种”优势，确保农业生产用种安全，提供了政策和资金保障。

2. 良种供应能力不断增强

（1）种子加工能力提升。近 5 年，各基地县新增烘干加工设备 91 台（套）。目前，各基地县约 65%以上种子均为基地烘干加工，较 2012 年提高 30%，改变了种子干燥主要靠晾晒的传统模式。

（2）种子质量明显提升。2018 年制种基地种子质量合格率达 98.6%，比 2012 年提高 6%。

（3）制种单产显著提高。杂交水稻制种单产达 223.5 公斤/亩，较项目实施前增加 18.6 公斤/亩，增幅达 9.7%，进一步保障了良种供应能力。

3. 利益链接机制更加紧密

（1）制种农户收益更加多元化。各基地县推行“公司+专合社+农户”的制种模式，通过土地流转、务工报酬、股份分红等方式，制种农户参与度更高，每亩纯收入增加 180 元，成为带动农户增收的重要来源。

（2）优势基地与优势企业结合更加紧密。通过改善基础设施、完善社会化服务、政策保险及新型主体扶持等，各基地县充分吸引社会资本，引入优势企业。目前，优势制种企业两杂制种基地呈明显集中态势，如眉山市东坡区近 3 年已带动 3 200万元社会资本投入制种产业，促进了当地杂交水稻制种产业快速规模化发展。

4. 基地监管能力不断提升

（1）监管体系不断完善。各基地县种子管理机构都得到不同程度强化，2/3 县设有种子质量监督检验站，为基地监管提供了坚实的人员、物质和经费保障。

（2）监管制度不断完善。先后建立了种子生产备案制度、种子生产、转基因普查巡查制度以及基地建设月报制度等一系列制度，提升了基地监管和服务能力，规范生产秩序，产业发展环境得到改善。

（3）监管方式不断创新。四川省现有种子终端市场监测点 35 个，种子生产监测点 14 个，形成了覆盖省市县三级的种业信息网络，初步实现了杂交水稻种子从田间制种到零售市场的全程可追溯管理，为种子生产者、使用者和管理者提供了数据支撑和决策依据。

第三节　国家南繁科研育种基地（海南）

2014—2015 年，农业部发展计划司和种子管理局牵头编制《国家南繁科研育种基地（海南）建设规划（2015—2025 年）》，农业农村部规划设计研究院参与规划编制。2015 年 10 月 30 日，规划经国务院同意，由农业部、国家发展改革委、财政部、国土资源部、海南省人民政府联合印发，并组织实施。

一、基本情况

海南省南部的三亚市、陵水县、乐东县属于典型的热带地区，光热条件十分优越，年均气温 24～25℃，≥10℃积温达 9 000℃以上，月平均气温最低的 1 月在 19. 8℃以上，冬季温光资源能满足所有农作物正常生长需求，是我国适宜冬季南繁的唯一区域。南繁可使品种选育周期缩短 1/3 至 1/2。我国南繁工作始于 20 世纪 50 年代，60 多年来为我国农业科技发展尤其是种业科技发展作出巨大贡献，我国 70%的农作物品种都经过南繁加代繁育，绝大多数育种单位和育种家都在海南进行过南繁科研工作，海南南繁已成为种育研究的必备程序。从规模上看，2013 年，南繁育制种面积保持在 20 余万亩，其中科研育种面积约 3. 89 万亩，有近 700 家科研单位和企业、6 000多名科研人员在海南开展南繁工作。从布局上看，南繁科研育种基地主要包括三亚市 2. 05 万亩，陵水县 0. 54 万亩，乐东县 1. 30 万亩，主要分布在三亚的南滨农场、师部农场及育才镇、凤凰镇、田独镇、崖城镇等，陵水的椰林镇、英州镇、光坡镇等，乐东的九所镇、利国镇等 15 个乡镇 40 多个村。

二、基地建设方案

为贯彻国家相关部署，切实保护好、建设好、利用好、管理好南繁基地，《国家南繁科研育种基地（海南）建设规划（2015—2025 年）》，紧扣南繁基地功能越来越多重、主体越来越多元、作物种类越来越多样、科研用地需求越来越大、适宜南繁用地越来越稀缺、生物安全风险越来越高等发展趋势，坚持问题导向，聚焦基础设施薄弱、科研用地不稳、生物安全风险日益突出、科研配套设施违建较多、管理任务重难度大等问题，在三亚、陵水、乐东等县，划定了科研育种保护区、科研育种核心区、生物育种专区，配套布局了设施建设用地。有针对性地制定了建设科研育种保护区高标准农田、改造提升现有科研育种核心区、新建科研育种核心区、建设生物育种专区等4大建设任务，着力打造服务全国的用地稳定、运行顺畅、监管有力、服务高效的科研育种平台，为现代种业科技发展提供有力支撑。

三、基地建设成效

规划印发以来，农业农村部会同有关部委、海南省政府以及各南繁省份，攻坚克难、协同推进、狠抓落实，取得明显成效。

1. 南繁科研用地有效保障

海南已划定南繁科研育种保护区26.8万亩、核心区5.3万亩，核定配套服务区建设用地745亩，全部上图入库，实行用途管制，实现了规划核心战略目标，确保了南繁科研单位有地可用。

2. 生物育种专区批复建设

2018年3月23日，国家发改委批复海南南繁生物育种专区建设项目，原则同意在三亚市南滨农场建设国家南繁生物育种专区。

3. 中央政策和项目资金分批落地

南繁规划资金陆续下达，农田水利、执法监管等项目陆续启动，青苗补贴、供地农民定金补贴、制种大县奖励等政策相继实施。

4. 各省加大南繁建设支持力度

北京、山东、湖南、安徽等15个省份签约流转土地。

5. 国家南繁管理体系全面构建

充分发挥南繁规划落实协调组和国家南繁工作领导小组作用，形成了涵盖部（委）、省（区、市）、市（县）、乡（镇）、村5级较为完备的国家南繁管理体系，全面覆盖南繁各方面工作。

总体上看，南繁齐抓共管的局面已经形成，南繁规划落实的步伐明显加快。

第十七章　杂交玉米和杂交水稻种子基地建设案例

2013 年起，农业农村部先后进行了“两杂”制种大县和国家区域性良种繁育基地认定工作，累计认定 52 个“两杂”制种大县。农业农村部规划设计研究院积极参与了若干个杂交玉米和杂交水稻种子基地的规划编制工作，同时不断跟踪各地规划的实施进展情况。

第一节　张掖市杂交玉米制种基地

2012 年初，甘肃省张掖市农业局委托农业农村部规划设计研究院编制《张掖市国家级杂交玉米种子生产基地建设规划（2012—2020 年）》，规划通过市政府批准实施。

一、基本情况

张掖市具备杂交玉米制种得天独厚的自然资源潜力和区域性产业发展优势，且天然的戈壁滩有助于解决玉米制种的隔离问题，张掖市种子产业发展走在了全国前列，成为最具知名度和竞争力的玉米制种基地。2011 年，全市杂交玉米制种面积达到 99. 23 万亩，产量达 4. 5 亿公斤，产值突破 24 亿元，制种面积占全国的近 25%，产量占全国大田玉米用种量的 40%以上；张掖市农民人均玉米制种纯收入达 1 800元，占全市农民人均纯收入的 30%，主产区农民人均玉米制种纯收入达 4 000元，占农民人均纯收入的 70%以上；“张掖玉米种子”还被国家商标局获准为地理标志证明商标，成为国内唯一的杂交玉米种子商标。编制基地建设规划是进一步贯彻落实国家发展现代农作物种业的有关部署，进一步提升我国种子生产能力和竞争力的需要，对保障国家杂交玉米供种安全具有举足轻重的作用。

二、基地建设方案

充分发挥张掖市得天独厚的自然资源、区位优势和技术力量，规划提出大力推广节水灌溉、测土配方施肥，完善制种产业配套设施，加强农业环境保护，提升基地高产稳产水平，通过政府主导、企业带动、创新机制，加强监管，提高基地管理能力，把张掖建设成为长期稳定的国家级杂交玉米种子生产基地。规划确定了以甘州、临泽、高台三县（区）为重点的基地布局方案，提出了2020年实现国家最大、最集中、最具生产优势的杂交玉米种子生产基地和实现种业现代化的总体规划目标。为实现总体目标，针对基地基础条件薄弱、产业发展利益机制不完善等制约因素，编制了田间工程建设、配套设施建设、环境保护与节水的三个分规划。

三、基地建设成效

规划实施以来，张掖市杂交玉米制种基地建设取得显著成效，2013年7月，张掖市被认定为国家级杂交玉米种子生产基地。2019年，玉米制种面积90.1万亩，亩产值1 900~2 200元。

种子加工能力显著提升。近年来，中种国际、奥瑞金种业、丰大种业、敦煌种业、金海种业等玉米制种企业64家纷纷入驻，已建成现代化农作物种子加工中心22个、果穗烘干线60条、籽粒烘干线64条、加工包装线38条，加工能力达到5亿公斤以上。

种子市场管理逐步规范。2016年，张掖市政府颁布《张掖国家级杂交玉米种子生产基地管理办法（试行）》（俗称“张八条”）等一些列市场监管措施严厉打击张掖制种乱象，进一步加大玉米种子基地建设和管理力度，坚决遏制并严厉打击涉种违法违规行为，确保全市玉米种子产业健康有序发展，种业市场日益规范。

“张掖玉米种子”品牌效应增强。2011年在国家工商总局成功注册了“张掖玉米种子”地理标志证明商标，成为国内唯一的农作物种子商标，给张掖玉米杂交种贴上了“金字招牌”。同时制定了《张掖玉米种子地理标志证明商标使用管理办法》，推动企业开展玉米种子贴标销售。2016年，张掖玉米种子又被中共甘肃省委宣传部、甘肃省商务厅等6家单位授予“绚丽甘肃·丝绸之路经济带甘肃黄金段100张名片”最具影响力甘肃特产称号。

第二节　新疆昌吉州杂交玉米制种基地

2014年初，新疆维吾尔自治区昌吉州农业局委托农业农村部规划设计研究院编制《昌吉州国家级杂交玉米种子生产基地建设规划（2014—2020）》，2014年11月规划通过州政府组织的规划评审并于2015年起开始实施。

一、基本情况

昌吉州属于全国玉米制种的优势区域，具有优越的制种自然条件、雄厚的制种产业基础、强大的科技支撑能力、有效的种业管理措施、良好的产品加工品质和市场认可度等优势条件。经过长期建设，昌吉州玉米制种产业的现代化水平得到明显提高，玉米种子常年生产面积达到40万亩，年制种量20万吨，生产的玉米种子占全国市场的10%以上。2013年底，昌吉州被农业部认定为国家级杂交玉米制种基地市（州）。

经过规划编制组深入调研，梳理出昌吉州杂交玉米制种基地发展存在的主要问题是农田基础设施建设滞后、关键农机装备不足、制种企业综合实力不强、玉米制种比较效益下降、基地监管服务能力欠缺、种子外运通道不畅等。针对这些问题和短板，规划编制组与当地种业管理等相关部门、制种企业、制种专业合作社、制种大户等深入沟通，认真研究，提出了有针对性的建设方案。

二、基地建设方案

按照以政府主导、企业为主体、产学研相结合的总体要求，以保障供种数量和质量安全为根本任务，以基地标准化、作业机械化、设施工程化、科技集成化、经营组织化、管理信息化、农民职业化、政策系统化为重大措施，加大投入，改善制种基地设施条件，着力提升种子生产科技水平，持续改善制种环境秩序，努力将昌吉州建设成为以“全程机械化、先进技术集成、种子精良加工”为核心特征的“立足新疆、面向全国、辐射中亚和南亚”的一流制种基地。规划提出了推进制种全程机械化、推进种子加工技术装备升级、强化种业监管与服务、着力打造宣传平台等重点任务，以及田间基础设施建设工程、制种全程机械化推进工程、种子加工体系升级工程、种业管理护航工程等重点工程。

三、建设成效

2018 年，昌吉州玉米制种面积 50 万亩，已初步建成玛纳斯县、呼图壁县、昌吉市、奇台县优质制种玉米带。

在推动基地建设上，昌吉州各玉米制种基地县积极筹措资金，加大基地建设力度。位于规划核心区的昌吉市投入资金 1.8 亿元，建成以榆树沟镇、二六工镇、大西渠镇、三工镇为核心的制种玉米产业区，积极培育“育繁推”一体化龙头企业，全市制种玉米面积达到 5 万亩，在全国率先实现杂交玉米制种的全程机械化、标准化、规模化生产，并建立起种子质量可追溯体系，成为名副其实的种子生产基地。

在制种主体培育上，2014 年以来，昌吉州对种子企业进行优化重组，将 113 家优化为目前的 51 家，其中注册资金 3 000万元以上的企业 27 家，国家级育繁推一体化种子企业 4 家，自治区级龙头企业 8 家。玉米制种企业自主研发能力和市场竞争力明显提升，已建成以企业为主的玉米研发机构 3 个。九圣禾种业在北京成立了种业研究院，昌农种业 2016 年建成中国农业大学—昌农生物种业研究院及教授工作站。2018 年，中国农业科学院西部研究中心在昌吉国家农业科技园区落户。这些科研机构，极大提升了昌吉州玉米制种企业的科技创新与技术应用能力。

在带动制种户增收上，昌吉州全力推进制种玉米产业由粗放型向集约型转变，大力推广订单种植模式，统一种源、统一种植技术、统一质量标准，并为种植户提供玉米去雄、种子烘干等农业机械服务，玉米的抽雄、灌溉等实现了全程机械化和智能化，帮助更多的种植户实现了增收致富，制种玉米亩均收益达到 500 元左右。

第三节　甘肃酒泉市肃州区杂交玉米制种基地

2017 年 3 月，肃州区人民政府委托农业农村部规划设计研究院编制《肃州区国家级玉米种子生产基地发展规划（2017—2019 年）》，并通过市政府批准实施。

一、基本情况

甘肃省肃州区被誉为“世界最佳种子繁育地带”“天然的玉米种子繁育场”，是甘肃省制种时间最长、配套能力较强的制种基地之一。长期以来，肃州区委、政府高度重视制种产业发展，把制种产业作为本区现代农业发展的三大优势特色产业之一，不断完善管理制度，规范了企业和农户的生产经营行为，为玉米制种产业创造了良好的发展环境。2013 年被认定为国家级杂交玉米种子生产基地时，已建成万亩以上玉米制种乡镇 6 个，5 万亩以上乡镇 2 个，拥有全市种子生产企业总数 185 家。玉米制种产业平均亩收入 2 600元，从事玉米制种的农民可支配收入的 1/3 来源于制种。玉米制种还带动了养殖业、包装业、运输业、机械加工业、建筑业及服务业等产业的快速发展。

二、基地建设方案

根据肃州区各乡镇杂交玉米制种的现实基础和发展条件，规划确定了以清水镇、上坝镇、西洞镇、总寨镇、东洞乡、丰乐乡、下河清乡、金佛寺镇为重点的基地布局方案，确定了规模化、机械化、组织化、集约化、信息化等规划目标，提出了推进加强基地基础设施建设、绿色制种产业发展、建立健全基地监管体系等重点任务和重点工程。

三、基地建设成效

综合考虑制种历史、制种劳动力基础、自然条件、社会化服务便利性等因素，结合全国杂交玉米种子供需形势，在制种方向上，主动适应国家压减玉米为重点的种植业结构调整的形势，按照集约发展、确保产能、质量优先的原则，截至 2019 年，肃州区玉米制种面积由 20 万亩缩减至 14. 80 万亩，已初步建成优质制种玉米带。

在推动基地建设上，积极筹措资金 1. 66 亿元，加大基地建设力度，建成以肃州区为核心辐射带动周边乡镇的制种玉米产业区，2019 年成功申报肃州区国家现代农业产业园，按照“因地制宜、精耕细作、功能完善、区域协作”的基本要求，构建“一轴两园两区十基地”的空间发展格局，争取各级资金支持，积极投入种子加工、包装、物流板块，建立种子生产功能区以及种子商务服务区，重点开展种植研发、繁育、实验、生产等，加大财政资金投入，培育“育繁推”一体化龙头企业。在全国率先实现杂交玉米制种的全程机械化、标准化、规模化生产，并建立起种子质量可追溯体系，成为名副其实的种子生产基地。

在制种主体培育上，全市现有种子企业 185 家，其中：国家级种子生产经营龙头企业 1 家，省级 5 家，市级 11 家。注册资本在亿元以上 1 家，注册资本3 000万元以上的24家，注册资本500万~3 000万元的28家、200万~500万元的132家。其中，敦煌种业作为全国“育繁推一体化”的龙头种子企业，领衔东方种子公司、同庆种业、华美种业等骨干企业，长年对外输出种子，带动酒泉种子企业实力不断增强。

在带动制种户增收上，全力推进“公司+基地+农户”和“订单种植、保价收购”的经营管理模式，不仅让制种农户解除了技术服务方面的顾虑，减轻了种植风险，提高了比较收益，而且通过签订合同的方式让广大制种农户的土地收入有了保障，加之种子企业新产品、新技术的配套示范推广进一步增加了单位土地产出，使农户制种积极性普遍较高，制种产业成为当前农户种植生产的首选，现肃州区培育新型职业农民6 000余人，帮助更多的种植户实现了增收致富，制种玉米亩均收益提高。

第四节　福建省三明市“中国稻种基地”

福建省三明市是全国制种面积和产量大市，其所辖建宁县是国家级杂交水稻种子生产基地超级大县。2018年3月，福建省三明市农业局委托农业农村部规划设计研究院编制《福建省三明市中国稻种基地规划（2018—2025年）》，2018年9月规划通过专家评审，开始实施。

一、基本情况

近年来，福建省三明市充分利用建宁县产业发展基础和发展模式优势，把水稻制种作为全市乡村产业兴旺的核心抓手。福建省人民政府办公厅出台的《支持三明市建设“中国稻种基地”六条措施》，三明市制定《三明市“中国稻种基地”建设实施方案》，省、市合力，推进三明“中国稻种基地”建设。从规模上看，三明市水稻制种面积从2010年的7.73万亩增加到2017年的23.5万亩，产量从1 600万公斤增加到4 800万公斤，制种面积增加和产量分别增加15.77万亩和3 200万公斤，年递增率分别为17.22%和16.99%，发展速度居全国之首。2017年，三明市制种总面积达到福建省制种面积的87%、全国制种面积的14.03%。从效益上看，三明市以杂交水稻制种产业为依托，以专业合作社为主体，创新利益联结机制，通过“量化折股、兜底分红”“两免三优一保”等产业精准扶贫模式，兑现持股贫困户、入股村民分红，有效带动建档立卡贫困户脱贫致富。2017年，三明市杂交水稻制种产业平均每亩带动农民增收1 200元，制种农户人均可支配收入达到

12 806元，是普通水稻种植农户的4~5倍。

同时，三明市制种技术创新能力和应用水平全国领先，在父本授粉后先割除、病虫害防治、种子烘干、无人机统防统治等方面领先于全国其他杂交水稻制种基地市县。尤其值得关注的是，科技创新人员利用烤烟种植和水稻制种的茬口衔接优势，创造性地发明了“烟后制种”“烤烟房烘干”等水稻制种技术，取得高经济效益、低加工成本的同时，还实现了水旱轮作，实现耕地质量提升，已成为我国水稻制种的一大亮点。

二、基地建设方案

根据三明市各市县杂交水稻制种的现实基础和发展条件，规划确定了以建宁县为核心，以泰宁、宁化、沙县为重点的基地布局方案，提出了2025年实现杂交制种产业现代化的总体规划目标。

为实现宏伟目标，三明市聚焦制种全程机械化、农田基础设施、基地管理服务以及制种社会化服务等短板，有针对性地制定了制种基地能力和水平的重点任务和基础设施建设、轻简化生产、主体培育、智慧种业等重大工程，着力强化企业主体地位，着力打造种业创新体系、产业体系、生产体系、经营体系，带动全市种业体系转型升级。

三、基地建设成效

基地建设水平方面，三明市建宁县现代种业产业园一期建设全面完成，并投入使用。园区集研发、加工、交易、物流、质检、管理等功能于一体，推动现代种业要素不断向园区集聚，为建宁乃至三明市制种产业转型升级打下坚实基础。当前，建宁县现代种业产业园已被认定为福建省省级现代农业产业园，正在积极筹划建设国家级现代农业（种业）产业园。

基地规模方面，在全国水稻制种基地相对低迷的情况下，三明市“中国稻种基地”保持稳中有增，总规模达26.7万亩，总产量5 421万公斤。其中，建宁县杂交水稻制种面积15万亩，产量3 240万公斤，占全国杂交水稻种子总产量的10%以上，持续保持“中国杂交水稻制种第一大县”地位，为稳定我国杂交水稻供种安全作出卓越贡献。

项目实施方面，根据规划部署，三明市首先聚焦制种产业短板，加大资金投入力度，鼓励村集体、合作社、企业等主体购置相关装备，全市种子生产和加工效率显著提升。通过推广水稻制种专用插秧机，制种水稻插秧效率提升4倍以上，普遍达到20亩/天，效率最高的可达40亩/天。通过仿制简易烤烟房设施建设，进一步降低烤种房建设成本（造价 4.5 万元/座），水稻种子烤种房烘干覆盖到非烟区，全面提升了种子烘干效率和烘干质量。建宁县利用制种大县奖励资金，对未列入农机装备购置补贴的种子清选机，进行30%以上的资金补贴，极大推动了当地种子初加工能力的提升。

第五节　四川省绵阳市杂交水稻制种基地

2014 年初，四川省绵阳市农业局委托农业农村部规划设计研究院编制《绵阳市国家级杂交水稻种子生产基地建设规划（2014—2018 年）》，2014 年底规划通过市政府批准实施。

一、基本情况

绵阳市具有适宜杂交水稻制种的气候条件、丰富的水土资源条件、杂交水稻制种技术力量和制种传统，聚集了一批水稻制种骨干企业，水稻制种已成为绵阳市农业的优势产业，绵阳市已成为全国最具优势的杂交水稻制种区域之一。2013 年，绵阳杂交水稻制种总面积达到 19.16 万亩，水稻种子产量 4 万吨，制种面积和产量接近四川全省杂交水稻制种面积和产量的 40%，占全国杂交水稻制种量的 13%，生产的杂交水稻种子 82%供应外省区和省内其他地区，种子覆盖南方稻区 16 个省区，对保障杂交水稻供种安全具有举足轻重的作用。编制基地建设规划是进一步贯彻落实国家发展现代农作物种业的有关部署，充分发挥绵阳市杂交水稻制种的特殊优势，提高杂交水稻种子的生产能力和种子质量，保障农业生产用种安全的重要举措，对绵阳杂交水稻制种产业发展具有重要意义。

二、基地建设方案

1. 在总体思路上

绵阳市杂交水稻制种基地建设以保障杂交水稻供种数量和质量安全为根本目标，实施关键基础设施保障、全产业链科技支撑、基地一流企业聚集、集约化可持续发展等四大战略，走以用地集约化、技术标准化、生产机械化、管理规范化为支撑的规模化制种发展的新路子，着力建设高标准杂交水稻制种基地，提升种子生产和加工装备水平，加强制种基地监管服务。

2. 在发展目标上

到 2015 年，以安县（现安州区）等 6 县（区）建成规模化、标准化、机械化、集约化杂交水稻种子生产基地26.35万亩、标准化生产基地占制种基地总面积的60%以上的近期目标，到2018年建成相对集中、长期稳定的规模化、标准化、机械化、集约化杂交水稻种子基地30万亩的中期目标。

3. 在任务举措上

为如期实现建设目标，规划提出针对绵阳市基地集中度、基地设施配套、关键环节机械化、制种比较效益下降、企业规模化制种等瓶颈，有针对性地提出推进制种基地高标准农田、配套加工设施、提高制种基地全程机械化、健全基地监管服务体系、创新基地运行机制五大任务，规划实施基地田间生产能力提升工程、生产种子质量提升工程、机械化生产能力提升工程、管理及服务能力提升工程四大工程。

三、基地建设成效

规划实施以来，绵阳市杂交水稻制种基地建设发展取得显著成效。杂交水稻制种规模稳定在19万亩左右，市场供种量4 000万公斤左右。

在基地建设项目实施和资金投入方面，2015年以来，绵阳市梓潼县、安州区等制种基地县先后获得国家制种基地大县奖励资金支持。

在“五化”基地建设水平方面，绵阳基地通过制种大县奖励等项目资金，着力改善制种基地基础设施、提升监管服务能力、强化新品种试验示范等环节，以提升基地规模化、机械化、标准化、信息化、集约化水平，提高良种生产能力。

第六节　湖南省怀化市靖州苗族侗族自治县杂交水稻制种基地

2018年6月，湖南省怀化市靖州苗族侗族自治县农业局委托农业农村部规划设计研究院编制《湖南省怀化市靖州苗族侗族自治县杂交水稻制种产业发展规划（2019—2023年）》，目前规划正在稳步实施。

一、基本情况

靖州县是全国28个国家级杂交水稻制种基地县之一，常年制种面积5万亩左右，占湖南全省的17%，占全国的3%，每年为水稻产区供应良种1 000万公斤左右，可满足900万亩左右大田用种需求，为20多家种业企业提供优质制种基地，在保障供种方面发挥着重要作用。多年来，靖州县坚持把种业和制种基地摆在重要位置，种业发展、杂交水稻制种基地建设取得了卓越成效。

1. 基地“五化”水平不断提升

全县杂交水稻制种基地初步实现集中连片，水、电、路、晒坪和加工、烘干、储藏等设施逐步完善。各制种村制种面积均达到200亩以上，水稻制种田机耕率96%、机插率40%、机收率90%；制种田间操作技术要点均采用地方标准和企业标准进行，种子质量均满足国家标准。

2. 制种综合效益持续向好

全县常年制种企业20家左右，有力带动了农民增收。2018年，全县杂交水稻制种产业实现总产值3.84亿元，带动农村劳动力就业3.8万余人，为制种农民带来人均1万元左右的经营性收益。

3. 管理服务水平不断提升

建立了企业-基地对接机制，每年由种子协会协调组织召开企业、制种基地农户对接会，共商制种用地计划，保障了有序制种。为保障种子田间生产质量，种子管理部门严把资质关、隔离条件关、技术人员关，从源头提高种子质量。利用农闲时节，组织企业技术人员对大户及专业合作社成员进行培训，提高农户种子生产水平。

二、基地建设方案

规划立足制种基础良好、产业体系完备、制种技术成熟、外部市场需求稳定的形势，按照高质量发展要求，深入推进“五化”基地建设，着力抓重点、强基础、补短板、严管理，确保稳产能、提质量、增效益、促增收。在目标上，规划按照“五化”基地标准要求，制定了今后5年靖州杂交水稻制种基地发展的主要目标。在规划布局上，综合考虑历史、劳力基础、自然条件等因素，结合市场供需形势，按照集约发展、有进有退、确保产能、质量优先的原则，以村为单位，集中资源重点建设一批制种面积稳定在500亩以上的核心制种基地，所有制种乡镇集中连片制种规模稳定在1 000亩以上；常年制种面积300亩以下的乡镇，原则上全部退出制种。为全面提升全县水稻制种基地“五化”水平，推动制种产业转型升级，坚持问题导向和目标导向有机结合，根据规划提出的12项重点任务，实施5大工程、15类项目。

三、基地建设成效

近年来，靖州利用国家杂交水稻种子生产优势基地项目，依托丰富的光热资源等优势，在飞山、铺口、新厂、坳上、甘棠等乡镇建起5个标准化制种基地，制种面积达5万亩，年产杂交稻种子2 000万公斤，产值8亿多元。在发展预期上，靖州全县建立杂交水稻种子生产基地预期面积为11万亩，种子综合生产能力、新品种新技术实验展示能力、良种加工营销供应能力全面提高。在制种主体发展上，2019年在靖州制种的国内种业公司有近20家。在基地发展模式上，按照“公司+基地+农户”“公司+合作社+农户”等新型水稻制种模式，通过延长种子产业链条、培育优势种源、推广机耕、机播、机插和机收一体化等措施，打造了独具特色、优势明显、产业集聚的先进制种产业基地。在产业融合发展上，建设了湖南省首个杂交水稻制种产业园。在带动农民增收方面，目前，靖州基地拥有专业合作社加制种大户近100个，杂交水稻制种产业带动贫困户430多户近1 600人就业，年人均增收2 600元。

第十八章　其他作物种子基地建设案例

目前，农业农村部已经认定100余个区域性良种繁育基地，国家种子基地布局基本形成。各地积极谋划基地建设和发展，按照“编制一个好规划、建设一个好基地、打造一批好企业、完善一套好体系、造就一支好队伍”的总体思路，开展种子基地规划编制、优化种子基地布局、谋划建设工程项目、创新体制机制，全面提升种子基地种子生产能力、种子加工能力、种子质量水平，为保障国家农作物生产用种安全提供了坚实保障。其中，农业农村部规划设计研究院承担了部分区域性良种繁育基地规划编制、大县奖补资金使用方案编制工作，并不断跟踪各基地的建设进展。

第一节　广西甘蔗种业产业化发展

2018年4月，广西壮族自治区糖业发展办公室委托农业农村部规划设计研究院编制《广西甘蔗种业产业化发展规划（2018—2035年）》，2018年9月规划通过自治区人民政府批准实施。

一、基本情况

广西壮族自治区是我国最大的甘蔗生产基地，常年种植面积1 200万亩，产量6 000万吨，榨糖量600余万吨，占全国的60%以上。近年来，自治区党委、政府高度重视甘蔗良种培育和推广，实施了一系列支持政策，甘蔗品种科技创新能力、良种供应保障能力、管理服务水平明显提升，为我国甘蔗种业的健康发展作出了重要贡献。

1. 品种选育能力显著提高

选育出粤糖93/159、粤糖00/236、桂柳05/136、桂柳2号、桂糖29、42、44号等高产高糖甘蔗优良品种，并得到大面积推广应用。2017/2018年榨季，广西自主知识产权的甘蔗品种覆盖率已超过40%。

2. 良种供应保障能力显著增强

已建成一批良种繁育基地，甘蔗优良品种及其脱毒健康种茎（苗）推广应用效果显著，甘蔗品种结构进一步优化，种茎（苗）质量监管进一步强化，甘蔗商品化供种率明显提高，“双高”糖料蔗基地商品化供种率达到50%以上。

3. 种业企业实力不断增强

形成了以科研育种单位进行甘蔗良种选育、种业企业进行甘蔗良种繁育、育种单位和种业企业共同进行良种种植示范及市场推广、政府提供科研项目经费和良种补贴为主的生产模式。

4. 甘蔗种茎（苗）管理和服务体系逐步完善

健全了管理机构，开展自治区、市、县三级联动的甘蔗种茎（苗）市场执法检查，全区未发生重大种茎（苗）质量事故。

二、基地建设方案

《广西甘蔗种业产业化发展规划（2018—2035 年）》针对广西蔗区耕地资源以及水肥资源等主要问题，迫切需要利用产业化的手段突破商品化供种率低、种茎（苗）质量差等瓶颈，生产供应宜机收、高产、高糖多抗的优良种苗，确定了广西甘蔗良种三级繁育基地规划布局，提出了到 2035 年甘蔗种业产业化发展的总体目标。

为实现规划的宏伟目标，针对国家实施食糖安全战略要求和广西蔗糖种业发展需要，规划提出要增强育种创新能力、提高生产供种能力、强化市场监管能力和加快良种更新换代 4 大重点任务。同时，为完成 4 大任务，规划提出建设 6 大工程、16 个重点项目，提高科研育种能力、原原种扩繁能力、甘蔗良种繁育基地建设水平、甘蔗品种测试能力，加强新品种新技术展示示范和甘蔗种业经营主体培育，提升广西甘蔗种业产业化水平。

三、基地建设成效

自治区政府于 2018 年 9 月印发规划实施以来，广西甘蔗良种繁育基地建设成效显著，产业化发展水平不断提高。

截至 2019 年 9 月，新建 2 个一级良种繁育基地，面积 1750 亩。5 个二级良种繁育基地，面积 7 156. 4亩。8 个三级良种繁育基地，面积 15 652亩。已经启动 2020 年基地建设项目申报，计划建设支持建设 4 个二级基地，6 个三级基地。通过良繁基地的建设，推动广西甘蔗良种繁育推广体系逐步完善，加快良种在生产中的推广应用，逐步调整优化广西甘蔗品种结构，减轻种植户良种使用成本，促进甘蔗增产、农民增收、企业增效，确保广西糖业可持续发展。

第二节　西吉县国家级马铃薯区域性良种繁育基地

2019年6月，宁夏回族自治区固原市西吉县农业农村局委托农业农村部规划设计研究院编制《西吉县国家马铃薯区域性良种繁育基地建设规划（2019—2021年）》，2019年8月规划通过县政府批准实施。

一、基本情况

西吉县是马铃薯特色优势生产区，是全国第一批“马铃薯区域性良种繁育基地”，是宁夏马铃薯生产和马铃薯良种繁育的重要基地。多年来，西吉县将产业发展与脱贫攻坚有机结合，高度重视马铃薯良种产业发展，加大扶持力度，聚焦马铃薯良种繁育基地建设。西吉县种薯生产规模显著，技术成熟。马铃薯种薯生产基地19个乡镇都有分布，重点位于新营、火石寨、红耀、田坪、马莲乡、吉强镇6个种薯繁育专业乡镇，集中繁育原种基地1.8万亩、一级种繁育基地30万亩，推广一级种薯25万亩。建成宁夏佳立马铃薯产业公司脱毒繁育中心，年生产原原种6 000万粒。

二、基地建设方案

根据西吉县繁种的现实基础和发展条件，《西吉县国家马铃薯区域性良种繁育基地建设规划（2019—2021年）》确定了“一园三基地”规划总体布局方案，提出了到2021年西吉县国家马铃薯区域性良种繁育基地建设目标。

为实现规划目标，西吉县聚焦基础设施建设仍需加强、信息化手段不配套、质量检测制度有待完善、种薯繁育主体能力有待提升、仓储设施标准化水平有待提高等短板，突出强化品种创新、优化产业布局、完善基础设施、加强主体培育、吸引返乡创业、打造区域品牌、培育新型业态7大重点建设任务。围绕西吉县国家级区域性马铃薯良种繁育基地重点任务，突出提升种薯生产能力、质量与创新体系、信息化水平、社会化服务能力，延伸产业链条等环节，实施种薯质量与创新体系提升工程、信息化水平提升工程5大工程。

三、预期建设成效

通过规划实施，不断完善种薯生产和质量控制体系，种薯生产和贮藏能力进一步提高，种薯监管水平全面加强，种薯繁育产业化水平和繁育基地综合生产能力进一步提升，产业发展环境进一步优化，社会化服务能力进一步提高。预计到2021年，马铃薯种薯生产能力进一步提升，高标准种薯繁育基地面积达到33.1万亩。通过改造提升，建成钢架防虫网室、日光温室原原种基地1 000亩，生产优质、高产、抗逆、专用、符合市场要求的新品种原原种1亿粒以上；建成原种繁育基地3万亩（年种薯繁育面积1万亩。三年轮作制，种薯繁育基地一年进行种薯繁育生产，两年轮作倒茬），繁育原种1.5万吨以上；建成一级种薯繁育基地30万亩（年种薯繁育面积10万亩。三年轮作制，种薯繁育基地一年进行种薯繁育生产，两年轮作倒茬），繁育一级种薯16万吨以上，辐射全县推广一级种薯100万亩，并向其他省（自治区、直辖市）供应种薯。

第三节　新疆巴音郭楞蒙古自治州国家级区域性棉花良种繁育基地

2019年1月，新疆维吾尔自治区巴音郭楞蒙古自治州（以下简称巴州）农业农村局委托农业农村部规划设计研究院编制《新疆维吾尔自治区巴音郭楞蒙古自治州国家区域性（棉花）良种繁育基地发展规划（2019—2025年）》。

一、基本情况

地处新疆维吾尔自治区东南部，全州行政区划47.15万平方千米，占新疆总面积的1/4。巴州生态气候条件极有利于棉花生产和良种繁育，棉花种植面积稳定在350万亩，常年制种面积稳定在20万亩，是优势制种作物之一，在农业和农村经济中占有主导地位。近年来，在自治区的产业政策指导下，巴州加快良种繁育体系建设，搭建了农作物种质资源、品种选育、引进筛选、良种繁育创新平台，加强了棉花良种繁育基地建设，建立了棉花“三圃”良繁田制度，构建了种子生产加工和种子管理技术支撑体系，培育了37家棉花种业骨干企业，有稳定的棉花良种繁育基地20万亩，年生产2 000万公斤良种，加工能力5 000万公斤。巴州棉种产业已成为重要的农业产业之一，对农业增效、农民增收作用明显。

2017 年 1 月 3 日，农业部认定巴州为国家级区域性（棉花）良种繁育基地，成为 6 个国家级区域性棉花良种繁育基地之一。州委、州政府决定充分利用国家级区域性良种繁育基地的平台作用、品牌效应，发挥自身优势，大力加强区域性良种繁育基地保护和建设，提升棉花制种水平和供种能力，促进制种产业转型升级，推动农业供给侧结构性改革，并组织编制了《新疆维吾尔自治区巴音郭楞蒙古自治州国家区域性（棉花）良种繁育基地发展规划（2019—2025 年）》。

二、基地建设方案

根据巴州各县棉花良种的现实基础和发展条件，《新疆维吾尔自治区巴音郭楞蒙古自治州国家区域性（棉花）良种繁育基地发展规划（2019—2025 年）》确定了以库尔勒市为核心，以尉犁县、轮台县为重点的基地布局方案，提出了 2025 年建成棉花区域性良种基地“五化”格局，制种产业现代化的总体规划目标。

为实现宏伟目标，巴州聚焦良种繁育环节不足、政策引导和扶持力度有待加强、产业链内各环节衔接不到位等短板，有针对性地提出了夯实基地发展基础、提升种子加工能力、提升育种创新能力、加强种子质量监督、加强种业市场监管、提升社会服务化水平、打造区域公共品牌 7 大任务。同时，为实现 7 大任务，还设计了 7 大工程、17 个项目，着力强化企业主体地位，着力打造种业创新体系、产业体系、生产体系、经营体系，带动全州棉花种业体系转型升级。

三、预期建设成效

通过该规划的实施，预期在基地建设项目实施和资金投入、基地规模、种子质量提升、一二三产业融合、带动农民增收、推动棉花育种科研事业发展、加快种业市场健康发展等方面产生明显成效。

1. 基地规模方面

规划实施后将大幅度提升基地生产水平，预计到 2025 年将始兴县制种总规模达到 60 万亩，制种总产量 6 624万公斤，制种总产值达到 14. 8 亿元。

2. 种子质量提升方面

种子精品化程度将不断提升，实现脱绒前棉花种子纯度大于 97%，净度大于 97%，水分小于 12%，发芽率大于等于 95%，健籽率大于 85%，脱绒后，残绒指数小于25%，残酸率小于0.15%，种子净度大于99%，种子水分小于12%，芽率大于95%，破损率小于7%。

3. 带动农民收入方面

将促进当地制种产业的发展，提高种子企业的育种水平，增加企业效益，同时，棉花种子繁育能够节水、节肥、节省人工，降低良种繁育成本，总体提高农民收入，预计2025年实现制种农民人均可支配收入达到23 000元/年。

4. 推动棉花育种科研事业发展方面

基地建成后，将搭建成棉花科企合作平台，促进了现代棉花种业科技创新发展，加快尖端农业科研成果转化，为棉花种业企业和科技人员搭建良好的学术交流合作平台。通过学术研讨、技术引进、项目合作、人才培养等方式，将有效促进我国棉花种业科技交流。

第四节　新疆昌吉回族自治州国家级蔬菜区域性良种繁育基地

2017年5月，新疆昌吉回族自治州农业局委托农业农村部规划设计研究院编制《新疆维吾尔自治区昌吉回族自治州西甜瓜、蔬菜区域性良种繁育基地发展规划（2018—2025年）》。2018年5月，规划通过专家评审，上报昌吉州人民政府印发实施。

一、基本情况

新疆昌吉州农业自然条件优越，光温资源丰裕，昼夜温差大，灌溉用水可控性强，病、虫害较轻，所生产的农作物种子品质好、产量高，被誉为“天然种子生产车间”。经过40多年发展，昌吉州逐渐形成沿天山北麓地区的西甜瓜和蔬菜（简称瓜菜）制种优势产业带；并根据北低南高的地形地貌和小气候差异，形成了喜温蔬菜和喜凉蔬菜两大类蔬菜的优势制种基地。其中，喜温蔬菜主要分布在昌吉市、阜康市以及吉木萨尔县中北部，喜凉蔬菜主要分布在木垒县和吉木萨尔县南部。

从总体上看，昌吉州瓜菜种子基地建设具备四大优势。

1. 产业基础优势

昌吉州拥有国家级西甜瓜育繁推一体化企业昌农种业、国家级农业产业化龙头企业西域种业、“国家瓜类工程技术研究中心”依托企业农人种业等龙头企业，具备从育种研发、种子生产、种子加工、到种子营销全产链发展的综合实力。

2. 人力资源优势

昌吉州通过科技示范、高产创建、科技入户、集中宣讲等方式，积极开展制种技术培训活动，年均完成农民和企业人员培训 3 万人次，拥有制种专业技术人员近 1 000名，常年制种专业户 3. 28 万户。

3. 科技创新优势

依托紧密的科企合作，昌吉州瓜菜种业形成了以昌吉市为核心的种业创新基地，累计承担各级科技项目 400 多项，其中国家级科技项目 18 项，自治区级科技项目 130 多项，自治州科技项目近 200 项，有效推动昌吉州瓜菜种业持续健康发展。

4. 服务机制优势

在制种生产服务模式方面，首禾农业构建的种植、农技、农机、农资、金融、信息六大服务平台，以及昌农种业基于“企业+种植大户”“企业+基地+农户”推广标准化生产和全程机械化服务的集约化经营模式，为瓜菜制种生产提供了先进生产服务模式。

二、基地建设方案

根据昌吉州制种产业基础和发展趋势，《新疆维吾尔自治区昌吉回族自治州西甜瓜、蔬菜区域性良种繁育基地发展规划（2018—2025 年）》明确了“一心一园四区”的布局方案，“一心”即昌吉州区域性良种繁育基地核心区；“一园”即昌吉州瓜菜种业科技园；“四区”即昌吉市西甜瓜制种产业示范区、阜康市豆科蔬菜制种产业示范区、吉木萨尔县冷凉蔬菜制种产业示范区、木垒县叶菜类制种产业示范区。同时，规划根据主要制种瓜菜的生物学特征，分别制定了葫芦科蔬菜、豆科蔬菜、十字花科蔬菜和百合科蔬菜的发展重点，提出了 2025 年建成精品化、集约化、标准化、机械化、信息化“五化”基地的总体目标。

为实现宏伟目标，昌吉州针对基础设施薄弱、加工水平落后、质检能力不足、品牌建设滞后等问题，以及劳动力和种业对外开放两大挑战，制定了加强基础设施建设、提升加工能力、构建质检体系、培育经营主体等 8 大任务，以及完成任务的 8 大工程 22 个项目，着力夯实基础设施，着力强化主体地位，着力打造创新体系、产业体系、生产体系、经营体系，带动全州瓜菜种业高质量发展。

三、预期建设成效

通过规划实施，昌吉州区域性良种繁育基地“五化”水平明显提升，基地监测监管体系、基础建筑设施及配套设施逐步完善，总体发展环境和设施装备水平得到明显改善，将取得显著的经济效益和社会效益

1. 制种生产方面

在国家、当地政府和社会的共同扶持和推动下，通过科学合理的设计，解决了昌吉瓜菜制种产业普遍存在的基地分散、不稳、土地纠纷的难题，制种集约化水平不断提高，茬口安排更加科学，隔离措施更加良好，加工装备更加先进，监管检测更加严格，推动种子质量显著提升，促进当地制种产业的高质量发展，增加企业效益，提高农民收入。

2. 市场管理方面

充分发挥昌吉州气候资源优势和现代种业发展良好的产业基础优势，打响“昌吉瓜菜种子”和“昌吉鹰嘴豆”两大区域公共品牌，扩大昌吉瓜菜种子知名度，增强当地种业竞争力。基地引入综合实力强的育繁推一体化企业入驻，提升昌吉州区域性良种繁育基地在我国瓜菜作物格局中的综合竞争力和影响力，增加当地就业机会，促进社会的安定团结。

第五节　新疆巴音郭楞蒙古自治州国家区域性蔬菜良种繁育基地

2018 年，巴音郭楞蒙古自治州（以下简称“巴州”）人民政府委托农业农村部规划设计研究院编制《新疆维吾尔自治区巴音郭楞蒙古自治州国家区域性（蔬菜）良种繁育基地发展规划（2019—2025 年）》，目前规划处于评审阶段。

一、基地发展背景

2017 年，巴州被农业部认定为全国第一批区域性蔬菜良种繁育基地，也是全国地理面积最大的区域性良种繁育基地。巴州的蔬菜种业产业主要分布在巴州焉耆、博湖、和硕、和静为代表的北四县区域，主要优势类型有加工辣椒、加工番茄和孜然。依托独特的地域环境优势，使得生产出的辣椒色价含量高且富硒，为辣椒制种创造了得天独厚的条件。北四县蔬菜制种面积逐年增加，2018 年，辣椒制种面积近 2 000亩，孜然制种 5 000亩，其他种类蔬

菜5 000亩，带动农民增收 5 500元/亩，已成为巴州农民增收的重要产业之一。

二、基地建设方案

规划结合巴州蔬菜种业产业发展现实，统筹布局加工辣椒、加工番茄、孜然、鲜食蔬菜等品类的种业发展布局，和“以焉耆县为核心区，博湖县为重点区，辐射带动和静县、和硕县”的空间发展布局，着力提高基地建设水平，提升蔬菜育种研发能力、种苗生产能力、管理服务能力和品牌价值，完善基地管理体制机制，推动蔬菜种业跨越式发展，促进蔬菜种业与种植业无缝衔接，带动巴州蔬菜产业链延伸、价值链提升、利益链完善。

1. 在任务举措上

主要包括引导院企联合创新，大力开展育种创新工作；强化基础设施建设，全面提升种苗供应能力；培育各类经营主体，保障种业组织化程度提升；建立健全监管执法保障体系，保障基地种苗供应安全；打造种业区域公共品牌，带动产业高质量发展；坚定保护生态环境，保障种业绿色健康发展。

2. 在重点建设工程上

提出了育种创新能力提升工程、孜然制种能力培育工程、种苗生产能力提升工程、监管服务能力提升工程、社会化服务能力提升工程和生态环境保护工程六大工程。

三、预期建设成效

规划实施后，巴州国家区域性（蔬菜）良种繁育基地将取得显著成效。预计到2025年，基本建成5万亩辣椒、孜然和各类蔬菜种子种苗基地，资源优势得以全面发挥，争取成为全国最大的蔬菜种苗繁育基地和全国最大最好孜然制种基地，成为中国种业行业发展标杆。通过科研育种基地建设，种业科技研发能力基础设施能力建设逐步加强，育种短板不断补齐。通过种业发展带动种植加工企业向前端发展，形成产业闭环，支持成立种业企业、专业化育种公司、专业化育苗公司、育苗合作社等各类经营主体。

第六节　湖北省老河口市国家级区域性梨良种繁育基地

2019 年 9 月初，湖北省老河口市农业农村局委托农业农村部规划设计研究院规划所编制《湖北省老河口市国家区域性（梨）良种繁育基地建设总体规划（2019—2025 年）》，2019 年 11 月通过湖北省农业农村厅审核，拟由老河口市政府发布实施。

一、基本情况

老河口市地处鄂西北，汉江穿境而过，气候、土壤等条件优越，年产梨苗木约 850 万株，具有良好的种苗繁育基础。老河口规模化栽培发展近四十年，成为新兴砂梨主产区，列入全国梨 44 个重点区域重点县市之一。2018 年梨园面积 11. 1 万亩，产量 8. 6 万吨，形成了百里汉水梨园走廊，为湖北省砂梨核心区，汉水砂梨特色产业优势明显。全域现有砂梨良种苗木繁育基地 2 160亩，主要分布在李楼镇李楼村、张集镇马湾村、仙人渡镇崔营村和洪山嘴镇太山庙村等区域。近三年优质梨苗木年出圃量 800 万 ~ 900 万株，主要品种有秋月、苏脆、圆黄、翠冠等，主要销往湖北、河南等地。

二、基地建设方案

1. 在总体思路上

规划本着高起点、高标准、前瞻性的原则，瞄准不同熟期品种及专用加工品种种苗市场需求，围绕原种扩繁、苗木生产等功能，以梨树种苗繁育为主，兼顾桃、李子等地方特色树种。科学布局，有序建设，突出区域性特色梨苗木，着力完善基础设施，建设梨良种繁育基地，提高优质种苗综合生产能力。

2. 在功能定位上

定位为发展水平高、效益好、特色鲜明的国家区域梨良种繁育基地，定位为鄂西北优质梨苗木新品种展示窗口。在建设目标上，经过努力，种苗繁育基地科技装备水平、经营管理水平、产出效益水平、可持续发展水平等取得显著提升，质量效益和竞争力稳步提高，建成高标准的国家区域性良种繁育基地。到 2022 年，建成标准化梨苗木基地 1 282亩，梨苗年出圃 600 万株，桃、李子等地方特色种苗年出圃 200 万株。2025 年，建成标准化梨苗木基地3 041亩，梨苗年出圃1 200万株，桃、李子等地方特色种苗400万株，耕种收综合机械化率达到90%以上，有机肥替代化肥达到100%。

3. 在规划布局上

本着节约土地、集中管理、基础良好的原则，全市梨苗木繁育基地布局在李楼镇李楼村、张集镇马湾村、洪山嘴镇太山庙村、仙人渡镇崔营村四个片区，总规模3 041亩。

规划提出了加强原原种培育、原种保存与利用、良种苗木生产，加大种子种苗质量监管力度，制定梨种子种苗繁育技术标准，建设建立大数据中心等重点任务和建设工程。

三、规划预期效益

通过规划实施，老河口市梨树苗木基地生产条件显著改善，建立种子大数据平台，促进种子监管服务能力显著提升，繁育基地规模化、机械化、标准化、信息化、集约化水平集聚增强，提高了区域苗木良种生产保障能力。

第十九章　冬繁夏繁种子基地建设案例

我国区域性良种繁育基地中，一些基地自然条件特殊、极富特色，且具有不可替代性的基地，包括云南西双版纳冬繁基地、云南施甸水稻两用核不育系亲本繁育基地、河北张家口夏繁基地等，作为特色基地列入了国家种子基地体系。以下介绍几个已编规划正在建设的基地案例。

第一节　景洪市国家区域性（冬繁）良种繁育基地

2017 年 12 月，景洪市人民政府委托农业农村部规划设计研究院编制《云南省景洪市区域性良种繁育基地发展规划（2018—2025 年》，2018 年，规划通过市政府批准实施。2019 年，农业农村部从现代种业提升工程中安排专项资金用于支持景洪市基地建设。

一、基本情况

景洪南繁工作历史悠久，始于 20 世纪 60 年代。经过几十年的发展，目前在景洪市南繁的科研机构、种子企业有 20 多家，其中 10 家建立了长期固定的南繁基地，主要分布在勐罕、嘎洒、勐龙 3 个乡镇。每年有近百名科技人员在景洪市开展南繁育种工作，涉及玉米、烟草、大豆、水稻、西瓜等作物。

第一批区域性良种繁育基地建设以来，云南省、西双版纳州、景洪市三级党委政府高度重视种子基地建设工作。云南省把景洪冬繁基地列入省级“十三五”发展规划重点；西双版纳州政府主持召开景洪市南繁基地建设启动会，启动景洪市冬繁基地建设；景洪市在勐罕镇划定 2 万亩耕地用于冬繁基地建设，并将基地耕地划入基本农田，实现永久保护。同时，景洪基地与东南亚山水相连，气候条件相似，在此选育或加代繁育的品种，特别适宜在东南亚推广、种植，是我国种业对外开放的重要窗口。目前，已有 20 多个通过国内或东南亚国家审定（登记），并大面积推广，发挥着服务全国、辐射东南亚的作用。

二、基地建设方案

规划基于景洪市得天独厚的自然资源和地理区位优势，以强化监管和提升服务能力为重要保障重点，在勐罕镇规划了2万亩集中连片的高标准冬繁基地，并制定了到2025年初步建成立足云南、面向西南、服务全国、辐射东南亚的全国第二大南繁良种繁育基地的总体发展目标。

为实现宏伟目标，景洪市聚焦南繁基地布局分散、基地基础设施较差、政府服务功能滞后等短板，有针对性地制定了提高三大能力、完成六大任务、实施六大工程15个项目的规划思路，同时提出了提升景洪市种业创新能力、建成澜沧江湄公河次区域经济国际种业合作与交流平台、促进景洪市制种产业转型升级、实现跨越式发展的具体措施。

三、预期建设成效

通过规划实施，基地基础设施不断改善，科研基地监测监管体系逐步完善，总体发展环境和设施装备水平得到明显改善，吸引南繁单位不断入驻，将有力带动当地农业农村经济发展。预计基地建设规划实施后，南繁单位每育成一个新品种，可创造至少500万元的收益，企业效益显著增加。当地农民通过收取土地流转费，每年收入2 000元/亩，按勐罕镇人均2亩耕地计算，每年增收4 000元，育制种对带动农民增收效果显著。

第二节　施甸县杂交水稻两用核不育系亲本繁育基地

施甸县是我国杂交水稻两用核不育系亲本供应的最重要源头，它以3 600亩的繁种面积，解决了60%的两系杂交稻制种需求，对我国水稻产业安全起到举足轻重的作用。2018年8月，云南省施甸县人民政府委托农业农村部规划设计研究院编制《云南省施甸县水稻两用核不育系繁育基地发展规划（2019—2022年）》，目前正在组织实施。

一、基本情况

2010年，湖南农业大学水稻科学研究所利用大数据，对全国740个气象站点50年的气象资料进行分析，结果显示施甸有83.34%的概率，同时满足不育系育性转换温度19~23℃和抽穗扬花期安全温度高于20℃。多年测产数据显示，施甸繁育的两用核不育系种子，亩均产量达到了486.2公斤，发芽率达到86.4%，纯度达到99.87%，比海南省等其他地区产量提升1~5倍，解决了海南冬季繁育风险大、种子质量差以及冷水串灌繁育产量不高、不稳和效益低下的问题。2017年12月12日，袁隆平院士为施甸水稻两用不育系繁育基地题字，“云南施甸·中国杂交水稻最佳繁育基地——袁隆平题，二零一七年十二月十二日”，并亲自向有关部门推荐，推进施甸国家级种子基地申报工作。2019年，施甸县被农业农村部认定为国家区域性（常规水稻）良种繁育基地，正式进入国家种子基地体系。

自施甸县两用核不育系繁育基地被挖掘以来，施甸县逐渐成为我国两系杂交水稻的亲本供应基地。据统计，2017年，以中国水稻研究所、湖南省水稻研究所、湖南隆平种业、湖南金健种业、亚华种业、金色农华、湖南年丰种业为代表的23家科研机构和知名企业到施甸县水长乡研究和繁育1.6万多个水稻两用核不育系育种材料和19个不育系品种，繁育面积3 600亩，最高亩产480公斤，平均每亩单产400公斤，总产144万公斤。目前施甸县繁育的两用不育系亲本种子占全国不育系用种量的60%以上。

二、基地建设方案

根据施甸县水稻两用核不育系繁育的现实基础和发展条件，规划确定了施甸县水长乡、仁和镇、由旺镇等3个乡镇，15个行政村和社区，规划面积1万亩，按照“一核两区”的基地布局方案，提出了2022年实现两用核不育系繁育繁育能力进一步提升，繁育总面积达到1万亩，并实现高标准繁育田全覆盖等总体规划目标。

为实现宏伟目标，规划聚焦施甸县基础设施条件差、机械化程度低、社会化服务不配套、种子加工水平不高等短板，有针对性地制定了推进加强农田基础设施建设、构建种子产地加工网络、提升基地全程机械化水平、大力培育新型经营主体等7大任务，以及农田基础设施建设、机械化水平提升、信息化水平提升、种子产地加工能力提升等8大工程，统筹布局水稻两性核不育系种子繁育、加工、服务等功能板块，全面提升种子繁育能力、加工能力，以及基地全程机械化生产水平和社会化服务水平

三、基地建设成效

规划实施以来，云南省施甸县着力强化基地基础设施建设，提升基地生产服务能力，积极打造“施甸不育系”公共品牌，吸引种业龙头来施甸进行不育系繁育，实现施甸种业跨越式发展，进一步推进施甸建设成中国水稻两

用核不育系繁育第一强县。

预计到规划期末，繁育总面积达到 1 万亩，并实现高标准繁育田全覆盖，两用核不育系水稻繁育产量达 400 万公斤。其中，适度规模经营面积 6 000亩，其中集约化、标准化繁育面积 5 000亩，两用核不育系水稻种子全程机械化率达到 82%，信息化覆盖率达到 95%，机耕、机收率达 100%，机插和无人机植保率达 80%。种子加工能力显著增强，硬化晒场面积 7 737 米^2，种子专用烘干机 200 套，机械烘干能力 160 万公斤。带动农民能力不断提升，农民收入不断提高，繁种保险覆盖率达 80%，农民水稻繁育增收 564 万元/年，基地范围内农户人均繁种增收达到 1 200 元/年。

第三节 贵州省南繁基地

为进一步服务国家建设南繁硅谷战略，抓住品种创新源头，深化农业供给侧结构性改革，推进贵州特色山地农业发展，2019 年 6 月，贵州省人民政府委托农业农村部规划设计研究院编制《贵州省南繁基地发展规划（2019—2030 年）》。

一、基本情况

我国贵州省作为在南繁基地从事科研育种工作的全国 29 个省区市之一，高度重视南繁科研育种工作，省委省政府不断加大投资建设力度，积极配套相关优惠政策，并多次召开关于研究南繁育种工作及基地建设相关会议，推动贵州省南繁基地建设不断发展。

1. 基地布局基本形成，规模需进一步稳定

目前已经形成以贵州省南繁育种乐东基地、水稻种质资源创新南繁育种基地、旱作南繁育种基地、遵义市南繁育种基地 4 个租期稳定的基地为核心的“4+N”布局，总规模约 1 528亩，其中 4 个核心基地总规模 1 135. 58亩，但另外 10 多家南繁单位的 400 余亩南繁基地，仍处于自发、散乱状态，南繁规模小、租期短、地点不固定，不利于基地持续发展。

2. 基础设施不断完善，建设水平需进一步提升

截至目前，贵州省委省政府及各南繁单位累计投入 7 800万元，用于田间基础设施建设，初步建成田成方、路成网、沟相通、渠相连的南繁育制种农田，推动南繁科研育种生产能力不断提升，引导南繁单位不断向核心基地集中，但目前仍存在排水系统尚无法满足要求、基地信息化水平不够和设施

用地落实缓慢等问题。

3. 服务体系逐步健全，南繁管理需进一步强化

2015 年以来，贵州省按照《国家南繁规划》安排部署，不断强化南繁基地管理服务体系建设，组建由副省长任组长的南繁工作领导小组，成立南繁基地建设工作组，设立贵州南繁育种管理中心，拨付专款在核心基地附近购置专家公寓，专家工作生活难题极大缓解。

迄今为止，贵州省南繁管理服务体系初步构建，但仍存在规范化程度不高、监管水平不够、科研服务能力不足等问题，制约贵州省南繁工作高效运行。

二、基地建设方案

落实习近平总书记指示精神，适应新时期海南南繁基地发展新形势新要求，高标准建设贵州省南繁科研育种基地，加快推动国家“南繁硅谷”建设和贵州省现代种业发展，规划确定了“1+3+N”的整体布局方案，其中，“1”指贵州省南繁育种乐东基地，“3”指贵州省水稻种质资源创新南繁育种基地、贵州省旱作南繁育种基地和遵义市南繁育种基地等 3 个重要基地，“N”指毕节市南繁基地等地方政府或企业建设的南繁基地。同时，规划还制定了“发展目标为，到 2030 年，集中度高、运行良好、保障有力的基地发展格局基本建立，贵州省南繁基地成为推动省现代农业发展、推进乡村产业振兴重要引擎”的主要目标。为如期实现发展目标，规划聚焦基地设施配套、基地管理服务、信息化水平等问题，制定了强化农田基础设施建设、搭建种业信息管理体系、创新科研服务机制和管理运行机制的四大重点任务，设计了农田基础设施建设工程、基地服务中心建设工程、生态环境整治提升工程、农机具及仪器设备购置工程、信息化设备购置及软件配套工程五大工程。

三、预期建设成效

基地基础设施不断完善，配套用地基本落实，科研服务设施建设取得积极进展，高标准农田建设全面完成，推动贵州南繁单位不断向 4 大核心基地周边聚集，带动贵州省农业农村经济不断发展。南繁带动效益方面。预计，贵州省南繁科研育种基地建成后，玉米、水稻新品种每年推广应用面积达 100 万亩以上，按照平均亩增收 50 元，则增收效益达 5 000万元/年；以蔬菜为主的经济作物新品种推广应用面积达 50 万亩，按照平均亩增收 200 元计算，则增收效益达 10 000万元/年，再加上审定新品种的转让价值等，可显著带动企业发展和农民增收。

附　　录

附录一　国家级杂交水稻、杂交玉米种子生产基地名单

国家级杂交水稻种子生产基地名单

序号	省（直辖市）	县（市）	作物类别
1	四川省	绵阳市（地市级）	杂交水稻
2	湖南省	怀化市（地市级）	杂交水稻
3	江苏省	盐城市（地市级）	杂交水稻
4	四川省	梓潼县	杂交水稻
5	四川省	安　县	杂交水稻
6	四川省	东坡区	杂交水稻
7	四川省	邛崃市	杂交水稻
8	四川省	江油市	杂交水稻
9	四川省	罗江县	杂交水稻
10	四川省	泸　县	杂交水稻
11	四川省	彭山县	杂交水稻
12	湖南省	绥宁县	杂交水稻
13	湖南省	攸　县	杂交水稻
14	湖南省	溆浦县	杂交水稻
15	湖南省	靖州县	杂交水稻
16	湖南省	零陵区	杂交水稻
17	湖南省	洪江市	杂交水稻

（续表）

序号	省（直辖市）	县（市）	作物类别
18	湖南省	芷江县	杂交水稻
19	湖南省	武冈市	杂交水稻
20	江苏省	大丰市	杂交水稻
21	江苏省	建湖县	杂交水稻
22	江苏省	金湖县	杂交水稻
23	江苏省	阜宁县	杂交水稻
24	海南省	乐东县	杂交水稻
25	海南省	临高县	杂交水稻
26	海南省	三亚市	杂交水稻
27	福建省	建宁县	杂交水稻
28	江西省	宜黄县	杂交水稻
29	湖北省	公安县	杂交水稻
30	重庆市	垫江县	杂交水稻
31	贵州省	岑巩县	杂交水稻

来源：《农业部关于认定国家级杂交水稻和杂交玉米种子生产基地的通知》（农种发〔2013〕2号）

国家级杂交玉米种子生产基地名单

序号	省（自治区）	县（市）	作物类别
1	甘肃省	张掖市（地市级）	杂交玉米
2	新疆维吾尔自治区	昌吉州（地市级）	杂交玉米
3	甘肃省	甘州区	杂交玉米
4	甘肃省	临泽县	杂交玉米
5	甘肃省	凉州区	杂交玉米
6	甘肃省	肃州区	杂交玉米
7	甘肃省	高台县	杂交玉米
8	甘肃省	永昌县	杂交玉米
9	甘肃省	古浪县	杂交玉米
10	新疆维吾尔自治区	玛纳斯县	杂交玉米
11	新疆维吾尔自治区	昌吉市	杂交玉米

（续表）

序号	省（自治区）	县（市）	作物类别
12	新疆维吾尔自治区	奇台县	杂交玉米
13	新疆维吾尔自治区	呼图壁县	杂交玉米
14	新疆生产建设兵团	第四师	杂交玉米
15	新疆生产建设兵团	第十师	杂交玉米
16	新疆生产建设兵团	第五师	杂交玉米
17	新疆生产建设兵团	第九师	杂交玉米
18	新疆生产建设兵团	第六师	杂交玉米
19	黑龙江省	林口县	杂交玉米
20	黑龙江省	依兰县	杂交玉米
21	黑龙江省	依安县	杂交玉米
22	黑龙江省	宁安市	杂交玉米
23	宁夏回族自治区	青铜峡市	杂交玉米
24	四川省	西昌市	杂交玉米
25	内蒙古自治区	松山区	杂交玉米
26	吉林省	洮南市	杂交玉米

来源：《农业部关于认定国家级杂交水稻和杂交玉米种子生产基地的通知》（农种发〔2013〕2号）

附录二　第一批区域性良种繁育基地名单

序号	省（自治区、直辖市）	县（市）	作物类别
1	河北省	张家口市	马铃薯
2	内蒙古自治区	呼伦贝尔市	马铃薯、大豆
3	黑龙江省	农垦	大豆
4	黑龙江省	北安市	大豆
5	黑龙江省	五大连池市	大豆
6	黑龙江省	克山县	马铃薯
7	安徽省	萧县	蔬菜
8	江西省	赣州市	柑橘

（续表）

序号	省（自治区、直辖市）	县（市）	作物类别
9	山东省	嘉祥县	大豆
10	山东省	惠民县	棉花
11	山东省	烟台市	苹果
12	山东省	平度市	葡萄
13	山东省	济阳县	蔬菜
14	山东省	宁阳县	蔬菜
15	山东省	临朐县	蔬菜
16	河南省	济源市	蔬菜
17	湖北省	谷城县	油菜
18	湖北省	汉川市	蔬菜
19	湖北省	孝南区	茶
20	湖南省	邵阳市	西甜瓜
21	湖南省	湘西州	柑橘
22	湖南省	洪江市	柑橘
23	广西壮族自治区	江州区	甘蔗
24	重庆市	巫溪县	马铃薯
25	重庆市	北碚区	柑橘
26	重庆市	江津区	柑橘
27	四川省	昭觉县	马铃薯
28	四川省	游仙区	蔬菜
29	四川省	名山区	茶
30	贵州省	威宁县	马铃薯
31	贵州省	长顺县	油菜
32	贵州省	湄潭县	茶
33	云南省	宣威市	马铃薯
34	云南省	元谋县	冬繁
35	云南省	景洪县	冬繁
36	云南省	寻甸县	夏繁
37	陕西省	汉中市	油菜
38	甘肃省	定西市	马铃薯

（续表）

序号	省（自治区、直辖市）	县（市）	作物类别
39	甘肃省	民乐县	油菜
40	甘肃省	山丹县	油菜
41	甘肃省	酒泉市	蔬菜
42	甘肃省	张掖市	蔬菜
43	甘肃省	平凉市	苹果
44	青海省	互助县	马铃薯、油菜
45	宁夏回族自治区	西吉县	马铃薯
46	宁夏回族自治区	平罗县	蔬菜
47	新疆维吾尔自治区	巴州	棉花、蔬菜
48	新疆维吾尔自治区	昌吉州	西甜瓜
49	新疆生产建设兵团	第七师	棉花

来源：《农业部关于认定第一批区域性良种繁育基地的通知》（农种发〔2017〕1号）

附录三　第二批区域性良种繁育基地名单

序号	省（自治区、直辖市）	县（市）	作物类别
1	河北省	辛集市	小麦
2	河北省	赵县	小麦
3	河北省	围场县	马铃薯
4	河北省	磁县	甘薯
5	河北省	大名县	花生
6	河北省	任县	蔬菜
7	河北省	平泉市	食用菌
8	山西省	临猗县	苹果
9	内蒙古自治区	四子王旗	马铃薯
10	内蒙古自治区	正蓝旗	马铃薯
11	内蒙古自治区	察右前旗	马铃薯
12	内蒙古自治区	敖汉旗	杂粮杂豆

（续表）

序号	省（自治区、直辖市）	县（市）	作物类别
13	黑龙江省	绥化市北林区	常规稻
14	黑龙江省	桦川县	常规稻
15	黑龙江省	佳木斯市郊区	常规稻
16	黑龙江省	嫩江县	大豆
17	黑龙江省	桦南县	大豆
18	黑龙江省	讷河市	大豆
19	江苏省	国营白马湖农场	常规稻
20	江苏省	泗洪县	常规稻
21	江苏省	东辛农场	常规稻
22	江苏省	东辛农场	小麦
23	江苏省	沛县	蔬菜
24	安徽省	濉溪县	小麦
25	安徽省	宿州市埇桥区	大豆
26	安徽省	霍山县	中药材
27	福建省	福安市	茶
28	福建省	邵武市	中药材
29	江西省	铅山县	蔬菜
30	山东省	宁津县	小麦
31	山东省	济宁市兖州区	小麦
32	山东省	德州市陵城区	小麦
33	山东省	平度市	花生
34	山东省	乳山市	花生
35	山东省	新泰市	蔬菜
36	山东省	平邑县	中药材
37	河南省	温县	小麦
38	河南省	滑县	小麦
39	河南省	夏邑县	小麦
40	河南省	正阳县	花生
41	河南省	平顶山市	蔬菜
42	湖北省	浠水县	油菜

（续表）

序号	省（自治区、直辖市）	县（市）	作物类别
43	湖北省	长阳县	蔬菜
44	湖北省	巴东县	茶
45	湖北省	老河口市	梨
46	湖北省	英山县	中药材
47	湖南省	邵东县	中药材
48	广东省	高州市	香蕉
49	广西壮族自治区	来宾市兴宾区	甘蔗
50	重庆市	涪陵区	蔬菜
51	四川省	资阳市雁江区	柑橘
52	贵州省	大方县	中药材
53	云南省	施甸县	常规稻
54	云南省	会泽县	马铃薯
55	云南省	普洱市思茅区	茶
56	云南省	云县	中药材
57	西藏自治区	扎囊县	青稞
58	陕西省	咸阳市杨凌区	苹果
59	陕西省	延川县	苹果
60	甘肃省	山丹县	马铃薯
61	甘肃省	陇西县	中药材
62	青海省	共和县	青稞
63	宁夏回族自治区	盐池县	杂粮杂豆
64	新疆维吾尔自治区	奇台县	小麦
65	新疆维吾尔自治区	阿瓦提县	棉花
66	新疆维吾尔自治区	鄯善县	西甜瓜
67	新疆生产建设兵团	第一师	棉花
68	新疆生产建设兵团	第八师	棉花

来源：《农业农村部关于认定第二批国家区域性良种繁育基地的通知》（农种发〔2019〕1号）